餐飲管理與經營

蔡界勝 著

曾任南台技學院觀光科講師

五南圖書出版公司 印行

序

蔡君界勝，順利完成「餐飲管理與經營」鉅著，

實對觀光學術作出重要貢獻，

在台灣地區，

眾多觀光學者專家中，願意像蔡兄，

在百忙之中，不辭辛苦，將自己的專業知識與心血，

以一字一滴汗的精神，咬緊牙根，

寫出將近三十萬言者，實如麟角。

該書主要從餐飲組織、從業人員工作職責、

菜單設計、烹調等共分十章，

深入淺出，闡述餐飲管理與經營，

可謂實務與理論兼具的好書。

本人願意強烈推薦觀光科系師生與業界，

詳加閱讀或參考，

也給這位熱心觀光餐飲學術者熱烈的掌聲，

促使觀光事業中的餐飲學術地位，日趨穩健。

李貼鴻　謹識

85. 4. 20

自　序

　　本書係累積本人在過去十年，從事餐飲工作和實務教學之經驗的心得，内容根據教育部頒定大專用書大綱編著而成。本書分爲十章内容深入淺出，包含餐飲理論與實務，將餐飲管理與經營做有系統介紹（每章節並有討論與問題，方便老師教學之用）。

　　在餐飲管理部份有餐飲事業概論、餐飲組織系統、從業人員工作職責、菜單設計、餐飲會計及成本控制。在餐飲經營部份有中西餐服務作業流程、飲料調配、吧檯經營、餐飲衛生安全與營養，以及採購、驗收、貯藏、發放和烹調等實務作業，内容堪稱實務與理論並重，足以用在餐飲管理與經營課程教學或實際經營餐廳之參考。

　　由於類似此類之書籍國内並不多，國外之書籍又未必能適合國内之國情，所以編著此書過程相當不易，除了參考有限中文書籍以及有關餐飲管理與經營之國外書籍外，作者經常實地參觀餐廳和訪問業者，如此才能有本書之誕生，作者編著此書過程中，曾數度放棄著寫此書之念頭，然而有一份生命力鼓舞的使命感，逼使本人一點一滴、咬緊牙根將此書完成。

　　本書之順利完成，除了自己的用心之外，尚有許多人之協助，如中信大飯店黃董事長資料提供、南台技術學院陳湘源先生、徐玉如小姐的校對和資料整理以及曾經幫助本人編著此書的業者、專家和教師，在此一併敬致由衷的感謝。匆匆完稿，疏漏之處在所難免，尚祈海内外專家學者不吝指教。

蔡界勝　謹識

1996 年 7 月於台南南台技術學院觀光科

目　　錄

第1章　餐飲事業概論

觀光事業

餐飲事業

餐飲事業的種類及特性

壹、餐飲事業之種類

貳、團體膳食

參、餐飲事業之特性

餐飲事業之經營與管理

壹、規劃

貳、組織

參、協調

肆、人力

伍、指揮

陸、控制

柒、評估

餐飲事業之連鎖經營與管理

壹、連鎖經營與管理之種類

貳、餐飲事業經營管理之優缺點

　　台灣最近十年之經濟水準，已和全世界之富有國家並駕齊驅，甚至於有過之而無不及，所以台灣民眾之外食機率和消費金額大幅提高，餐飲事業就在天時、地利和人和的鼓舞之下，展現不可抗拒之魅力。

　　雖然餐飲事業，極具發展的潛力，可是經營不善的業者大有人在，如何在此有潛力之環境下，突破經營之瓶頸，乃是當務之急，由於一般業者不暗經營管理之道，只憑個人理念，採用傳統營業手法，未結合企業管理及對餐飲業認識不清而導致經營不善。

　　一般而言；餐飲事業之平均壽命僅有五年時間，倘若業者未能及時求新求變，其壽命可能就是五年而已，五年時間是一個平均數，有的餐廳開業不到半年就關門大吉，然而有的餐廳卻立足半世紀而不動搖，如：台北市民生西路的波麗露西餐廳已有六十年的歷史。

　　餐飲事業是一門科學也是一門藝術，在科學領域中，涵蓋了人力資源管理、財務會計管理、員工專業知識、技術和態度的教育訓練、餐飲服務作業流程、廚房作業、菜單設計、採購、驗收、儲藏、發貨、食品營養和食品衛生安全等。在藝術領域中，則包含了顧客心理、顧客關係、顧客抱怨處理、員工心理、員工抱怨處理、餐廳氣氛、餐廳風格等較軟性的項目。餐廳經營成功或失敗，其因素錯綜複雜，不能一語以定之，但是積極用心經營、結合企業管理，有效掌握市場脈動，了解顧客及員工心理，將會成功地經營管理餐飲事業。

　　本書針對餐飲事業經營管理，要注意的事項，深入淺出做一系列的研討，盼本書可使觀光、餐飲科系學生在學習過程中，得到完整餐飲管理經營之專業知識，奠定爾後經營、管理之基礎，同時也希望本書可以提供觀光餐飲科系教師教學參考和餐飲事業經營業者提昇管理經營之品質，進而成功地經營餐飲事業。

觀 光 事 業

　　觀光之定義有廣義也有狹義，狹義之定義通常是指國內外旅行，旅遊或參觀風景區等活動。廣義之定義；據薛明敏教授認為，則是「人在旅行的過程中所引起的諸現象與諸關係之總合」，其中包括「旅行」、「活動」和「企業」等狹義之定義。

　　觀光之英文名稱「*Tourism*」是由「*Tour*」和「*ism*」組合而成，「*Tour*」之中文名稱是「旅遊」，而英文字尾「*ism*」則有表示「狀態」之意，所以觀光是旅遊狀態，是一個抽象名詞，其定義，事實上，並不是很容易可以決定的。

　　除以上定義外，觀光概念是外來旅客，或本國國民於國內或國外所從事之旅遊活動，並且停留於某地區與有營利性質或非營利性質的活動產生相關聯的全部關係和現象，稱之為觀光。在停留過程中與外來旅客或本國國民有相關聯之全部關係和現象之行業，則稱為「觀光事業」（*Tourism Industry*）。

　　基本上，觀光事業可包含五大行業：

　　1.交通事業：舉凡航空公司、航運公司、鐵路運輸和道路運輸等，均與觀光有著密不可分之關係。

　　2.旅館事業：在觀光、旅遊、渡假和會議過程中渡假旅館、商業旅館、機場旅館、會議旅館和汽車旅館等均是不可或缺的。

　　3.餐飲事業：旅館附設中西餐廳、中西速食餐廳，世界各國料理餐廳、美食餐廳、家庭餐廳、運輸業餐飲、俱樂部、機關團體膳食、員工餐廳、啤酒屋（*Pubs*）及酒吧（*Bars*）等，即因為這些設施是觀光活動時不能捨棄部分。

　　4.旅行事業：與綜合旅行社，甲種旅行社和乙種旅行社等互相配合，

將使觀光旅遊品質呈現良好面貌。

5. 觀光相關事業：國家公園、傳統遊樂園（*Amusement Park*）、主題遊樂園（*Theme Park*）、動物園、植物園、水族館、博物館、海水浴場、土產業、禮品業及民俗資料館等，在觀光過程中，佔有舉足輕重的份量。

餐 飲 事 業

在介紹餐飲事業以前，先來探討餐旅事業（*Hospitality Industry*），餐旅事業（*Hospitality Industry*）是英文醫院（*Hospital*）演化而來，大陸簡明英漢辭典解釋為，親切對待來客，款待，慇勤並且讓對方有賓至如歸的感受等意思，歐美各國就其含意引申為餐旅服務業，並將旅館、旅行社和餐飲事業包含在其中。

「*Hospitality*」被引申為餐旅業，對本國而言是新的英文名詞，一般人是不會很清楚的。其次「*Hospitality Management*」經常被誤認是醫院管理，但事實上，其真正意義為「餐旅管理」，由於目前觀光餐飲科系逐漸增加，許多學校採用此英文單字來代表觀光餐旅相關科系，而不使用傳統觀光名詞（*Tourism*）。所以「*Hospitality*」之真正含意，會越來越容易被了解。

餐旅事業（*Hospitality Industry*）之範疇比觀光事業（*Tourism Industry*）小，一般而言；餐旅事業不包括交通事業，如航空公司、鐵公路和渡輪公司，和觀光相關事業，如國家公園、遊樂園和風景區等。餐旅事業較偏重在旅館事業和餐飲事業，對旅館種類和餐飲種類會有較深入探討，同時對旅館、餐廳之營運管理也會有較完整的討論。

餐飲事業（*Food & Beverage Service Industry*）是目前頗受企業財團喜歡投資和青少年喜愛從事的行業，台灣在麥當勞和其他國外速食餐廳，經營成功的鼓舞之下，許多業主莫不主動積極尋找其他國外連鎖餐廳合作或自

己開設餐飲事業，短時間之內，餐飲事業提供不少的就業機會，也為國家解決失業問題。然而就業機會是提供了，但是真正長期從事此行業的人並不多，所以餐飲人力依然缺乏，導致服務品質低落。要徹底解決餐飲人才之不足，業主一定要重視員工之教育訓練，改善員工福利和做好員工生涯規劃，如此，將可延長員工之服務時間，降低流動率（*Turn Over Rate*），提高生產力（*Produvtivities*），並節省教育訓練費用及提供更佳之服務品質給顧客。

除了重視人力資源外，餐飲事業在消極方面要節流，將本求利，要做好成本控制和費用控制，積極方面則要主動開源，推出行銷新手法和節慶促銷活動，來吸引顧客的注意。有效掌握顧客心理，做好顧客關係和顧客抱怨處理，也是不容忽視。由於當前餐飲事業競爭激烈，顧客選擇外食機會增加，如何滿足顧客需求是成功之不二法門，一般而言，顧客之需求；不外乎是產品品質、價錢、附加服務、清潔衛生和餐廳氣氛等。要成功經營管理餐飲事業不妨從以上所提到細節，一一做深入探討與實踐，成功之機會將會大幅提昇。

當前餐飲事業經營管理之問題；對業主而言是人力資源缺乏、工資高漲、員工流動率高、房租昂貴、競爭激烈和獲利不易，對員工而言是，工作時間長、工作內容辛苦、待遇福利不佳、無升遷管道、公司制度不完整和工作性質沒有受到尊重，基於以上錯綜複雜之因素，要成功地經營餐飲事業是件不容易的事，唯有靠業主與從業人員互相溝通，彼此了解立場，取得共識，經營管理餐飲事業，才能得心應手。

餐 飲 事 業 的 種 類 及 特 性

由於餐飲事業是一時麾的行業，許多業者趨之若鶩，躍躍欲試，所以在時勢推波助瀾的情況下，餐飲事業之種類五花八門，餐飲事業分類，可

依用餐地點，服務方式，菜式花樣和加工食品等。其中用餐地點，可分為商業型餐飲（*Commercial Feeding*）和大眾膳食（*Volume Feeding*），依服務方式可分為完全服務（*Full Service*），半自助式（*Semi-Service*），自助式（*Self-Service*）和完全無人服務（*Vending Machine*），依菜式花樣可分為中餐、西餐、素食和其他不同國家之料理。依加工食品可分為冷凍食品微

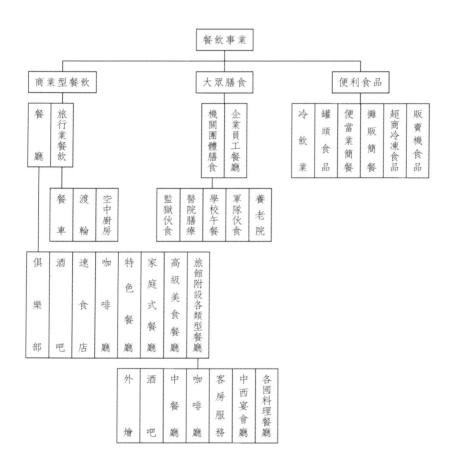

圖 1-1　餐飲事業的種類

資料來源：本文研究整理。

波加熱（如統一超商，*7 & Eleven*）、販賣機販賣罐頭食品，和攤販預先加工製成的冷熱飲食如冰棒、黑輪等。

壹、餐飲事業之種類

一、商業型餐飲（*Commercial Feeding*）

商業型餐飲主要是營利為目的，品質較佳之商業型餐飲企業，也是相當注重服務的提供。依功能來分；可分為旅行事業餐飲和餐廳事業餐飲等兩種。旅行事業餐飲；顧名思義是旅遊過程中，運輸公司所提供之餐飲；如空中廚房（*Inflight Kitchen*），渡輪（*Cruises*）和鐵、公路、運輸之餐車。一般餐廳事業餐飲之種類繁多，可參見圖 1-1，由於餐飲事業競爭激烈，所有業者無不別出新裁，使出渾身解數，來提供佳餚與服務，然而各類餐廳之服務方式不一，有的是完全服務，有的是自助式，雖然外表之服務方式不同，但是提供最好的服務給顧客之目標卻是一致的。以下是針對商業型餐飲之種類及其特性，做一詳敘之介紹與說明：

(一)旅行事業餐飲

1. 空中廚房（*Inflight Kitchen*）：提供長時間在飛機之旅客餐飲，依用餐時間可分為早餐、點心、午餐、午茶、晚餐和消夜，除了免費提供以上餐點外，還提供免費酒精飲料和非酒精飲料等，其中酒精飲料有香檳、紅、白葡萄酒、雞尾酒（*Cocktail*）及啤酒等。非酒精飲料則是各式果汁、碳酸飲料及礦泉水等。若是素食者、回教徒、膳食療養者（如高血壓、低鈉餐飲、糖尿病、低糖餐飲），可預先在訂位時告訴訂位員所需餐飲之種類和禁忌。

航空公司之餐飲人員一定會儘量配合，滿足旅客需求。至於所享用之餐飲品質，則依所搭乘之機艙來做決定，一般而言，經濟艙之乘客之餐飲較簡單，品質次等，畢竟一分錢，一分貨，不過一般信譽佳之航空公司，

即使經濟艙客人之餐飲，也是做的無懈可擊，讓旅客感受到物超所值，以期製造旅客再度光臨之契機。

2.渡輪（ *Cruises* ）：加勒比海地帶等天氣較炎熱地區，渡輪是渡假休閒最好的去處。過去台灣「花蓮輪」和電視影集「愛之船」，則是渡輪典型代表。參加渡輪旅遊之客人，可以享受到渡輪公司之美食。在渡輪上，各項設施齊全，餐飲種類繁多，提供之餐飲品質不亞於國際觀光五星級大飯店。其客房設備也與國際五星級觀光大飯店並駕齊驅。所以渡輪集旅遊、美食與住宿於一身。

通常其計價方式；採用美式計價（ *American Plan* ）；即房租加三餐，旅客僅要付費一次，則可享受所有餐點，至於高貴之酒精飲料，如白蘭地；旅客則要另付費用。餐點供應採「吃到飽」自助餐方式（ *Buffet* ），在一般咖啡廳使用時，是為一價吃到飽（ *All you can eat* ）的意思。與另外一種單點自助餐（ *Cafeteria* ）是不同的，自助餐（ *Cafeteria* ）之計價方式是取多少食物，算多少費用，取用多，相對付費也提高，*Buffet* 之服務方式是半自助式（ *Semi−Service* ）而 *Cafeteria* 之服務方式，則為自助式（ *Self− Service* ）。

3.餐車：過去二十年台灣鐵路運輸「觀光號」之列車，則有餐廳之服務；提供旅客用餐，然而目前各式列車，已無此項服務，不過歐美各國之鐵路運輸依然有餐飲之設備。一般來說餐車所提供餐飲簡單，類似快餐、簡餐，甚至於用便當盒來取代。至於公路運輸之餐飲是供應便當而已，而其供應地點是高速公路兩旁休息站之飲食區，在巴士汽車上並沒有餐飲之供應。

(二)餐廳

1.旅館附設各類型餐廳：

(1)中西宴會廳（ *Banquets* ）：由於新台幣升值，美元貶值，世界各國經濟型態改變。台灣觀光旅遊市場也由過去的國外旅客市場轉變為國內旅客市場，在旅館之營業收入；客房與餐飲比率從過去七比三，六比四，轉

變為四比六，甚至於三比七，可見客房收入大幅萎縮，所以經常在報章雜誌，可看到各國際觀光大飯店對客房促銷的方案。國際五星級大飯店經常是住宿一晚在 NT＄3,000，其定價是 NT＄6,000。在國際觀光客日益減少的狀況下，客房住宿當然一落千丈，營業額相對鉅幅滑落，可以旅館業者提升餐飲收入來挽救衰微市場，餐飲收入從過去次要收入，轉為主要收入。餐飲主要收入來自餐廳（*Outlets*）、酒吧（*Pubs*）、宴會廳（*Banquets*）、客房餐飲服務（*Room Service*）和外燴等。其中又以宴會廳為主要收入，其次是咖啡廳或是一般中餐廳。宴會廳成為餐飲部主要收入是黃道吉日的喜慶宴會、各式展示展覽會和國際、國內會議，每次喜慶宴會收入皆是相當可觀。

宴會廳依顧客需求來準備中餐宴會或是西餐宴會，中餐宴會則以結婚、慶生居多，西餐宴會則以會議展示居多。宴會訂席員會根據顧客所付每桌金額多寡，開出宴會菜單；雞尾酒會也是根據顧客所付費用開出雞尾酒會的菜單，通常顧客不會一次就滿意訂席員為其開出菜單，不過雙方可以經過溝通，達成某種程度之共識。

(2)旅館附設之咖啡廳（*Coffee Shop, Cafe*）：旅館附設之咖啡廳是旅館餐飲主要收入之一，也是旅館餐飲特色之一，經營得當，菜色豐富，價錢公道的話，咖啡廳會是經常高朋滿座。其營業時間 6：00AM～12：00AM（凌晨），營業時間相當長，提供早、午、晚三餐，其中早餐主要供應住宿之客人，通常採用自助餐吃到飽（*Buffet*）方式，若顧客不願吃自助餐，可以單點美式早餐，其內容有蛋、肉類、麵包、果醬、果汁、咖啡或紅茶，適合減肥或胃口較小者使用。美式早餐之內容較歐式早餐豐富，其價錢也較高；歐式早餐不包含蛋和肉類，僅有各式麵包、果汁、果醬、咖啡或紅茶等。

至於午、晚餐也是採用吃到飽自助餐（*Buffet*）方式服務，不過顧客也可以單點，單點內容有中西餐飲，可根據個人所需來決定單點菜單。都市型之旅館午餐主要客源為上班族。渡假型旅館午餐則以館內住宿旅客居多；都市型之旅館晚餐主要客源為生意人交際應酬和住宿旅客，渡假型旅

館晚餐也是以館內住宿旅客為主。

　　為了提升旅館知名度，國際五星級旅館經常會利用咖啡廳舉辦各國美食文化節，利用美食文化主題來促銷客房和餐飲，經常被使用之國家美食文化有新加坡、菲律賓、泰國、馬來西亞、日本、韓國、夏威夷、瑞士、法國、德國以及義大利等。其次國際五星級旅館之咖啡廳也會利用食物之旺季來促銷餐飲，如冬天之海鮮週、春天之草莓週、夏天之芒果週等。中國之民俗節慶也會經常被做為主題於旅館之咖啡廳做適當展銷如元宵節、端午節和中秋節等。

　　美食文化節之活動內容通常有該國美食特色，現場民俗文化表演，咖啡廳配合美食文化節裝潢成異國風味之氣氛，若有贊助航空公司、食品廠和電器工廠，所提供的獎品經常會有來回某地之機票、住宿券、旅遊券和各類電器用品為了保証美食文化節的成功，一般國際五星級之旅館皆會預售餐券，抽獎憑証則是以餐券之號碼之主。

　　旅館附設咖啡廳除了提供以上服務外，也是提供午茶及消夜之服務，午茶服務也是採用吃到飽自助餐方式（ Buffet ），主要菜色有港式點心、西式點心、各式水果、冰品及咖啡、紅茶等。在菜色上並沒有大魚、大肉，最主要原因是收費較低廉，同時也不是主要用餐時間，太過豐盛菜餚反而是本末倒置。至於消夜有些旅館咖啡廳會提供中式清粥小菜、港式粥類和西式茶點等。

　　一般而言，旅館咖啡廳所提供菜色包羅萬象，營業時間長，顧客層次廣泛，所以製備方法較不講求精緻，但是提供了快速安全的服務。

　　(3)客房服務（ Room Service ）：客房服務是指將餐飲送至客房給顧客使用，而稱之。客房服務單位，不屬於客房部而是屬於餐飲部，國際觀光旅館之客房服務廚房和咖啡廳廚房共用，所以咖啡廳有的菜色，客房服務即有，除較複雜，不易搬動或易變型之餐飲例外。故客房服務之菜單也是包羅萬象，通常較具規模之旅館，其營業時間是一天二十四小時，規模較小之旅館僅營業至凌晨，若凌晨之後，尚有營業之客房服務，其菜色種類將會有所限制，因大部分廚師皆已休息，僅會留守一位廚師製備菜餚，所

以此時段菜色將會比午、晚餐來得少。

一般而言，客房服務提供早餐服務最多，早餐內容主要以美式早餐為主，其次也有中式清粥小菜之供應。白天客房服務生意較清淡，因大部份房客洽公外出，晚餐之後，生意逐漸忙碌，消夜時間也是客房服務，忙碌的一段時刻。

客房服務作業流程是以電話連絡為主，接聽電話者通常是一位口齒清晰之女性服務人員，此位服務人員必需具備流利外語能力，豐富的餐飲專業知識，熱誠敬業專業服務態度對房客所點之菜單要仔細清楚登錄，登錄時要注意房號、菜餚並再次確認，避免錯誤，造成不必要的麻煩和不便之服務。

(4)中餐廳（*Chinese Restaurant*）：

①粵菜：國際觀光旅館具有較多之中餐廳，粵菜館通常是旅館行銷餐飲重點之一，包括港式飲茶，營業時間通常較長，因許多顧客喜歡於早餐時享用港式飲茶，所以旅館也會因此需求提早營業時來滿足顧客需求。

粵菜館單點之菜色較昂貴，其菜色經常是生猛海鮮、滷味、鮑魚、魚翅、燕窩，還有各式精品，由於保護野生動物之意識高漲，過去採用之猴腦、熊掌、蛇膽、虎鞭和各式鳥類等菜餚，目前已不銷售了。粵菜是台灣六大菜系中，近幾年最風光的菜餚，粵菜所以能在各菜系中脫穎而出，成為主流菜系，主要原因是形味鮮美精緻，餐具講究，菜名創新，菜材昂貴，火功考究，裝潢高雅和融合西餐服務等特色。

粵菜在支系劃分上可分成「廣州菜」、「潮州菜」和「來江菜」，廣州菜用料精細，富於變化，可稱為粵菜正宗，潮州菜菜刀工火工精考究，尤其擅於料理魚翅、鮑魚、燕窩等高級菜餚。來江菜即是客家菜，油重味鹹，極富鄉土氣息。

目前流行粵菜，可以是說是「香港菜」，新一派粵廚擷取廣州、潮州菜精華再加上西餐料理方法的運用及創意等逐漸獨樹一格為更精緻的粵菜——「香港菜」。比較著名之粵菜有翡翠珊瑚（其用料為蟹黃、蟹肉）、寶塔冬菇、明火砂鍋翅、官燕焗蟹斗、艷影蟹黃翅、紅燒排翅、極品鮑

魚、琵琶吊燒雞等。

②湘菜：為中國菜色中具有特色菜餚之一，較具規模之旅館皆有湘菜館，提供顧客高級中餐服務，晶華大飯店之彩風軒、台北希爾頓之湘味軒和來來大飯店湘園，則是提供高級湘菜的餐廳，其服務方式通常採用中菜西吃方式，服務流程與西餐類似，其服務菜餚順序是開胃菜湯，主菜色濃油重和湘式甜點，咖啡或紅茶。傳統湖南菜是以辣味為主，為了適應不吃辣之顧客，各湘館也適當的調整成清淡爽口，以迎合更多顧客，菜餚主要以肉類、家禽類為主。較著名之菜餚有生菜蝦鬆、貴妃牛腩、富貴火腿、左宗棠雞、魚生湯、酥烤素芳等。

③北方菜：北方菜館目前附設於國際觀光大飯店並不多見，最主要是大餐廳經營不易，所以北方菜餐廳日漸凋零，成為「夕陽」菜系之一。北方菜包含清宮菜、回教菜、蒙古菜、東北菜、山西菜、山東菜和河南菜等七、八種地方菜之綜合特色。

北方菜用料平實，大體以家禽、家畜的肉為主，很少用到海鮮。這和北方之物產有關。雖然北方菜館在旅館中並不多見，但地方館子也有不少具知度之北方館，例如悅賓樓、會賓樓等，至於小館小吃則不勝枚舉，如東來順、京兆尹、西來順、真北平等北方小館，或以點心小吃，或以鍋貼水餃，或以北平烤鴨，吸引不少消費者。

比較著名之北方菜有北平烤鴨、北平燻鴨、蔥爆牛肉、京醬肉絲、松鼠黃魚、合菜戴帽、賴炸里肌、醬爆核桃雞丁及酸辣湯等。

④川菜：川菜餐廳附設於國際觀光旅館的有台北圓山、國賓及台南赤嵌飯店。但因市場改變偏向粵菜、湘菜和江浙菜等，所以川菜之盛況；似已一去不返，這是在目前台灣現況，至於中國大陸及美日等國川菜還是相當流行。

川菜之用料平實，大部份是家禽、家畜肉類，與粵菜，江浙菜，採用成本高昂之海產不一樣。川菜味別之多堪稱中外菜餚之首，向以味多、廣、原著稱。構成川菜口味有麻、辣、鹹、甜、酸、苦、香七種味道，各味巧妙搭配，又變化成麻辣、酸辣、椒辣、糖醋、紅油、怪味、蒜泥、豆

瓣等數十種複合口味。比較著名之川菜有棒棒雞、宮保雞丁、梓茶鴨、乾燒明蝦、豆酥鱈魚、鍋巴蝦仁、麻婆豆腐、魚香茄子、乾扁四季豆等。比較有名的獨立川菜館有台北吳抄手、台中周抄手、川揚一枝春、蜀魚館及天辣子等。

⑤台菜：台菜館附設於國際觀光旅館的有台北來來的福園、台北晶華閩江春，和桃園假日等大飯店。台菜之特色以清淡簡單為主，然而要增加其菜餚之變化，目前台菜除傳統之清粥小菜、菜脯蛋、瓜仔肉、豆豉生蠔、鹹酥蝦及三杯雞之外，也加入福建菜名菜佛跳牆、潮州菜粵菜和江浙菜等，使其較具變化性，也較具競爭力，不致於讓所謂「香港菜」專美於前。

⑥江浙菜：江浙菜餐廳附設於國際觀光大飯店的有台北亞都天香樓、台北來來隨園等大飯店。江浙菜亦稱上海菜。包括以寧波菜為代表的浙江菜，以上海，蘇州為代表的江蘇菜以及淮陽菜。江浙菜之特色是油大、味濃、糖重、色鮮。擅長海鮮之烹調，變化頗多。比較有名之菜餚有醉雞、紹興雞、叫化雞、東坡肉、無錫排骨、龍井蝦仁、紅燒下巴、砂鍋魚頭、脆膳、韭黃鱔魚、西湖醋魚、紅燒黃魚、黃魚羹、拌蜇皮及冬菇烤麩等。

⑦素食：素食館附設於國際觀光大飯店的有台中長榮桂冠飯店和新開幕高雄漢來大飯店，素食者其主要原因是宗教信仰，如：佛教、一貫道等，其次是為了健康，不攝取動物食品或是減肥等。比較有名之素食菜餚有羅漢齋、紅燒粟子、鐵板豆腐、山珍粉絲、素燴香菇、八寶五丁、春捲香絲及藥膳素湯等。

(5)各國料理餐廳：

①法式西餐：法國西餐廳被視為西餐中最高級之西餐廳，主要原因是法菜提供了視覺、品味、裝盤擺飾、表演性桌邊烹調（*Showmanship of Table Cookery*），手推車展示服務（*Gueridon Service*），葡萄美酒、親切個人化的服務（*Personal Touch*）以及溫馨柔和用餐氣氛；如鮮花、燭檯和燈光的佈置等。

法國西餐廳附設於國際觀光大飯店的有台北亞都、台北來來、台北圓

山和台北力霸等大飯店；近幾年開幕之大飯店，如台北凱悅大飯店則沒有法式西餐廳，而以美國「加州菜」餐廳，標榜純正美式風味取代法式餐廳。法菜為何近幾年來開幕的國際觀光大飯店沒有銷售呢？最主要原因是用餐時間過長，平均需要三個小時。消費額居高不下平均每人消費在 NT＄2,000 左右。用餐時過於拘謹，因法式餐飲禮節繁多，一般人不易了解，做錯了面子掛不住，個人活動空間有所限制，不能像一般咖啡廳一樣，可自由談天、喧譁。由於以上原因造成顧客享受法菜、裹足不前，生意清淡，業者不敷經營成本，所以傳統法式西餐廳，在台灣有逐漸沒落趨勢。台北來來大飯店和福華大飯店的法國廳為了因應此趨勢，而在法國餐廳推出吃到飽自助餐（*Buffet*）來取代傳統之法菜供應和服務方式，來提高營業額以便持續經營下去。

著名法國名菜有白玉鵝肝、菲利牛排、法式烤鴨胸、烘羊排等極具傳統法國風味的國際菜餚。著名法國美酒有博多區（*Bordeaux*）、干邑區（*Burgundy*）所出產的紅、白葡萄酒及香檳。著名桌邊烹調之菜餚、甜點及咖啡、黑胡椒牛排（*Steak au Poivre*）、凱撒沙拉（*Caesar Salad*）、櫻桃烤鴨（*Canard Montmoremcy*）、火腿小牛肉卷（*Saltimbocca Romana*）、櫻桃朱比利（*Cherries Jubilee*）、蘇珊煎餅（*Crepes Suzette*）和愛爾蘭咖啡（*Irish Coffee*）等。

法菜具備相當多之優點，然而其優點亦是其缺點，故造成法式西餐廳逐漸式微，以適當綜合美式菜餚及美式服務，來突破傳統法式菜餚及法式服務之瓶頸，是法式西餐廳應該走的一條路。

②義大利菜：義大利餐廳附設於國際觀光大飯店的有台北來來、台北晶華和台北西華等飯店。由於義大利菜風味特殊，且無法式餐飲之缺點，所以義大利菜在台灣頗受歡迎。義大利菜之特色是麵類，通心粉起司和比薩，但除此之外，生鮮牛肉片、酪烤茄子、起司海鮮類等是較著名義大利菜。

由於價位不高，再加上義大利比薩店到處林立，推波助瀾使得義大利菜大受國人喜愛，若要吃較高級的義大利菜，那就是國際觀光大飯店附設

義大利餐廳莫屬，所以義大利餐廳在旅館中遠比法式餐廳來得容易經營。

③美國菜餐廳：目前附設國際觀光大飯店之美國菜餐，除一般美式咖啡廳之外，僅有台北凱悅大飯店有此餐廳，台北凱悅大飯店為了避免法式餐廳之缺點，經營不易，於是設立以美國加州地區之菜餚的餐廳，標榜健康、活力、高雅，且具有美國西部飲食文化之純正美式風味餐。

一般人認為美國菜僅是漢堡、炸雞、薯條、可樂等，但事實上不然，眾所週知，美國是民族大熔爐，當它接受世界各國之移民時，各國之飲食文化也同時輸入這塊土地，故基本上是一種綜合性的料理，以凱悅大飯店之寶艾「加州菜」餐廳，就是結合美國、墨西哥、中國、日本各國之特菜色而成，因此通稱加州菜。不過從本質上來說，它是一種創新料理，而非傳統料理。

真正富有傳統色彩之美式料理是南方路易西安那美食早期法國、德國、義大利、西班牙等國之移民源源不絕進入美洲新大陸的時代，路易西安那州便是新移民主要落腳站。

路易西安那料理利用法國傳統鄉野烹食為基礎，使用當地出產蔬菜、海鮮、家禽、家畜肉做食材，色彩鮮麗、香氣迷人。龍蝦、蟹、牡蠣、牛、水牛、豬、羊等畜肉及雞、鴨等禽肉都是路易西安那料理。較具代表性美食有蟹肉餅、蟹肉湯、燻肉、燻香腸、蔬菜和各種香料，這道濃湯是路易西安那最傳統之美食。故說美國菜僅是那些垃圾食物而已是一件不公平的事。事實上，美國菜也有相當豐富之內涵，只不過因拼不過美式速食餐廳，而造成大眾對美國菜之誤解，由於大眾對美國餐飲認識不多，故許多國際觀光大飯店，沒有設立高級美國菜餐廳。

④鐵板燒：附有鐵板燒之國際觀光大飯店有台北來來大飯店和台北晶華大飯店，日式鐵板燒類似法式餐飲之桌邊烹調，故日式鐵板燒在美國大受歡迎。主要菜材有牛肉、豬肉、雞肉、龍蝦、花枝、干貝、鱈魚和蔬菜類。定食之鐵板燒包含了甜點及咖啡式紅茶，台北來來大飯店鐵板燒之甜點，則以法式甜點蘇珊煎餅之現場烹調方式供應給顧客，使其真正名符其實的表演烹調技藝的東方餐廳。

　　⑤日本料理：日本料理附設於國際大飯店有台北凱悅和台北來來飯店等。日本菜並沒有中國菜之烹調技巧，但由於它能自創一格，所以日本料理在世界各地也頗受歡迎。

　　生魚片、壽司、味噌湯、烤鰻、甜不辣等是日式料理特色，其中以生魚片壽司吸引最多顧客。台灣曾經受日本統治，老一代之本省國人對日本料理情有獨鍾，藉享受日本菜時來回憶過去之事情，的確有思古之悠情之效，這也是吸引顧客光臨因素之一。所以日本料理店無論是附設於國際觀光大飯店或獨立經營之日本料理店，皆能經營得相當不錯。

　　(6)酒吧（ Bars ）：

　　①大廳酒吧（ Lobby Bars ）：設立於旅館大廳之角落代表旅館風格之正統酒吧，設備高尚及備有各式葡萄酒、名酒以及雞尾酒，設立主要目的讓旅客在長途旅程中先放鬆一下，或是讓旅客消磨等待之時間。部份國際觀光大飯店為促銷大廳酒吧，往往會在下午 2：30～5：00，提供免費小點心，供顧客使用，營業額因此而提高不少。

　　②鋼琴酒吧（ Piano Bars ）：通常設立於旅館頂樓，或是較靜之樓層並提供優美之鋼琴伴奏，或輕音樂，易使人陶醉在酒吧氣氛裏，可稱此類之酒吧為（ Cocktail Lounge or Lounge ），大部份營業時間僅有在晚上，白天並不營業，設立主要目的，讓客人喝酒兼社交，其消費額通常是大廳酒吧消費額的兩倍，主要原因是有鋼琴表演、景觀優雅、座位舒適、氣氛柔和以及較高的服務品質。

　　③服務酒吧（ Service Bars ）：此類型的酒吧是附設於餐廳，主要供應給至餐廳用餐之客人，不單獨對外營業，其酒類供應，也是相當齊全，各式葡萄酒、名酒和雞尾酒，應有盡有。

　　④開放酒吧（ Open Bars ）：開放式，可移動酒吧，是臨時設置供應飲料及酒類之吧檯，一般是提供雞尾酒會、餐會等之使用，其飲料及酒類之種類，將有所限制，不能像固定式之酒吧應有盡有。

　　⑤客房酒吧（ Mini Bars ）：在國際觀光旅館中每間客房皆設有一吧檯，此種設施稱為客房酒吧（ Mini ）。在房間內擺設冰箱飲料及一些小瓶

的洋酒是專為房客所設一種經濟、實惠的小酒吧。

⑥會員酒吧（*Member's Bars*）：僅招待所屬會員之家屬及朋友，所用之酒吧，一般而言，此類酒吧要收會員費及年費，其設施及供應酒精及非酒精飲料與旅館所設之大廳酒吧相當。

除以上五種酒吧外，尚有僅供應男士的 *Men's Bar* 或僅供應女士的 *Lady's Bar*，其設立主要目的和招待之對象，則由業主來決定，不同業主有不同之理念。

(7)外燴（*Catering*）：在餐廳生意日趨競爭之情況下，許多國際觀光大飯店之餐廳或宴會廳，不得不積極開發外燴市場，為自己營業單位製造更高之業績。通常外燴提供之菜色依顧客之要求而定，可選擇中、西餐外燴或特殊料理，但在選擇何種料理之餘尚需要考慮到人手、設備和材料，所以一個成功之外燴，務必要做仔細規劃，業者和顧客必需要詳細溝通，否則很容易產生彼此之抱怨，但大型外燴之收入，是相當可觀的，業者在業績導向之觀念下，不要忘記服務品質。

2. 高級美食餐廳（*Gourmet Restaurant*）：此類餐廳較正式，類似法國餐廳或高級美式西餐廳或高級中菜西吃之中餐廳，格調非常高雅，服務非常親切，主要供應傳統菜餚，菜色種類不多，但精緻，有特色且具高品質之食物和飲料。餐具皆採用進口美觀之高級骨磁盤、水晶杯和鍍銀刀叉，餐具擺設則皆為全餐擺設，並有高級布製折成不同之餐中式樣，其餐桌椅也皆採用高級材料製成美觀舒適之桌椅，餐桌上一定舖設兩條檯布。一條是尺寸較大的檯布（*Table Cloth*），另一條則是尺寸較小的頂檯布（*Top Cloth*）。其用餐時間較一般餐廳為長，約 2～3 小時，客人在衣著也會較正式。主要顧客羣是大老闆或生意人，小孩子通常不會在此種餐廳出現。

3. 家庭式餐廳（*Family Restaurant*）：顧名思義，此類型餐廳，適合全家大小一起用餐，價格也較美食餐廳低，一般中等收入之家庭，可負擔的範圍內，目前在台灣，芳鄰連鎖餐廳是一典型家庭式餐廳。由於菜色要老少適宜，所以其菜色種類也相當多，一般而言，菜單包含中、日、西餐飲，可單點（*A la Cart*）或採定食（*Set Menu*）兩種。小朋友在此種餐廳

用餐，可以享受到炸雞、漢堡、薯條等傳統速食店的餐飲，上班族群可以在此種餐廳，吃到迅速且營養均衡的定食，並享受傳統西餐廳，清潔、舒適的用餐環境，銀髮族可以在此種餐廳，吃到新鮮、營養的沙拉吧美食，甚至於還可享受到低脂肪、高蛋白膳食療養之食品。總之；此類型餐廳菜色廣泛、價錢合理、食物新鮮，再加上有快速及親切服務，所以在歐、美、日各國非常受歡迎。現在，台灣家庭式餐廳自從國外引進之後，成為最受歡迎之餐廳，如時時樂（*Sizzler*）、*TGI Friday*、*Chicago Grill*、芳鄰和國內業者自創類似此類型的餐廳，生意特別興隆，顧客經常大排長龍，遇到假日座無虛席，真掌握了餐飲流行之脈動，為業者賺進不少鈔票。

4. 特色餐廳（*Specialty Restaurants*）：此類型餐廳有的以某一道美食為其特色，有的以餐廳裝潢為其特色，有的是以經營者性格之喜愛所延伸出的感覺為其特色，又稱為個性化餐廳（*Personality Restaurants*），所有之特色餐廳皆有特定之顧客群，是以特定顧客之喜好為導向，此類型之餐廳壽命並不長，較易退流行，故經營者必須努力維持它的生動，經常要有新的市場行銷策略（*Marketing Strategics*），來延續其生命週期。

5. 咖啡廳（*Coffee Shops*）：此類型咖啡廳；不是旅館所附設之咖啡廳，但是基本上之理念是相同，大眾化口味，快速服務，簡單烹調和合理的消費。此種獨立之咖啡廳銷售菜餚以簡餐為主，菜色內容也是有所限制，很難像旅館附設咖啡廳，經常有各國文化美食節的促銷。其次平常菜餚供應方式，有時會採用吃到飽自助餐（*Buffet*），來增加營業額，然而，經常有些獨立咖啡廳礙於場地不足，硬體設備缺乏，而無法採用吃到飽自助餐的服務方式；喜愛聊天、喝咖啡、喝茶，用簡餐之客人，大部分會選擇此類型的咖啡廳。

6. 速食餐廳（*Fast Food Restaurants*）：速食餐廳包含中、西速食店，西式速食店在國內外早已成氣候，中式速食由於無深入做研發，導致中式速食裹足不前，不論在台灣或世界各地，皆無法在餐飲世界中佔一席之地。目前，在台灣較成功之中式速食是統一關係企業之漢華美食，銷售菜餚以台灣小吃和港式點心為主。至於西式速食，則不勝枚舉，較著名有麥

當勞、肯德基等,在國外尚有許多著名西式速食尚未引進國內,此類型餐廳經營管理方式皆採連鎖經營,有的是母公司連鎖經營;如麥當勞,有的是權利金租賃(*Franchise*);有的是契約管理(*Management Contract*)。

速食店餐廳特色可歸類為快速的服務、價格低廉、菜單有限、標準化作業以及半成品食物原料(*Convenience Food*),配合全自動或半自動機器設備,操作時間短暫。除了顧客在餐廳以自助方式至櫃檯點菜之後用餐外,外賣生意也是速食餐廳另外一個營業額之來源。有部分之國外在台營運之比薩店,則完全以外賣、外送生意為主,如達美樂比薩店,而必勝客比薩店除了擴展餐廳之外,也積極擴展外賣店。外賣店餐飲業特色是場地不大、租金少、投資風險相對降低,在台北大都會區,一地難求情況下,是值得推廣的餐飲銷售方式。傳統便當業,也是外賣店的產物。

7. 俱樂部(*Clubs*):台灣經濟進步,人民所得提高,休閒娛樂行業突然在台灣獨樹一格,俱樂部之設立因而迫切需求,以提供國民有健康之活動,一般而言;俱樂部皆採會員制(*Memebrship*),入會費金額不少,每年也要繳交年費,所以並不是一般人可以負擔的起。不過生意人或中小企業或政府高級官員加入俱樂部卻屢見不鮮。基本上;俱樂部設施有游泳池、三溫暖、美容、理髮院、指壓中心、網球場、撞球場、高爾夫球場、兒童遊樂場、圖書室及餐飲服務等。

由於參加俱樂部會員以市場行銷中的社會階層(*Social Status*)而言,是屬於高收入、高教育的中壯年人士居多,所以在餐飲服務方面要求也是相當高,期望之水準並不亞於國際五星級之觀光旅館,故俱樂部業主對附設餐廳之水準也不敢掉以輕心。在俱樂部附設餐飲設施有中餐廳、西餐廳、生鮮蔬果吧檯(*Juice Bars*),部份俱樂部更有宴會廳和會議廳等設施。

8. 酒吧(*Bars & Pubs*):國際觀光旅館所附設酒吧有大廳酒吧、鋼琴酒吧、服務酒吧和冰箱飲料酒吧等。獨立酒吧則經常以 *Pubs* 之方式來取勝,此種酒吧通常有樂隊伴奏,歌手駐唱,主要音樂以西洋老歌、西洋流行歌曲為主,以時段不同來安排演奏演唱歌曲之種類。

在 *Pubs*，飲料酒單之種類比較少，較複雜的雞尾酒精飲料，可能無銷售量，主要之飲料可能是果汁、可樂、啤酒及簡單調配之雞尾酒；如 *Gin Tonic*、*Whiskey and Water* 和 *Rum Coke* 等較簡單調製的酒精飲料。

主要顧客羣以中外單身青壯年為主，其年齡層約 25～40 歲，有工作，收入不錯的上班族居多。有些顧客至酒吧主要目的是認識朋友，所以外國人稱此種酒吧為「*Crusing Bars*」。目前在台北市中山北路、林森北路一段、二段的地方，有非常多這種類型的酒吧，從美國引進台灣的 *TGI Friday* 餐廳也附設類似此類型之酒吧。

至於在台灣所謂鋼琴酒吧，則沒有 *Pubs* 熱鬧，而是以安靜為主，其飲料酒單種類廣泛，大部份以銷售整瓶高級白葡萄酒為主。不過部份業者為了賺取更多利潤，而變相營業，所以類似這種鋼琴酒吧，則有許多顧客本來是很喜歡，到最後則聞之怯步，不敢再登門入室。而所謂鋼琴酒吧形象一落千丈，甚至於非法營業經常遭警察取締。

貳、團體膳食

一、屬於非商業型營利之餐飲

1.企業員工：企業業主為解決員工午餐及提高工作效率，往往會設置員工餐廳，免費提供員工用餐；大都會中小企業因場地取得不易，故無此項服務，至於大型企業：如旅館、大型餐飲事業皆會有員工餐廳之設置。除此之外，生產事業：如電子工廠、塑膠工廠等因離市區較遠，員工無法方便取得午餐，為了解決此項問題，生產事業工廠也皆會設置員工餐廳。員工餐廳之管理，會委託企業之福利管理委員會，負責督導管理，攸關員工大眾福利，所以員工餐廳之菜色一般也不致於太差，不過要注意的是食品衛生、安全之事項，以避免團體食物中毒。

2.機關團體膳食：這類型餐飲事業種類有養老院、軍隊、學校、醫院、政府機關及監獄伙食等，其設立主要目的是服務屬於該團體之職員或

特定顧客。不以營利為其主要目的。凡是屬於大眾膳食其菜單皆採用週期性菜單（ *Cycle Menu* ），以增加菜色變化來滿足使用者之口味。

養老院及醫院膳食會較注意營養均衡，由於養老院皆是銀髮老人，身體狀況較差，故菜單設計上宜避免高蛋白、高脂肪及高熱量之食物，相對要給予低脂肪、高纖維及富含豐富維他命及礦物質的蔬果的食物，以避免老人疾病－心臟病、高血壓、糖尿病等。醫院膳食皆要根據病患狀況給予不同型式，或不同營養成份的食物，來幫助病患恢復，此種食物給予稱為膳食療養（ *Therapeutic Diet* ），此種飲食必須經過有執照營養師（ *Nutrionist* ）調配才可，否則易發生調配不當遲延病情好轉。

至於學校營養午餐，主要對象是兒童。故在菜單設計上，宜給予高熱量、高蛋白及豐富維他命和礦物質之蔬果，以幫助其發育，其中尤應注意鈣質之攝取。食品衛生、安全也應該特別留意，特別是夏季，食物易腐敗，發生食物中毒之機率提高。

現在軍隊及監獄伙食，在質及量上，比過去提昇不少，營養均衡不予匱乏，不過應該特別注意衛生及安全，來提昇服務品質，增進軍人和犯人在團體生活中的樂趣。

二、便利食品（ *Convenience Foods* ）

此類餐飲事業含販賣機食品（ *Vending Machine* ），超商冷凍食品加熱，如 *7 & Eleven*；攤販簡餐，如臭豆腐、蚵仔麵線和甜不辣；便當業簡餐，如排骨飯、雞腿飯和豬腳飯；罐頭食品，如速食麵、八寶粥和鋁泊包之飲料以及冷飲業：如泡沫紅茶、蜜豆冰和冰淇淋店。

叁、餐飲事業之特性

餐飲事業基本上屬於服務事業，與一般傳統生產事業不同，通常餐飲事業皆有時間、空間性。除了便利食品稍具儲存性外，所有餐飲食品皆無

法儲存。服務工作也是餐飲事業另一特性，若是服務不好，顧客抱怨聲一定此起彼落。地點適中、公共安全、顧客個別需求、不易標準化、工作時間長、勞力密集以及多變性。此將餐飲事業之特性歸類於下：

1. 時間性：餐飲事業，無法大量生產；預先將顧客所要的餐點、飲料事先做好。若是事先做好，屆時顧客上門時，再供應給顧客，此時餐點、飲料一定不新鮮並且有食物中毒之可能，所以餐飲事業之廚房吧檯一定要根據顧客現場所點餐飲食品，再加以調製即可，一般餐食從點單至遞送食物給顧客是五至十分鐘要完成，飲料則是三至五分鐘要完成，故餐飲事業具有時間性。早餐、午餐、晚餐之供應也是餐飲事業具有時間性典型例子。

2. 空間性：雖然餐飲事業中的速食店是連鎖經營，然而許多獨立餐廳，未設立連鎖店者，顧客為了要品嚐該店之餐飲的話，可能需要開車一段路才可至該店用餐；雖然連鎖餐廳之食品大致相同，但是仍有許多顧客為指定某個地點的連鎖餐廳，所以，基本上，餐飲事業具有空間性，這也是餐飲事業特性之一。

3. 無儲存性：餐飲事業無法類似生產事業，可以將其產品預先製造完成，並大量儲存於倉庫。餐飲事業中除服務、氣氛和設備外，最主要產品則是餐食和飲料，大家都知道：一塊牛排，煎烤後五分鐘則水分逐漸流失，顏色變黑及肉質變硬，吃起來味道不佳；一杯新鮮柳丁汁，壓榨三分鐘之後，其含量豐富之檸檬酸，逐漸被空氣氧化，維他命 C 也漸漸消失，喝起來好像在喝糖水，缺乏柳丁提神、養顏之功效。

4. 無形部份較多：餐飲事業之人事費用，佔營業額 30％，相對生產事業僅有 20％左右，高出 10％，所高出部份是因服務較多之原因，服務是無形，看不見，摸不著，更是帶不回去的，僅能用感受去體會，所以餐飲事業無形部份比生產事業較多。

5. 地點適中：餐廳地點宜設在人口密集，交通方便之處，對營業較有利益；相反的，生產事業、工廠宜設在郊外，人煙較稀少之處，如此土地取得容易，空氣污染也較少，故欲開設餐廳，地點選擇不宜太偏僻、交通

不便、人口稀少之處。

6.公共安全：餐飲事業對大眾之公共安全相當重視，尤其是餐廳附有 *KTV*、*MTV* 者，更是要注意逃生門、消防栓、滅火器等設備及其逃生指示方向，否則一旦發生火災，就不可收拾。餐廳火災造成重大傷亡者屢見不鮮，所以餐廳事業宜特別重視公共安全。

7.顧客個別需求：餐飲事業要依據顧客喜愛來煎牛排，有三分熟、五分熟和七分熟，調製味道之鹹淡、辣香和物料選擇來烹飪餐飲。若是不能滿足顧客之需求，下次顧客就不上門，生意則減少。然而生產事業製造罐頭食品，則是一樣材料、一樣香料和一樣之味道，不需要特別為顧客做個別需求的調製。

8.不易標準化：餐飲事業之產品無法類似工廠作業一成不變，不同之服務待客之道，不同廚師有不同的專長，即使做同樣一道菜，同樣之材料及配料，做出來之產品也無法完全一樣之口感。

9.工作時間長：餐飲事業之從業人員通常有空班，就是下午二點至五點是空班時間，下午六點到九點才再繼續工作來滿補一天工作八小時，所以表面看起來工作時間沒有增加，但實際上帶給從業人員有一定程度之不便，因為不太可能利用空班時回家一趟，然後再來上班，故大部份從業人員皆留在餐廳休息，無形之中增加工作時間，這不是很合理之方式。除此之外，餐飲事業從業人員皆採輪班、輪休制。一般假日及國家假日，無法按時休假甚至要加班來完成工作。以上之工作時間特性是一般生產事業所沒有的。

10.勞力密集：一般生產事業皆採全自動或半自動生產，人事費用皆可控制在 20％以下，然而餐飲事業無法採用機器來服務顧客，一定要用服務人員來提供服務，其人事費用經常是 30％左右，有時高達 40％，所以勞力密集也是餐飲事業特性之一。

11.富變化：顧客類型不一，各人喜好不同，餐飲事業主要服務對象是人，有時會因情緒、天氣、節慶以及身體狀況，表現出不同之行為模式，因此，餐飲事業必須掌握顧客內在心理，與外在客觀因素，綜合變化地提

供服務，不能像生產事業一樣，工作對象是機器，一成不變。同時，餐飲事業在顧客與作業人員之間每日所發生情況，是千變萬化的。

餐飲事業之經營與管理

　　基本上，餐飲事業是一個頗複雜的行業，包含了科學和藝術兩大領域，同時，服務對象是以人為主，除了服務之外，其產品尚有食物、裝潢、氣氛、清潔衛生及公共安全，若要滿足顧客需求，務必要做好服務及服務外之軟硬體產品。

　　所謂硬體服務包含食物外觀、員工制服、餐廳顏色搭配、環境、綠化、氣氛塑造、環境用具之清潔衛生及大眾公共安全之設施。所謂軟體服務包含工作人員服務態度、工作人員專業知識和技術、工作人員應對技巧、顧客心理、顧客關係及外在無法控制因素；如天氣、節慶、顧客身體狀況、顧客情緒及其他無形的因素。若因外在無法控制因素「天氣」所引起軟體服務工作，在雨天應該主動提供雨具給客人使用，並請他們擇日再歸還，在夏季和冬季則宜控制好冷、暖氣之溫度。若因外在無法控制如「節慶」所引起軟體服務工作，在母親節宜主動提供粉紅色康乃馨鮮花祝福女性顧客，在婦幼節則宜主動提供氣球給小朋友。若因外在無法控制因素「顧客身體狀況」所引起軟體服務工作；行動不便之顧客，宜主動扶其進入餐廳；身體不舒服，則要主動呼叫救護車送至醫院。若因外在無法控制因素「顧客情緒」所引起軟體服務工作；顧客講話聲音不悅耳時，服務人員則必須馬上要提高敏感度，察顏觀色，不必與因情緒不悅之顧客多談，僅提供應有的服務工作即可。

　　總之要做好餐飲事業之經營與管理是不容易一件事，在經營方面，除了解顧客心理，做好顧客關係外，還有菜單設計、行銷策略、業務推廣、氣氛塑造、餐廳主題及餐廳形象樹立等外部之事項。在管理方面，則要在

內部事項下功夫，如人力資源開發和運用、公司組織架構之設計和改良、
從業人員之教育訓練、廚房之衛生安全、菜色口味之研發、餐飲成本控
制、餐飲行政事物費用之控制、餐廳出納之稽核、會計報表之編制、合理
節稅方法之規則、財務調度及做好公共安全（包含依法定金額為顧客投
保）等內部管理工作。故經營管理工作可歸類為規劃（ *Planning* ）、組織
（ *Organizing* ）、協調（ *Coordinating* ）、人力（ *Staffing* ）、指揮（ *Direct-
ing* ）、控制（ *Controlling* ）、評估（ *Evaluating* ）等，同時這些管理工作是
循環性，而非單一方向。

圖 1-2　管理流程圖

資料來源：Jack D. Ninmeier management of Food & Beverage Operations p.44.

壹、規劃

　　規劃是管理工作第一步，週全規劃可使目標更容易達成，執行效果更
佳。故餐飲事業之經理必須要預先規劃任何事項。高級經理；如協理、總
經理宜規劃有關公司長期發展及策略的計劃，以達到遠期目標。中級經
理；如餐廳經理宜規劃短期公司欲達到目標的策略，如新年度營業額設
定，新年度節慶促銷專案以及新年度行銷、業務策略。基層幹部：如主

任、領班宜規劃每日餐廳營運要注意事項,如宴會佈置、外燴工作及時段
人力安排。

　　高級主管規劃事項可能是未來五年或十年要發展達成之目標,如餐廳
連鎖至發展,十年後要發展到十家連鎖店等較長期之規劃。中級主管則要
依上級交待預定業績、規劃出不同行銷、促銷及業務策略,基層幹部則要
規劃本月宴會事項,每週、每日人力安排等較短期事項之規劃。

　　詳細規劃,可使營運之推展更順暢,倘若在營運過程中有一些突發狀
況或預先未規劃事項,雖原先已預定之事項,也可因此來更改或增加規劃
事項,期使營運更順暢,所以經營管理工作之規劃是具有彈性。

貳、組織

　　組織之設立是要使經營管理更有制度,讓所有員工了解自己工作部門
所負的責任、上級主管、溝通的對象及公司組織架構。其中了解上級主管
是要讓員工了解,這位主管是其直屬主管,其他部門主管,不能任意命令
該員工任何事項,否則很容易造成二位主管管理一個單位,經營管理效
果,則會大打折扣。所以組織設立是讓員工有一清楚方向,去配合公司的
經營管理。

　　其次;組織設立有分層負責之工作,基層幹部管理員工有一定人數,
所做決定也有一定程度,中級主管管理員工人數則較基層幹部多,能做決
定之權限也較高,至於高級主管則要負責公司之營運管理最上層之決策。
所以組織設立最主要目的是分層負責,各階層主管負責執行其在組織內所
負之權限內之工作,不能越級,也不能越權。

參、協調

　　餐飲事業是勞力密集之行業,需要外場、廚房以及業務人員相互配
合,才可將事情做的完美。故欲將餐飲事業經營管理成功,做好事先溝通

協調是不可或缺的，一場宴會或會議需要有關的單位互相協調，工作分配，各司所長，來達到工作目標。例如；結婚喜慶，燈光場地佈置需要工程人員，服務工作需要外場服務人員，菜餚準備則需要廚師，為了要做好結婚喜慶之工作，外場經理則需要與各單位互相協調、配合，才能使宴會圓滿成功。

肆、人力

人力工作包含應徵、聘請、篩選優秀人才至公司工作，在人力篩選過程之前，則先要設定工作條件事項（*Job Specification*）和工作內容（*Job Description*），然後根據工作條件事項甄選出最佳人才。基層員工錄用後，人力資源單位則應給予教育訓練，包含職前講習、公司介紹、職前專業知識、技術及態度的訓練，有經驗之員工錄用後，人力資源單位則應給予職前講習和公司介紹的說明，至於職前專業知識、技術和態度訓練，則可省略。有經驗之新進員工訓練重點，是如何讓他們儘快進入工作狀況，如何與舊有員工搭配。

伍、指揮

管理之基本定義是讓所屬員工，完成工作事項，尤其餐飲事業是勞力密集之行業，餐廳經理僅有一雙手、一雙腿、兩個眼睛而已，若是每件事都要餐廳經理親自指揮的話，餐廳經營管理注定失敗。故餐廳經理要授權給主任、領班，讓他們來共同完成管理工作。

指揮包含督導、排班和獎懲員工，督導藝術是要與員工妥協，讓員工完成工作為所要目標，並非是強權領導，在督導過程中務必要激勵員工，讓員工心悅誠服接受指揮。排班要公平，同時也要符合餐廳人力需求與員工的要求。獎懲是要鼓勵員工，正面積極配合公司規定，並非以懲罰員工為主要目的，故獎懲要人性化，儘量用獎勵代替懲罰，除非員工犯大錯

誤，嚴重影響公司紀律。指揮是經營管理系統最複雜，所以每位經理人員必須要小心處理，不要掉以輕心。

陸、控制

控制系統可以節省成本、費用、節流功效不少，控制項目可使用在人力安排、餐飲成本、行政費用、水電費用及檢查預算與實際之間的差異。

控制之前必須先擬定預算，然後由預算之標準來檢核實際狀況，若是兩者差距過大，則應適當改變預算之標準，以符合實際需求。預算重新調整後，務必再評估，新預算及實際狀況之差異，是否減少。

餐飲生意是一競爭激烈之行業，獲利不一定很高，將本求利，節省開銷，精確控制成本與費用，才能做好經營管理工作。

柒、評估

評估工作包含檢核經營與組識目標，查核員工表現及評估教育訓練之結果。餐飲經理除了時時評估員工外，也要自我評估，如此可幫助經理與員工之間溝通更順暢，人際之間關係更好。

餐飲之事業
之連鎖經營與管理

壹、連鎖經營與管理之種類

商業型餐飲之經營管理可分為獨立經營（ *Independent* ）、連鎖經營

（ *Chain Restaurants* ）等二種，其中連鎖經營又可分母公司連鎖經營（ *Parent Company* ）和契約管理（ *Management Contract* ）和權利金租賃（ *Franchise* ）三種。

貳、餐飲事業經營管理之優缺點

一、獨立經營（ *Independents* ）

獨立經營之餐廳，是由業主本身自己經營或聘請經理人才管理之，重大決定權皆由業主決定，經理之權力有限，所有經營模式完全依業主之觀念實行之。

1. 獨立經營之優點：(1)風險較低，因業主本身可以控制營運狀況，重大決定又是自己決定，風險等級自然降低。(2)彈性空間較大，獨立經營之餐廳不像連鎖經營餐廳，有一定經營方式，獨立經營之餐廳可依業主之喜愛隨時調整營運方針、行銷策略、改變菜單、增加裝潢或擺設等。

2. 獨立經營之缺點：(1)家庭化管理，缺乏公司制度，企業體無法快速成長，不易發展為連鎖經營。(2)知名度不高，需較長時間，建立本身知名度，不像餐飲連鎖店，馬上可受益到高知名度的成果。

二、連鎖經營（ *Chain Restaurants* ）

㈠餐飲連鎖經營一般特性

1. 售價較低。
2. 利用率較高。
3. 餐飲專業技術層次較低。
4. 快速服務。
5. 採用免洗器皿或較簡單之器皿。
6. 菜單種類有限或固定菜單。

7. 短時間快速訓練。

8. 採用標準食譜，份量一致。

9. 原料採用半成品。

10.中央廚房統一生產。

11.裝配線的生產方式。

12.自助式服務居多。

(二)餐飲連鎖經營的基本利益

1. 企業體名氣旺，易順水推舟；如麥當勞。

2. 物料訂購，方便容易。

3. 物料耗損低，成本控制容易。

4. 統一採購，成本降低。

5. 集體訓練，降低訓練費用。

6. 整體行銷，廣告效果大，廣告費用降低。

7. 經營技術完備，公司制度完整。

8. 產品研發積極，不斷推陳出新。

9. 標準食譜，操作容易。

10.專業人員負責經營輔導。

11.現代賣場設計，使人效與坪效達到最高點。

12.經營得體，獲利頗大。

(三)連鎖經營種類

1. 母公司連鎖經營（ *Parent Company* ）：通常可以自己開發連鎖經營之餐飲，可說是經營成功之業主，以一家經營成功之模式為基礎，發展成多家分店之連鎖規模。

⑴優點：

①快速現金。

②共同採購成本降低。

③制定標準作業流程，統一訓練員工，減少訓練費用支出。

(2)缺點：

①管理不易。

②服務品質不一。

③公司規定，制度繁雜。

④授權有限，分店總經理不易發揮專才。

2. 契約管理（ *Management Contract* ）：契約管理中之業主和經營者完全分開，業主提供餐廳設施交由經營者管理，業主本身不過問經營者管理事宜，僅坐收每年經營利潤是為被動投資者。在台灣成功地採用此種方式連鎖的餐飲業有台北凱悅飯店、台北希爾頓飯店。由於契約管理績效不錯，所以凱悅飯店正在台灣積極發展連鎖店。

(1)優點：

①專家經營。

②具有高度名氣。

③完整作業流程含行銷業務、採購、人事、教育訓練、工程及會計制度。

(2)缺點：

①負擔昂貴契約管理費用。

②風險較高。

③利潤較少。

④業主不能親自經營管理，甚至於不能過問經營者之決策。此點是中國老闆最不能忍受的，所以契約管理之理念在台灣很難推行，時下，餐旅管理顧問公司不易生存，其道理就在此。

3. 權利金租賃（ *Franchise* ）：權利金租賃是加盟店(*Franchisee*)，要付一筆使用盟主(*Foanchisor*)名稱（ *Logo* ）之費用而稱之。

(1)優點：

①享用其知名度。

②統一廣告，費用降低。

③提供基本管理，銷售之方法。

(2)缺點：

①對加盟店（ *Franchisee* ）而言：

a. 沈重的簽約金和權利金增加開店成本。

b. 加盟店易受合約牽制，不易發揮。

c. 合約內容，易起爭執。

d. 盟主（ *Franchisor* ），未盡管銷之輔導，形成加盟騙局。

e. 廣告配合，不夠積極。

f. 集體發展能力不夠強，無前瞻性。

g. 集體產品不夠優越，未具競爭力；盟員又不准販賣其他替代品。

②對盟主（ *Franchisor* ）而言：

a. 服務品質，很難控制。

b. 菜餚口味，無法統一。

c. 加盟店業主，不能配合規定。

d. 餐廳裝潢，風格歧異。

e. 新策略不易推動。

f. 分店擴張速度過快，經營風險增加。

g. 加盟店易受經營狀況，改變經營意念。

《問題與討論》

1. 觀光事業（ *Tourism Industry* ）之行業為何？及其各行業之涵蓋內容？

2. 餐旅事業（ *Hospitality Industry* ）之定義及其引伸之行業為何？

3. 餐飲事業（ *Food & Beverage Service Industry* ），可依哪些方式分類？

4. 餐飲事業以用餐地點分類可分為商業型餐飲（ *Commercial Feeding* ）與膳食
   （ *Volume Feeding* ）兩種；請敘述該兩種餐飲服務所涵蓋範圍？

5. 請簡述咖啡廳（ *Coffee Shop, Cafe* ）之特色？

6. 請敘述客房服務（ *Room Service* ）之服務及作業流程？

7. 一般國際觀光大飯店附設中餐廳之種類有哪些？

8.請敘述法式西餐之特色及其五道著名桌邊烹調菜餚之名稱？

9.請敘述酒吧之種類及其特色？

10.請敘述餐飲事業特性為何？

11.請簡述餐飲經營管理？

12.獨立經營（*Independents*）之餐飲事業的優缺點？

13.餐飲經營之種類為何？

14.餐飲連鎖經營之種類為何？

15.餐飲連鎖經營之基本利益為何？

16.母公司連鎖經營（*Parent Company*）之餐飲事業優缺點為何？

17.契約管理（*Management Contract*）之餐飲連鎖經營之優缺點為何？

18.權利金租賃（*Franchise*）之餐飲連鎖經營之優缺點為何？

《註釋》

1.薛明敏，1993　觀光概論，明敏餐旅管理顧問公司出版，初版，台北，p.2

2.蔡界勝，1994　客房管理實務，前程出版社，初版，高雄，p.1－2, p.41

3.楊允祚、王淑媛，1989　餐飲實務國際觀光中心出版，四版，台北，p.12

4.高秋英，1994　餐飲管理，揚智文化事業股份有限公司出版，初版，台北，p.17

5.韓傑，1991　餐飲經營學，前程出版社，七版，高雄，p.13

6.CBI編著，劉蔚萍譯，劉修祥主編，黃純德校閱專業餐飲服務，1992，桂冠圖書股份有限公司出版，初版，台北，pp.209－211

7.何西哲，1991　餐旅管理會計，萬達打字印刷中心出版，七版，台北，p.259

8.李澤治，1991，1992　吃在台北，吃在台北雜誌社出版，台北，15期p.129，19期pp.16－20 pp.111－115，25期pp.111－113，26期p.113，34期pp.51－52 pp.111－112

9.波麗餐廳，亞都飲店天香樓，來來飯店隨園，電話採訪1995，4月，台北

10. Jack D. Ninemeier, 1990, Ph D. Management of Food and Beverage Operations, EI of AMHA, Second Edition pp.13－17, pp.44－49

第 2 章　餐飲事業組織系統

　　前章詳細且完整介紹餐飲種類，此章，將就其不同種類，介紹其組織系統，首先，要討論的是，國際觀光大飯店餐飲部組織系統，其次是一般餐廳組織系統、宴會廳組織系統、餐務器皿組織系統、飲務酒吧組織系統以及速食餐廳組織系統。

國際觀光大飯店餐飲部組織系統

壹、旅館組織

　　旅館組織包含客房部、餐飲部以及後勤支援部門；如會計部、人力資源部和工程部等。客房部和餐飲部又稱為營業部門，而後勤支援部門，則稱為非營業部門。

　　旅館是觀光事業中極為重要一環，不僅提供旅客住宿、餐飲、宴會與會議的便利，同時渡假型旅館也提供休閒及娛樂設施，旅館包含營業部門與非營業部門，宛如是一個小型社會，除了眾集社會各階層不同性質的專業人才和從業人員，並且到處充滿著魅力與活力，營業部門與非營業部門相互呼應，相輔相成為旅客提供完善的服務，讓客人擁有滿意的舒適感，進而有賓至如歸的感覺。

　　旅館主要收入來自營業部門，其中餐飲和客房為其營收之主要來源。兩者傳統比率是客房收入，佔總營收 70％，餐飲僅占 30％，但是目前兩者比率已逐漸拉近，甚至於有些旅館中餐飲收入已經超過客房之營收。一般而言，渡假旅館（ *Resort Hotels* ），餐飲和客房之營收比率則為 6：4。近年來餐飲佔總營收之比率逐漸提高，其主要原因乃是新台幣大幅升值及世界經濟不景氣，國外旅遊人潮鉅幅減少所致，許多旅館業主見機轉舵，

將其轉換為以餐飲為主的經營型態，來彌補國外旅客住宿的短缺。所以從民國八十年以來，許多大型旅館如台北來來、希爾頓、凱悅和晶華等大飯店皆開始重視國內市場，積極開發國內餐飲和國民旅遊市場，更推出大學聯考考生優惠住宿專案，來促銷日益低落的住房率（*Occupancy*）。根據觀光局官員統計指出，台灣地區觀光飯店八十二年平均住房率為 53.52％，而最高時期住房率為七十五年 74.9％（資料來源：八十三年三月五日中國時報）。

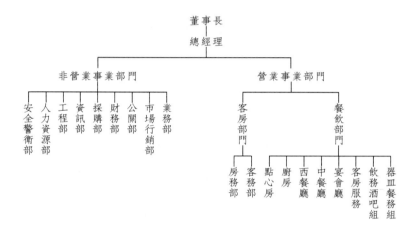

圖 2-1　大型國際觀光大飯店部門組織系統表

資料來源：本文研究整理。

貳、餐飲部組織

　　依旅館客房數多寡、餐廳數多少，國際觀光大飯店附設餐飲部組織之大小也有不同，一般中、大型國際觀光大飯店餐飲部門，含有餐飲部經理一位，餐飲部副理兩位，行政主廚一位，秘書一位，辦事員數位等。餐飲部經理除管理餐飲部辦公室運作外，也要管理督導其營業單位，隸屬餐飲部門之單位有宴會廳、中餐廳、西餐廳、客房服務、飲務組、器皿餐務

組、點心房以及各營業單位之廚房。

　　宴會廳主管為宴會廳經理，中餐廳則依所設餐廳種類，每一中餐廳有一位餐廳經理，如川菜廳經理、台菜廳經理。西餐廳也是依所設餐廳種類每一西餐廳有一位餐廳經理，如咖啡廳經理、法國廳經理、義大利廳經理。客房服務為客房服務經理管轄，飲務部設有飲務經理，管轄單位，依所設酒吧種類而定，如大廳酒吧、鋼琴酒吧、服務酒吧。器皿餐務組主要以器皿保養、洗滌為主，設有器皿餐務經理一位。廚房為行政主廚管轄，所管轄之廚房有宴廚、中廚（含所設各式中餐廳廚房）、西廚（含所附各式西餐廚房、客房服務廚房，通常與咖啡廳共用）。

一、餐飲組織基本原則

　　餐廳種類繁多，業主心態與管理者方式亦有不同，然而餐飲組織基本原則是不變的，為了有效運用及有效管理部門，餐廳均依其餐廳特性與業務需要，設立一健全的組織來推動。一般而言，餐廳組織原則為：統一指揮、指揮幅度、工作分配及賦予權責等四項。

　　1. 統一指揮：即每一位員工僅宜接受一位上級指揮，不宜同時有兩位老闆，以免無所是從，其他部門之上級主管，若要指揮不同部門之員工，在組織管理原則下，則宜組成守業，重新調配工作任務與上級之指揮權。如此，才不會造成組織體制紊亂、無制度。

　　2. 指揮幅度：即每一單位主管所能有效督導指揮的部屬人數，一家餐廳之基層主管督導人數以不超過十二人為準，中、高階級主管，則要利用基層主管之協助，來管理組織系統。

　　3. 工作分配：即依員工之工作性質，職位不同來分配其工作，並將其工作內容，書寫為工作職責（ *Job Description* ），使每位員工，各得其所，人盡其才，達到最高工作效益。

　　4. 賦予權責：國際觀光大飯店之餐飲部經理，需要管理十個以上不同部門，以一個人僅有兩個眼睛，兩條腿，一雙手的限制下，要看的事情，

要說的話，要走的路實在有限，故在此情況下，餐飲組織，宜充份授責，讓各單位主管有適當權限，以增加單位工作效率，進而培育主動負責之主管人才。

二、餐飲組織之基本型態

基本上，餐飲組織之基本型態可分為三種：直線式（ *Line Control* ）、幕僚式（ *Staff* ）、混合式（ *Line & Staff* ）；其中以混合式最為普通採用。

1.直線式：類似軍隊組織，其指揮系統由上而下成一直線，每人任務與責任劃分非常明確，部屬須服從上級所交付任何命令，並合力認真加以執行。

2.幕僚式：本組織類似顧問工作，他們僅能提供專業知識給各部門指導式建議，但不能直接發佈命令。即使他們之建議與指導必須透過各級主管人員才能到達部屬。

3.混合式：就是將直線式與幕僚式之優點，縱橫交差，相輔相成，達到經營管理之最高目標，為近代餐飲業最普遍採用的。

三、國際觀光大飯店餐飲部組織系統表

國際觀光大飯店餐飲部是一個很大組織，所管轄員工可能有一百人至數百人之組織，在如此大的組織系統裏，務必要明確歸納各單位之組織，組織系統最主要功用，是讓所屬員工了解，上級單位與主管，同時也清楚與其平行之單位有那些？在組織任務分配時，需要和哪些單位配合或請求哪些單位之協助，使其分工合作相輔相成，以達到營運最高目標。

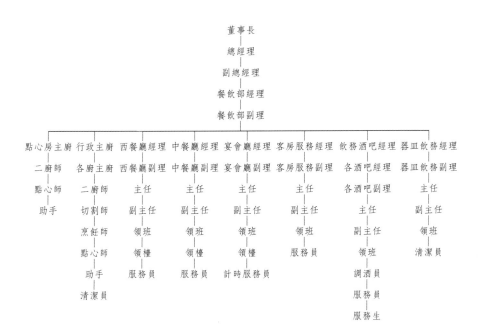

圖 2-2　大型國際觀光大飯店餐飲部門組織系統表

資料整理：本文研究整理。

不論是旅館附設中、西餐廳，獨立中、西餐廳或是連鎖中、西餐廳，其組織架構大致是相同的。中、西餐廳不同的地方是菜餚的不同、服務作業方式不同、廚房設備流程不同及裝潢、氣氛不同，其餘的項目則大同小異。所以其工作性質與組織架構是相同，此節僅就其組織系統，加以探討，至於兩者之不同處，其他章節會有說明與探討。

一般而言；中西餐廳之組織，設有經理一人，副理一人或兩人，視其餐廳規模決定，主任兩人或三人，副主任兩人或三人，視其營業時間長短

決定，領班三人或四人，領檯兩人，服務人員則視餐種類、菜餚和作業方式來決定，一般而言，每位服務人員在用餐服務期間，以服務十二個人為上限，若是餐廳有壹佰個座位，則需要八位服務人員，基本上服務人員之範圍會分區，不會讓服務人員做全場性服務，如此，將降低工作效率，也浪費服務人員之體力。

除了以上人員外，尚包括餐廳出納、調酒員、廚師和清潔員等。所以中、西餐廳之工作人員包含：(1)後場人員；主廚、副主廚、一般廚師、助手、洗碗清潔員等。(2)前場人員；經理、副理、主任、副主任、領班、領檯、服務員、調酒員、餐廳出納和練習生等。並非所有中、西餐廳皆有以上之人員組織，而是依其餐廳坐位多寡，營業時間長短，服務作業方式，菜餚種類，飲料種類餐廳的特色以及業主、老闆、股東之經營理念來決定用人數目和職稱的種類，以下是小型中、西餐廳和大型中、西餐廳組織系統表：

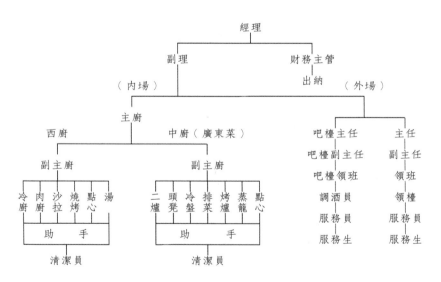

圖 2-3　大型中、西餐廳組織系統表（如設有中、西餐之餐廳）

資料來源：本文研究整理。

宴會廳組織系統

　　旅館附設餐飲部，有一宴會廳之設施，一般獨立餐廳，也可以接受宴會訂席，每逢黃道吉日或節慶佳節。可說是宴會廳，最忙碌之時期，所以有效安排人力是宴會廳之重要課題。

　　宴會廳之生意與節日有關，而且每次宴會酒席桌數可達百桌以上，而根據人力標準分配，可能需要上百人之服務，人力之需求有一定的要求，若是平常時日，一個宴會廳，有二十名服務人員，對餐廳而言，是不符合經濟效益，最主要原因是宴會廳不是天天有宴席，一年之節慶僅不過是二十多天，而黃道吉日，根據農民曆，也不是天天像農曆七月，整個月之結婚喜慶很少，甚至於幾乎沒有。一般業者認為宴會大日子，是尾牙、謝師宴、聖誕、新年、星期假日以及連續國定假日等。這些時段，宴會廳可能需要大量服務人員，如何在此時段，滿足營運之需求，並且符合經濟效益呢？這就是宴會廳主管宜規劃、管理妥當的事情。

　　有鑑於餐飲服務業是勞力密集的行業，人事費用節節升高，稍一不當，則造成餐廳之虧損，故在餐飲事業之人力安排，宜精打細算，將每一分錢，發揮到最高效率。所以綜合以上因素，宴會廳組織系統服務人員宜採用計時員工（ *Part-Time* ）以減少平常人事費用之浪費。至於幹部員工，則要全職，並要有一定名額以備不時之需，幹部主要工作是指導服務人員宴會佈置、教育訓練服務技巧與說明服務時應注意事項。

　　由於服務人員是採用計時員工，這些服務人員，有一部份是新進，有一部份可能有經驗，宴會主管宜對新進之計時員工，給予職前訓練，並請有經驗之服務人員帶領，讓新進員工儘早了解工作狀況，為顧客提供更高服務。在組織管理方面，宴會廳主管要建立一套計時員工人事資料，人事資料宜記載，計時員工年齡、性別、教育程度、地址、電話、工作經驗及

工作時之表現，以做為再次聯絡計時員工之參考。

表 2-1　節慶佳節名稱與日期

國曆元月　1-2 日新曆年	國曆八月　　8 日父親節
農曆元月　1-2 日農曆年	農曆八月　15 日中秋節
國曆二月　14 日西洋情人節	國曆九月　28 日教師節
國曆四月　4 日婦幼節	國曆十月　10 日雙十節
國曆五月　1 日勞動節	國曆十月　25 日光復節
國曆五月　第二週日母親節	農曆十二月　16 日尾牙
農曆五月　5 日端午節	國曆十二月　25 日聖誕節
國曆六月　謝師宴	國曆十二月　31 日新年除夕夜
農曆七月　7 日七夕情人節	農曆十二月　30 日農曆年除夕夜

資料來源：本文整理。

宴會廳經理

｜

宴會廳副理

｜

宴會廳主任

｜

宴會廳副主任

｜

宴會廳領班

｜

宴會廳組長

｜

全職服務人員

｜

計時服務人員

圖 2-4　宴會廳組織系統表

資料來源：本文研究整理。

餐務器皿組織系統

餐務器皿組是餐飲事業組織中，具有專門技術的一個單位，其主要工作是器皿管理、器皿保養、蟲害控制及環境清潔衛生的維護。旅館餐飲部和大型餐飲公司，皆設有此單位來管理器皿事宜，目前台灣專精此方面人才並不多，中小型餐廳因此方面事宜不多，所以沒有必要設此單位，至於餐務器皿組之工作內容，則有廚師兼任之即可。

壹、餐務器皿組織架構

餐務器皿組主要工作為保養器皿、保管器皿、洗滌器皿和清潔環境衛生，所以，基本架構依之工作內容、任務分組，每一組有一組長或領班，領班之上級為主任、副主任，單位最高級主管為經理、副經理。此單位之組織規模是依餐廳數目多寡而定。

圖 2-5　餐務器皿組織系統表

資料來源：本文研究整理。

貳、餐務器皿組之工作內容

1. 器皿洗滌作業：(1)洗碗機操作；(2)清潔劑使用；(3)洗碗區之擺設；(4)洗碗區之運作；(5)如何降低器皿破損。

2. 清潔與衛生：(1)垃圾收集與分類；(2)空瓶收集與分類；(3)廚房之清潔。

3. 蟲害防治：(1)害蟲之種類；(2)害蟲之撲滅；(3)捕蟲燈之設定。

4. 垃圾托運。

5. 器皿之保養：(1)磁器保養；(2)玻璃器保養；(3)銀器保養（浸泡、打磨、刨光）。

6. 器皿控制：(1)器皿種類；(2)器皿標準用量設定；(3)器皿盤點；(4)器皿破損之預防；(5)器皿預算之編列。

7. 支援宴會營運：(1)宴會之類別；(2)宴會需要器皿之設定。

參、營業生財器具之種類

1. 傢俱：餐桌、餐椅、轉檯等屬外場用之設備。

2. 廚房設備：爐灶、冰箱、烤箱、煎板、烤肉架等屬大設備。

3. 廚房用具：鍋、盆、夾、鏟等屬廚房用品。

4. 營業器皿──顧客使用：

(1)陶瓷類（*Chinaware*）：陶器、瓷器、美耐皿、木、籐、壓克力、纖維等。

(2)玻璃類（*Glassware*）：一般玻璃杯、半鉛玻璃杯、鉛玻璃杯、強化玻璃杯。

(3)金屬類（*Silverware*）：鍍金、銀、銅、鐵、不鏽鋼等。

5. 營業器具管理：

(1)量的決定：以餐廳提供菜式餐廳總桌數、餐廳座位、餐廳週轉情形

之最大量為原則，決定餐廳之標準用量（ *Par-Stock* ）。

(2)質的決定：

①提供「質的服務」之餐廳——選用高級之器皿，如法式餐廳、日本料理。

②提供「量的服務」之餐廳——中級且強化器皿，如咖啡廳、宴會廳。

(3)預算之編列與採購：

①依各餐廳之標準用量，考慮倉庫存量、各餐廳庫存量及可能破損量，決定是否需要再採購。

②進口營業器具之採購，以一年乙次集中採購為原則，以降低成本。

(4)使用管理：

①新購入器皿，列帳管理，以利盤點。

②各餐廳視其需要，提出申請向倉庫領用器皿。

③當餐廳之營業器皿需移轉使用時，可填移轉單，移轉所需器皿。

④每三個月或半年盤點乙次。

⑤為降低破損率，每兩天清點各洗碗區之破損器皿，對異常者加以研究及改進。

飲務酒吧組織系統

旅館餐飲部之飲務酒吧單位包含一般酒吧（ *Pub* ）、大廳酒吧、鋼琴酒吧及服務酒吧等。所以飲務經理管轄單位不少，建立一套完整之組織系統，有利於管理人、事、物。至於獨立酒吧之主管，或旅館中之各酒吧之主管，則以酒吧經理稱之，因為他們僅管轄一個營業單位。

餐務經理（ *Beverage Managers* ）管轄之範疇包含酒精飲料與非酒精飲料等，而酒吧經理（ *Bar Managers* ）管轄之範疇則以酒精飲料中雞尾酒或

烈酒為主，至於葡萄酒、咖啡、茶等較具專業知識領域之飲料，則較不在
其管理的範圍內。所以餐務酒吧經理要對葡萄酒、咖啡、茶之種類與特性
有進一步的認識。

壹、飲務酒吧之組織系統表

餐飲酒吧包含餐務酒吧經理、酒吧經理、主任、副主任、領班、調酒
員及服務人員等。

圖 2-6　飲務酒吧組織系統表

資料來源：本文研究整理。

貳、調酒員之工作內容

1. 按配方調配雞尾酒。
2. 每次皆使用清潔乾淨杯子。
3. 養成使用量杯習慣。
4. 必須攪拌的酒要快速攪拌，以免冰塊過份溶化。
5. 搖盪時，動作要快，使調酒均衡。
6. 酒杯須冰杯、塗抹糖粉或鹽粒時，要照規定實施。

7. 一律均應按配方調製與裝飾，不可因工作忙碌而簡化。

速 食 餐 廳 組 織 系 統

　　速食（ *Fast Food* ）包含漢堡、炸雞、比薩及中式點心等餐飲。基本上，速食餐廳特色是一樣的，不外乎經濟、實惠、快速、清潔和簡便餐飲為主。速食餐廳服務方式採用自助式（*Self Service*），欲前往速食餐廳用餐，則先到櫃檯點單及付帳，然後自行將所點餐飲取至欲座之位子用餐。

　　用餐過程，不得要求服務人員，提供任何餐飲服務，若是要求，服務人員會指示，請到櫃檯點購。因為速食餐廳在價錢設定，沒有包括服務人員提供桌邊服務，除點菜外，一切服務流程皆要靠顧客本身。

　　由於速食餐廳之服務方式採自助式，故其服務人員皆著重在廚房工作，銷售工作以及清潔工作等。速食餐廳之廚房工作皆由服務人員掌廚，沒有另外聘請廚師，故沒有請不到廚師之煩惱，為什麼速食餐廳不需要廚師呢？最主要原因乃是其產品種類有限，大部份是半成品，僅要適當加熱即可，製備過程簡單。

　　速食店之組織架構類似，主要工作人員是採工讀方式或兼職方式，故基層服務人員相當多，基層服務人員薪資採用時薪，幹部薪資採用月薪，而基層服務人員升遷到幹部需要一段時間，然而這一段時間到底要多久？

　　沒有一個明確時間表，不過由於餐飲業人力嚴重缺乏，僅要循規蹈矩，努力工作，專心於餐飲事業知識、技術及服務態度，相信，這一段時間是不會太長。

壹、速食餐廳組織型態

　　一般而言；速食餐廳採用計時員工較多，基層員工相當多，基層員工

中包括許多不同種類及不同的工作職責，茲就其計時員工之職稱，歸類以下：見習員、服務員、訓練員、接待員等。除這些基層員工之名稱外，幹部名稱有組長、襄理、副理與店經理。

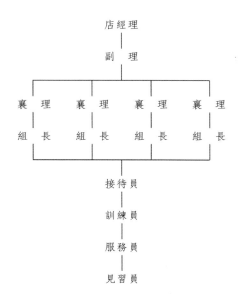

圖 2-7　速食餐廳組織系統表

資料來源：本文研究整理。

貳、速食餐廳升遷之流程（以著名美式漢堡速食餐廳為例）

1. 見習員：新進員工稱為見習員，由公司之訓練員訓練見習員十二小時後，分派執行一個工作站，若是服務過了二個工作站，即可升為服務員。

2. 服務員：負責櫃檯銷售、廚房食物製備和大廳之清潔工作，經過一段時間工作，上級考核及格，即可晉升為訓練員。

3. 訓練員：負責教育訓練新進員工，訓練範圍包括菜單種類認識，飲

料種類認識，菜單價錢、食物製備流程、收銀結帳以及專業服務態度的訓練等。經過一段時間工作，上級考核及格，則可晉升為接待員。

4.接待員：顧名思義，接待員是代表公司與顧客接觸的，所以公司規定、餐廳服務內容，一定是了解非常清楚，同時也了解顧客心理，並與顧客做好關係。主要工作是公關及舉辦活動，其促銷對象是以兒童為主；如慶生活動，繪畫比賽和唱遊比賽等活動。接待員在速食餐廳佔有舉足輕重地位。接待工作一段時間後，表現良好，則可晉升為組長。

5.組　　長：晉升至組長則已是幹部了，工作內容以管理為主，如：人力安排，工作分配、服務人員工作狀況，收銀機點收，客人滿意度以及應付隨時發生之問題。組長工作一段時間後，表現良好，則可晉升為襄理。

6.襄　　理：主要工作是注重品質、數量維持、產品衛生、客人滿意度，並適時依顧客提出建議向上級反應。襄理經考核通過後，則可晉升為副理。

7.副　　理：主要工作職責是協助經理，經理休假時之代理人，工作內容與經理類似，有時店經理會指定某一特定工作交付給副理實行；副理經考核通過後，則可晉升為經理。

8.店經理：除傳統店經理工作外，最主要工作乃是業績，如何在這競爭激烈速食餐飲中，獨佔鰲頭，應是每一位店經理所追求目標。其平日負責工作是從最基層的工作到高層決策；如：公司人事、決策、產品、服務、清潔以及顧客關係，裏裏外外的事情皆會參與。店經理經考核後其晉升職位為區域督導（ *Area Supervisors* ），管理經營數家速食餐廳之分店。

《問題與討論》

1.國際觀光大飯店之餐飲部包含那些單位？

2.中餐廚房以廣東菜為例，其組織系統為何？

3.西餐廚房含那些工作項目？

4.為什麼宴會廳需要用大量之計時人員？

5.那些節慶佳節或月份，對宴會廳生意而言是旺季？請寫出佳節名稱與日期。

6. 餐務器皿組之工作任務為何？

7. *Silverware* 之餐具包含那些項目？

8. 如何決定餐具使用之質與量？

9. 請敘述酒吧之種類？

10. 飲務經理與吧檯經理之權限與範圍？

11. 請敘述速食餐廳之特性？

12. 請敘述速食餐廳員工種類與其升遷流程為何？

《註釋》

1. 蔡界勝，1994　客房實務，前程出版社，初版，高雄，pp.39－40

2. 詹益政，1991　客房餐飲，科樂印刷公司出版，18版，台北，p.33

3. 陳堯帝，1994　餐飲實務，桂魯出版社，初版，台北，pp.21－23

4. 高秋英，1994　餐飲管理，揚智文化事業股份有限公司出版，初版，台北，
　　p.39

5. 韓　傑，1991　餐飲經營學，前程出版社，七版，高雄，p.157

6. 莊富雄，1994　酒吧經營管理實務，華岡實際有限公司出版，二版，p.70，
　　p.72

7. 羅國輝，1993　餐務器皿資料提供，晶華大飯店餐務部經理

8. 劉建源，1995　速食餐廳組織系統提供，南台工商觀光科

9. Jack D. Ninemeier, Ph D, 1990, Management of Food & Beverage Opera-
　　tions, EI of AHMA, second Edition, p.35

第3章　餐飲從業人員之工作職責

　　餐飲事業是勞力密集行業，也是以人服務的行業，所以從業人員的質與量皆相當重要。為了提昇此行業之服務品質，明確說明並書寫其工作職責（*Job Description*），讓餐飲從業人員有一準則遵循是必要的；同時也可依工作職責，實施員工教育訓練，可說是一舉兩得。

　　餐飲事業要達到其經營目標，就必須讓所有管理幹部與一般員工了解各自職責。明確地書寫各階層人員之工作職責，可讓員工工作更有效率，員工情緒更高昂，以及可降低員工離職率，進而達到公司之期望。管理幹部可分為三階層；高級、中級和基層幹部，高級主管包含總經理、副總經理、餐飲部協理、餐飲部經理等，中級主管包含副理、襄理、主任等，基層幹部包含副主任、領班、組長等，基層服務人員則為領檯和男女服務人員等。

　　書寫工作職責之前，宜先考慮此工作職責應具備工作條件（*Job Specification*）。所謂工作條件就是員工要勝任此工作之前必須具備的先天條件與後天條件，所謂先天條件是指員工身高、體重以及年齡等，較無法改變之事實。所謂後天條件是指員工專業知識、技術及學歷可以靠後天培訓的。要圓滿執行工作職責則必須依賴本身所具備之工作條件。

工 作 職 責 與 工 作 條 件 說 明

壹、工作職責（*Job Description*）

　　工作職責是以條文列出某職位員工，在工作時所應負責之工作項目，和其他相關之資訊，而這也就是所謂工作職責。一般而言，基層員工和基層幹部之工作職責的設定皆由部門經理決定之。中級主管之工作職責之設定皆由高級主管設定之。而高級主管之工作職責，則依業者指示實施之，通常具有較大空間與彈性，不會一成不變。

目前由於勞工意識抬頭，所以主管設定員工之工作職責時也會加入工作者之意見和建議，以便使工作職責更落實、更精確。事實上，工作職責有必要每一年或一段時間重新修訂一次，這是因為工作職責本身並沒有一定模式可循，而其最主要的原因是餐飲事業種類繁多；如第一章所介紹，要規定相同服務作業流程是不可能的。故餐飲事業之經理人宜根據本身餐飲事業之特性的需求，來設定部屬之工作職責。

一、工作職責的目的

工作職責是有關工作的範圍、目的、任務與責任的廣泛說明，主要目的是：

1. 讓部屬了解工作項目和工作要求標準。

2. 說明任務、責任與職權，以確定組織結構。

3. 幫助主管評定部屬之工作表現。

4. 幫助主管招聘與面談。

5. 幫助新進員工，及早了解工作任務，增加新進員工安定度，提高工作效率。

6. 員工加薪、升遷和考核標準。

7. 教育訓練之發展之依據。

二、工作職責內容（以咖啡廳主廚為例）

1. 職稱：咖啡廳主廚。

2. 部門：餐飲部門。

3. 範圍：咖啡廳西餐餐食製作。

4. 向誰負責：餐飲部經理。

5. 負責管理：

(1)人員：所有咖啡廳廚房之員工。

(2)設備：所有咖啡廳廚房中固定與可移動之設備以及主廚用具。

6. 橫向聯絡：咖啡廳經理、宴會廳經理以及其他西餐廳之主廚。

7. 主要責任：

(1)按照商定之餐飲成本編製菜單。

(2)規劃採購食品、材料與設備。

(3)餐飲成本控制。

(4)檢核食物製備品質。

(5)員工考核。

(6)教育訓練新進與在職之員工。

(7)管理食品衛生與環境清潔。

(8)消防工作。

(9)財產安全保管。

8. 職權範圍：對部屬員工有聘用、解聘、核准請假、加薪、升遷及職務調動之權力。

貳、工作條件（*Job Specification*）

任何一種職位之人員皆會因其工作性質不同，而需具備某些特殊或不同的工作條件。餐飲事業從業人員當然也不例外。工作條件（*Job Specification*）是為了要成功扮演其角色所需具備的工作特質，工作條件是依工作職責所要求而設定的。

一、工作條件之目的

工作條件之規定不宜太簡化，當然也不必太過繁瑣複雜，而是應該簡潔、清楚的明訂出來。設定工作條件之目的是要適才適用，選擇合適人才擔任適當工作，而工作條件之內容包含外表、身高、體重、年齡和性別等先天條件，同時也包含教育程度、工作經驗、專業知識、專業技術、專業

態度、觀念個性和溝通技巧等後天可以培養訓練的條件。

由於餐飲從業人員種類繁多，再加上餐飲事業嚴重短缺從業人員，所以從業人員之工作條件，很難硬性規定，基層服務人員，僅要外在條件不差，皆可被錄取。茲就餐飲事業對基層服務人員，在工作條件上要求，做一說明；性別：男女不拘，年齡：三十歲以下，身高：男 160 公分，女 150 公分以上，體重：看起來不超過標準體重太多，外表：五官端正，不要求俊男美女，教育程度：國高中畢業，經驗：不需要經驗。

至於領檯人員（ Hostess ）或是管理幹部要求則較高，領檯人員通常由女性員工擔任，身高要求 160 公分以上，外表五官端正、清秀屬於高大型的，年齡要求三十歲以下，教育程度要求大專畢業，語言要求可以說流利接待英、日語，經驗要求需有工作經驗並了解餐飲專業知識、技術和服務態度等。管理幹部工作條件之要求是在於其經驗多寡，工作時間長短，領導統禦、行銷和其他管理能力所具備程度。業者或總經理依被錄取之應徵幹部之經驗、專長和個性；分為高級主管：如餐飲部經理和餐廳經理，中級主管：如餐廳副理和主任等，基層幹部：如餐廳副主任和領班等。

二、工作條件內容（以餐廳領檯人員為例）

1. 工作職稱：餐廳領檯人員。

2. 性別：女。

3. 年齡：30 歲以下。

4. 身高：160 公分～170 公分。

5. 體重：45～60 公斤。

6. 外表：五官端正、清秀。

7. 學歷：大專畢業。

8. 語言：通英、日語。

9. 經驗：(1)餐廳服務員六個月經驗。

　　　　(2)領檯經驗。

10.專業知識：(1)了解餐廳服務作業流程。

　　　　　　(2)了解餐廳營業性質與時間。

　　　　　　(3)了解菜單內容。

11.專業技術：(1)了解帶位技巧。

　　　　　　(2)了解對話技巧。

　　　　　　(3)可用簡單英、日語與外國人溝通。

12.專業態度：(1)主動積極、親切提供服務。

　　　　　　(2)個性開朗、願意為顧客提供服務。

　　　　　　(3)具高度敬業精神。

　　　　　　(4)心胸廣大、任勞任怨。

　　　　　　(5)服儀整潔、氣質高尚。

餐 飲 管 理 幹 部 之 工 作 職 責

　　餐飲管理幹部可分為高級、中級與基層幹部三種，此節將討論此三種階級管理幹部之工作職責，高級幹部以餐飲部經理為代表，中級幹部以餐廳經理為代表，基層幹部以餐廳領班為代表。

壹、餐飲部經理之工作職責

　　1.職稱：餐飲部經理。

　　2.部門：餐飲部。

　　3.範圍：經營管理餐飲部所附設部門之人、事、物；如中餐廳、西餐廳、宴會廳客房服務、中央廚房、各廳廚房點心房、飲務酒吧單位、餐部單位以及訂席中心。

　　4.向誰負責：總經理、董事長或老闆。

5. 負責管理：

(1)人員：所有餐飲部附設之營運單位的員工。

(2)設備：所有餐飲部附設之營運單位的固定設備、可移動之設備、用
　　具及備品。

6. 橫向聯絡：客房部經理、採購部經理、市場行銷部經理、業務部經
理、公關部經理和工程部經理。

7. 主要責任：

(1)業績：

①年度業績成長擬定。

②宴會和國際會議之推廣。

③市場行銷與促銷活動規劃及執行。

④菜單、飲料單和酒席價錢之設定。

⑤客源、業務之開拓。

(2)產品：

①菜餚研發。

②飲料研發。

③菜餚品質管制。

④飲料品質管制。

⑤菜單種類之決定。

⑥飲料單種類之決定。

(3)服務：

①外場標準服務作業流程之擬定。

②外場服務人員教育訓練之規劃。

③外場服務人員服儀標準之制定。

④顧客抱怨處理。

⑤顧客關係建立。

⑥顧客之公共安全。

(4)財務：

①餐飲成本控制（做好採購、驗收、儲藏、發放、烹調和出納工作）。

②行政費用和人事費用控制。

③器皿破損和布巾遺失之控制。

④設備和用具之保養。

(5)人力資源：

①主動積極開發人力資源，建立各種人力資源管道：如校園徵才，學生工讀和兼職人員。

②領導統御所屬單位之員工。

③員工考核、升遷和加薪。

④協助各營運單位，做好人力規劃。

⑤營運單位人員工作之互調。

(6)裝潢、氣氛、設備和備品：

①依餐廳之特質，協助餐廳經理做好餐廳裝潢工作。

②依餐廳之特質，協助餐廳經理塑造出餐廳應有之氣氛。

③依餐廳之等級，提供應有之設備和備品。如高級西餐廳，宜採用高級骨磁盤、水晶玻璃和高級舒適餐桌椅。

④餐廳環境清潔檢核。

(7)廚房：

①標準食譜建立後之檢核。

②食品衛生與安全之檢核。

③廚房之消防與安全之檢核。

(8)其他：

①上級臨時交付之任務。

②定期、不定期召開會議。

③稽核各項營業報表。

④協調所屬單位之業務事項。

⑤處理突發之狀況。

8.職權範圍：對所屬單位之員工有聘用、解聘、核准請假、加薪、升遷和職務調動之權力。

貳、餐廳經理之工作職責

1.職稱：餐廳經理。

2.部門：餐飲部門。

3.範圍：經營與管理餐廳之人、事、物。

4.向誰負責：餐飲部經理或老闆。

5.負責管理：

(1)人員：所有餐廳外場之員工。

(2)設備：所有餐廳外場中固定與可移動之設備及用具。

6.橫向聯絡：餐廳主廚、各餐廳經理。

7.主要責任：

(1)業績成長之設定。

(2)餐飲成本控制（做好採購、驗收、貯藏、發放、烹調、服務和出納工作）。

(3)餐廳行政、人事和其他費用控制。

(4)行銷、業務與公關之推廣。

(5)人力資源開拓、人力規劃。

(6)菜單、飲料單種類之設定。

(7)菜單、飲料單價格之設定。

(8)人員之職前與在職訓練之規劃。

(9)餐廳標準服務作業流程之設定。

(10)營業前餐廳清潔、燈光、音響設備及備品之檢查。

(11)營業中顧客服務；如迎賓、問候和顧客抱怨之處理。

(12)營業後安全、清潔之檢查。

(13)與主廚保持暢通之溝通。

⒁餐廳公共安全。

⒂食品衛生與安全。

⒃廚房之消防與安全。

⒄定期、不定期舉行部門會議。

⒅其他，上級臨時交付之任務。

8. 職權範圍：獨立餐廳經理，若老闆或業主不插手管營運事宜的話，一般餐廳經理具有聘用、解聘、核准請假、加薪、升遷和職務調動之權力。

參、餐廳領班之工作職責

1. 職稱：餐廳領班。

2. 部門：餐廳。

3. 範圍：現場督導餐廳之服務人員。

4. 向誰負責：餐廳經理。

5. 負責管理：

⑴人員：餐廳之服務人員。

⑵設備：協助管理所有餐廳外場中固定與可移動之設備及用具。

6. 橫向聯絡：餐廳之其他領班、一般廚師。

7. 主要責任：

⑴營業前巡視餐廳是否清潔、餐桌擺設是否齊全、備品、用具和設施是否完善。

⑵新進員工、在職員工之教育訓練。

⑶分配工作及督導服務人員營業前、營業中以及營業後之工作狀況。

⑷主動了解餐廳訂位、宴會之情況，並做好準備工作。

⑸與廚房溝通了解當日菜餚，並轉告所屬員工。

⑹協助主管簡報（ *Briefing* ）。

⑺替客人點菜並注意客人喜好與適量。

⑻受理顧客及員工之抱怨。

⑼考核員工出勤狀況及服儀與態度。

⑽接受上級主管之指示及完成分派工作。

⑾協助接聽電話。

⑿接受上級臨時交付之任務及突發事件之處理。

8.職權範圍：協助餐廳經理管理服務人員，包括出勤考核、升遷、加薪建議及服務工作之督導。

餐 飲 服 務 人 員 之 工 作 職 責

餐飲事業基層之服務人員包括領檯（ *Host or Hostess* ）和男女服務人員（ *Waiter or Waitress* ），有些餐廳將領檯人員之工作階層，提昇至管理階層，但是，事實上，領檯人員並沒有直接領導統禦服務人員，而是與服務人員在工作上相互配合，所以有人把領檯人員歸為一般服務人員，不過領檯人員必須比男女服務人員具有更多之餐飲專業知識、技術、態度及更多之工作時間。通常其資格相當於領班之程度。

壹、領檯人員之工作職責

1.職稱：領檯人員。

2.部門：餐廳。

3.範圍：寒喧、問候、帶客入座。

4.向誰負責：餐廳經理。

5.負責管理：

⑴人員：無下屬員工。

⑵設備：菜單之清潔與擦拭，帶位區之物的清潔與擦拭。

6. 橫向聯絡：餐廳領班、男女服務人員。

7. 主要責任：

(1)接聽電話、接受訂席、訂位。

(2)負責帶位區域環境之整潔。

(3)負責訂位檯、接待檯、菜單及訂席簿之清潔。

(4)熟悉飯店或附近設施之情況，以便隨時回答客人之詢問。

(5)寒喧、問候顧客。

(6)帶客入座。

(7)指示餐桌位置並為客拉椅、攤口布。

(8)遞送菜單、飲料單。

(9)通知服務人員提供服務給已就座之顧客。

(10)處理顧客換位、換桌。

(11)接受上級臨時交付之任務。

8. 職權範圍：無管理其他員工之權限。

貳、男女服務人員之工作職責

1. 職稱：男女服務人員。

2. 部門：餐廳。

3. 範圍：提供服務。

4. 向誰負責：餐廳領班、餐廳經理。

5. 負責管理：人員——無下屬員工。

6. 橫向聯絡：餐廳其他之男女服務人員。

7. 主要責任：

(1)營業前之餐桌擺設、負責區域之清潔、備餐檯物品之補充。

(2)熟悉營業中之餐飲服務作業流程之工作。

(3)熟悉菜單之菜餚、菜色之內容、烹調方式及價格。

(4)主動積極推銷飲料及菜餚。

(5)協助顧客點菜及飲料。

(6)為顧客提供餐中服務如：換骨盤、加水、添加飲料和添加菜餚。

(7)上菜服務，高級中餐服務則包含分菜、分魚、分湯等。

(8)推銷餐後飲料及甜點。

(9)協助顧客結帳。

(10)營業後之餐桌重新佈置、責任區域之環境清潔。

(11)上級臨時交付之任務。

8. 職權範圍：無管理其他員工之權限。

餐飲從業人員應具有之工作條件

壹、服務態度

　　基層餐旅服務工作，包括專業知識、專業技術和服務態度等三方面。其中專業知識和專業技術可以在短期密集訓練後達到一定程度的效果，唯獨服務態度無法藉短期訓練以達到預期效果。目前高級餐廳到處林立，美味可口之菜餚對顧客而言，並不稀奇，然而親切有禮的服務態度卻不多見。由於社會變遷，人際關係冷漠，親切有禮的服務態度，正可以彌補目前現代人在心靈上所缺乏的溫暖。所以要成功的經營餐飲業，積極訓練員工的服務態度是刻不容緩的。良好的服務態度，自然能夠讓客人感覺舒適，並且滿意所受的服務。所謂良好的服務態度，是要尊重自己，尊重對方，自然誠心及設身處地為對方著想。以下是良好服務態度的具體作法：

　　1. 尊重並了解自己工作所扮演角色。

　　2. 對服務工作有榮譽感，以服務為工作宗旨。

　3. 隨時注意控制自己的工作情緒。

　4. 以自然誠懇不虛情不做作的態度面對顧客。

　5. 深入探討並了解顧客心理與習性。

　6. 言談時注意語調優雅音量適當，語意清楚。

　7. 主動積極，並且樂意為顧客作額外服務。

　8. 具備熱誠並能專心聆聽，並要隨時面帶笑容。

　9. 與人交談時，正視對方的眼睛。

　10.稱呼客人姓氏，不宜直呼顧客名字。

　11.儘量給予客人方便。

　12.切莫讓客人久候之後才招呼他。

　13.耐心處理客人的詢問及抱怨，並提供適當的服務。

貳、服裝儀容

一、服裝規定

　1. 制服應隨時保持清潔、筆挺並合身，且要經常換洗，衣領衣袖處尤應注意。

　2. 襯衫及外套之扣子應隨時扣好，衣袖不可翻新。

　3. 著制服之服務人員，須配掛名牌。

　4. 服裝顏色之搭配，以上淺下深，內淺外深為原則。

　5. 男士領帶長度至腰帶上為宜，體形寬廣者所穿著西服宜著單排扣，及後開雙叉者；體形長者，以著雙排扣，後開單叉或不開叉之西服為宜。

二、儀容規定

　1. 頭髮：須經常梳洗，保持清潔、整潔，避免孳生油垢與頭皮屑。

　　女性：髮型應以短髮為宜，不可披頭散髮。蓬鬆短髮者，應以黑色

（素色）髮夾整髮；長髮者應盤成髮髻，以免鬆散凌亂。

　　男性：髮型應以服貼短髮為宜，長度須保持前不長於眉，兩邊不過耳後，並常保持整潔服貼，不得蓬鬆雜亂。

2. 面容：隨時應保持謙恭有禮，滿面笑容清新悅目。

　　女性：應配合制服顏色做適度妝扮，但應以淡妝為宜，不可濃妝，適度描畫眼線，但眼圈不可描畫過分濃黑。若再配以自然淡雅的唇膏，則能以清麗素雅的面貌服務旅客。

　　男性：每日應刮淨鬍鬚，外場服務人員不可蓄留短鬚或長髮。

3. 口腔：應保持清潔，每日勤刷牙，飯後應漱口，避免食用會引起口臭的異味食品（如大蒜、洋蔥等類食品），在工作場所不得吸煙，不得嚼食口香糖、檳榔等物品。

4. 耳部：每日應清洗、保持衛生。

　　女性：工作中不可配帶過大耳環及手飾。

　　男性：禁止穿耳洞及配帶耳環飾物。

5. 手部：應經常清洗，保持清潔，雙手指甲更要常修剪整齊，不使指甲內緣藏污納垢。工作時手指不得觸及食物（例：餐具內壁、碗盤上緣）、亦不得使餐具觸及口唇之部份。

　　女性：不可蓄留長指甲，並應經常修剪整齊，塗抹指甲油時顏色不可怪異，原則上以透明或淡紅色為主，工作時手腕不可戴過大之手飾。

　　男性：與女性工作人員相同，不可蓄留指甲，並經常修剪整齊，工作前應清洗乾淨，指甲邊緣不得藏污納垢。

6. 腿、足部：須穿著全黑色皮鞋，不可穿著皮靴、拖鞋、涼鞋及運動鞋，皮鞋每日均要擦拭，以保持清潔、光亮。男性穿黑色短襪，女性則穿膚色褲襪，並且必須每日更換，以防異味孳生。

參、服務儀態

顧客對餐飲事業從業人員之服務儀態的要求會較其他行業來得高，有鑑於此，餐飲事業從業人員應重視自己的言行舉止，和一切外在的行為。

一般而言，服務儀態可分為：

一、站的姿勢

1. 腳跟靠攏，兩腳尖向外約15度，重心平分於兩腳。
2. 下顎微向後收，眼光平視正前方，挺直腰脊，收緊小腹及臀部。
3. 兩手交握在前，自然下垂。
4. 肩部、膝部自然放鬆。
5. 保持面對客人的方向。

二、坐的姿勢

1. 兩腳著地、膝蓋成直角，不可坐得太深。
2. 肩部放鬆，自然下垂，兩手交握在膝上。
3. 兩腳併攏，稍向後方斜收。
4. 男士蹲下時，褲腳不可拉得太高。

三、走的姿勢

1. 要用腰力提步、抬頭挺胸，邁步向前，目視前方，顯現精神，並隨時四處尋視任何可能需服務之狀況。
2. 以大腿引導步伐，放鬆膝蓋。
3. 女性因為穿著裙裝，故行走時儘量走成一直線，而男性則走行進時宜走成二條平行線。

四、引導出入及上下樓梯

1.引導客人時,腳步不可過快或過慢,以顧客的步履作為遵循參考。

2.行走時宜走在客人前方一、二步的距離。

3.在引導過程中,適時提醒客人,前方將出現轉角或階梯或地滑之處。

4.引導客人上樓梯時,宜讓客人先走,下樓梯時則服務人員應先行下樓,上下距離維持一、二階為宜。

五、招呼及自我介紹

1.招呼時,正視對方的臉部,微笑點頭(15°)即可。

2.自我介紹

(1)頭部下垂彎腰(45°)行鞠躬(握手)禮並自我介紹。

(2)顧客對方若為女性,除非對方先伸手作握手狀,否則不可主動握手。

(3)名片需用雙手接取讀出對方公司、名稱及姓名。

《問題與討論》

1.何謂工作職責(*Job Description*)?

2.何謂工作條件(*Job Specification*)?

3.請簡述餐飲部經理之工作職責?

4.請簡述領檯人員之工作條件為何?

5.請簡述餐廳經理之工作職責?

6.請簡述男女服務人員之工作職責?

7.餐飲服務人員應具備那些專業之服務態度?

8.請簡述男女服務人員應具備服裝儀容?

9.請簡述男女服務人員應具備服務儀態?

《註釋》

1.蔡界勝，1994　客房實務，前程出版社，初版，高雄，pp.11～17 pp.54～57

2.潘衍昌、黃竟成，1992　酒店與飲食業人事管理實務，香港珠海出版有限公司，初版，香港，pp.21～23

3.高秋英，1994　餐飲管理　揚智文化事業股份公司出版，初版，台北，p.44

第 4 章　餐飲衛生安全與食品營養

餐飲衛生

餐飲安全

食品營養

　　由於台灣經濟快速且穩定成長，社會結構改變，雙薪家庭增加，婦女也要在外工作賺錢，導致家庭主婦在家煮飯機會減少，而以上館子、吃便當等外食方式取而代之，在外食用餐機會大幅提高之情況下，如何吃得衛生、吃得安全，以及吃得營養乃是最重要課題。

　　為了讓外食大眾，吃得衛生、吃得安全及吃得營養，誠有賴於食品衛生安全管理制度，由政府、學術研究機構、餐飲業者、食品業者、消費、民間團體如消基會等，密切結合，通力合作，始能達到維護外食大眾用餐之衛生、安全及營養。

餐 飲 衛 生

　　一般而言，餐飲衛生，可分為：(1)餐廳外場含服務人員之清潔衛生和餐廳清潔；(2)廚房內場含廚務人員之清潔衛生和廚房清潔；(3)食品衛生；(4)餐具器皿清潔等四項。

壹、餐廳外場

一、服務人員之衛生

　　外場從業人員之衛生宜包括人員之健康管理及衛生習慣兩大類。

　　1.健康管理，根據食品衛生管理法規定，食品業者製造、調配、加工、販賣、貯存食品或食品添加物之場所及設施衛生標準中第九條第五款規定新進人員應先經衛生醫療機構檢查合格後始得雇用，雇用後每年應主動辦理健康檢查乙次，並取得健康證明，如患有出疹、膿瘡、外傷、結核病等可能造成食品污染之疾病者不得從事與食品接觸之工作。所以，從業人員之健康管理包含新進人員健康檢查及在職員工之定期健康檢查。

2. 衛生習慣：

(1)清潔服裝：工作時應穿戴清潔的制服，合乎衛生、方便、美觀等。

(2)確保儀容整潔：男性員工不宜留鬍子，以短髮為主；女性員工宜將頭髮夾整齊，長髮者宜應盤或髮髻，不可佩戴飾物。

(3)養成良好個人衛生習慣：

①不可用指尖搔膚、挖鼻孔、擦拭嘴巴。

②飯前、如廁後要洗手。

③接觸食品或食品器具、器皿前要洗手。

④不可在他人或食品前咳嗽、打噴涕。

⑤經常洗臉、洗頭確保身體清潔。

⑥經常理髮、洗頭、剪指甲。

⑦不可隨地吐痰、便溺。

⑧不可拋棄果皮廢物。

⑨不可在工作場所吸煙、飲食及嚼檳榔。

⑩不可留指甲及擦指甲油。

⑪不可與廚具內緣直接接觸。

⑫不可用手直接接觸食品。

二、餐廳清潔

1. 環境清潔：

(1)餐廳地面、牆壁鏡面是否清潔。

(2)餐廳植物、花卉是否新鮮。

(3)餐廳植物、花卉花器盆套、花檯是否清潔無雜物。

(4)餐廳沙發茶几是否整潔。

(5)字紙簍及煙灰缸是否清潔。

(6)出納櫃檯周圍是否清潔。

(7)餐廳天花板、櫃檯、牆壁、壁畫是否有蜘蛛網。

(8)備餐室環境是否整潔、不凌亂。

(9)男廁小便斗是否清潔。

(10)男、女廁馬桶、地面、牆面是否乾淨。

(11)男、女廁垃圾桶、煙灰缸及廁紙卷是否清潔，無故障並備有衛生
紙。

2.餐廳備品及設備清潔：

(1)備餐檯之布巾或其他用品是否補足且置放整齊。

(2)備餐檯抽屜內是否有私人物品。

(3)自助餐檯是否清潔。

(4)餐桌椅是否清潔及無故障。

(5)檯布、頂檯布、口布是否清潔無破損。

(6)菜單是否清潔。

(7)餐具是否清潔及無破損。

(8)鹽、胡椒罐及調味料罐是否清潔無破損。

(9)煙灰缸、牙籤盅是否清潔無破損。

(10)水壺、茶壺、茶桶是否清潔無破損。

(11)點菜、結帳等是否清潔無破損。

貳、廚房內場

一、廚務人員

內場從業人員之衛生宜包括人員之健康管理及衛生習慣兩大種。

1.健康管理：包含新進人員健康檢查以及在職人員之健康檢查兩種。新進人員健康檢查之目的是判定是否適合從事此行為以及依據身體狀況給予適當的工作分配，作為日後健康管理之基本資料。在職人員之定期健康檢查目的是提早發現問題，解決問題。因為有些帶菌者，本身並沒有疾病症狀，健康檢查可幫助早期發現且給予適當治療，同時可幫助受檢者了解

本身的健康狀態及變化。定期健康檢查每年至少一次。

2.衛生習慣：

(1)清潔服裝：與餐廳外場人員同，廚務人員工作時，務必戴上清潔工作帽。

(2)確保儀容整潔：與餐廳外場人員同。

(3)養成良好衛生習慣：與餐廳外場人員同。

二、廚房清潔

1.個人衛生：

(1)指甲有否藏污納垢，修剪整潔，合乎標準。

(2)廚師工作時是否帶上工作帽，穿上工作服。

(3)制服是否清潔。

(4)手指受傷有否帶上手套工作。

(5)雙手是否經常保持清潔。

(6)工作時是否有嚼口香糖、抽煙或吃檳榔。

(7)咳嗽、打噴涕是否避開食物。

2.環境衛生：

(1)餿水、垃圾、污水是否處理得當。

(2)餿水、垃圾是否分類處理。

(3)餿水、垃圾桶是否定期清洗。

(4)地板、牆壁是否定期清洗，保持清潔及乾燥不油膩。

(5)廚房內之廁所是否保持清潔，無異味。

(6)洗碗機周圍環境是否清潔、乾燥、不油膩。

3.廚房備品及設備：

(1)烤架、烤箱、微波爐、火爐是否清潔且可正常運作。

(2)平底鍋、炒鍋是否清潔且歸定位。

(3)製冰機、蒸汽鍋是否清潔且壓力正常。

(4)冰箱、冰凍庫是否清潔且溫度在正常範圍之內。

(5)冰箱、冰凍庫內之食物是否用保鮮膜包妥，先進先出。

(6)抽油煙機是否清潔不油膩。

(7)所有器具設備是否定期維修及有安全維修紀錄。

(8)工作結束後，是否關掉瓦斯、電動機器、水龍頭及設備開關。

參、食品衛生

　　食品處理不當，很容易遭受病菌、蟲害及化學物質等污染，同時食品之營養成份也會很快遭到變質、結塊、變硬及不良氣味等變化。為了讓食品保持新鮮衛生，做好食品貯藏及處理是不可忽視的。以下是有效之預防方法。

　　1. 食物應保存在 5 ℃以下或 60 ℃以上，絕不可放置室溫中。在 0 ℃以下，可停止細菌繁殖，6 ℃～60 ℃細菌隨著溫度升高而迅速繁殖，且有毒素，60 ℃～75 ℃可防止細菌繁殖，75 ℃～100 ℃之高溫可殺死細菌。所謂危險溫度（ *Danger zone* ）是指攝氏 7 ℃～60 ℃。

　　2. 食物製備過程中，從原料處理到食物供應都須注意維護食物清潔，避免沒有必要污染。

　　3. 減少食物在室溫中暴露的時間和機會，以免被污染，尤其是從冷藏室取出之食物，減少食物暴露在室溫時間，就會減少細菌感染機會。通常新鮮食物絕不可置在室溫下超過四小時以上，尤其冷凍過食物更容易壞，因為冷凍並不能凍死細菌，只是中止其分裂繁殖而已，一旦解凍，細菌比平常繁殖更快。因此處理食物要訣是「儘快冷卻熱的食物，儘快加熱冷的食物」，冷過的食物要熱至 100 ℃。

　　4. 要時常保持調理加工場所之清潔，嚴防老鼠、蟑螂、蒼蠅以及螞蟻的侵入及滋生。

　　5. 安全衛生的食物來自健康的工作人員，所以餐飲從業人員，每年應做一次健康檢查。

6. 調味品、食品添加物以及清潔用品等,要有明顯標示避免錯誤使用,最好分開置放,不置放在一起。

7. 食品容器、冷熱砧板、用具、抹布等在使用前、後都要徹底洗淨,以免造成相互污染。

肆、餐具清潔

餐具(包括一切烹調器皿與供應餐具等)之清潔包括洗滌之乾淨及清潔消毒兩方面。手工洗滌過程需與洗碗機洗滌過程相同,均得經由「洗滌、沖洗、消毒」三個過程。營業量大供應餐份多的餐廳,所需供用清潔的餐具亦多,宜採用洗碗機,人工洗滌在時間上未必經濟。以下是介紹洗碗機之使用規則及洗滌餐具應注意事項:

一、三槽式洗碗機之使用

首先要清除餐具上的殘羹剩餚,把盤碗內的一切剩菜撥入餿水桶,然後把碗盤分類浸泡在第一槽洗滌之。

第一槽是 43℃～50℃的溫水,加中性清潔劑,以去油漬。

第二槽是 60℃～65℃的熱水,將餐具轉進於沖洗,用以除去藥味或肥皂味,以徹底清潔作用。

第三槽是 75℃～80℃的熱水,經 5 分鐘,使其消毒或採高壓蒸氣消毒;或採氯液消毒法,氯液之殘餘量不得低於百萬分之二百,且消毒時間不得少於2分鐘。餐具經消毒後,應放置在清潔架上,任其自乾。

二、洗滌餐具應注意事項

1. 餐具、器皿清洗完畢後,應保持清潔妥為放置,不用手觸摸,並保存在有防蟲鼠設備的櫥內,以防止病媒之棲息及再次遭受污染。

2.餐具、器皿有裂隙或破損不能盛裝食物，因細菌易藏在裂隙或破損的粗糙面上，不易洗淨。

3.西餐刀上面不可有水漬，餐叉齒間不可留有食垢，湯匙亦不可有黑色蛋漬或鏽痕。

餐 飲 安 全

　　餐飲安全包括：(1)食物安全，亦即避免食物中毒，(2)工作人員之安全，亦即勞工之安全衛生，(3)顧客安全則是公共安全。餐飲安全是保障顧客、員工在用餐中與工作中之安全。食物中含有豐富養份，為微生物繁殖之最佳媒介，亦即為疾病傳染之最佳途徑，故食物安全是在研究由飲食直接或間接引起危害健康原因，並設法減少，預防或除去減少飲食敗壞或中毒，以確保大眾飲食安全。近年來勞工意外事件頻傳，勞工衛生安全訓練，成為政府主管機關，要求業主成立勞工衛生安全單位，來積極訓練勞工，在工作中如何避免意外事件及災害的產生。餐飲事業中外場服務人員在服務過程中意外傷害以燙傷、滑倒居多，內場之廚房人員則以切傷、撞傷、滑倒居多，而顧客則以滑倒佔首位，所以餐廳地板宜時時保持乾燥，避免顧客滑倒。顧客之意外事件中除了滑倒居多外，近年來 KTV 餐廳用餐顧客也經常碰到火災事件，有效對大眾宣導火災時逃生應變及加強消防設施之訓練與使用是維護大眾安全之不二法門。

壹、食物安全

　　食物安全係指食物新鮮、營養及沒有遭受到污染而言，所謂污染則可稱為食物中毒，其種類有細菌性食物中毒、天然毒素食物中毒、化學性食物中毒及食物不新鮮腐敗所引起之中毒。其中以細菌性食物中毒居多。

一、食物中毒之定義

　　從流行病學觀點來看，如有二人或二人以上攝取相同食物而發生相同之症狀，即可稱為一件食物中毒，但如因攝食含有肉毒桿菌的食物或化學性急性中毒而引起死亡，雖只有一人，仍可視為食物中毒。

二、細菌性食物中毒

　　細菌性食物中毒顧名思義是由細菌所引起的，為了要避免此類型之食物中毒，必須對細菌種類特性、生長條件及所引起之疾病有所了解。

　　1. 細菌種類：在自然界中任何地方如空氣、水、土、食物本身、身體皮膚、體內，無時無處不存在各種細菌，細菌是非常小的植物，有的會導致食物敗壞，有些會產生毒素、好水性、喜氣菌型。細菌有數千種，其中約五十種對人有害，其它對人有益無害。一般有害細菌可分為下列四種：

(1)桿菌（ *Bacilli* ）：長狀或短狀；如肉毒桿菌，存於土壤、動物糞便。肉毒桿菌是屬於毒素型的細菌性食物中毒，其次中間型細菌性食物中毒有產氣莢膜桿菌和病原性大腸桿菌，存於人及動物的腸道與土壤中。

(2)球菌（ *Cocci* ）：如葡萄球菌，主要來源是膿瘡，所以食品衛生強調有傷口之工作人員一定要戴上手套才可工作，主要目的是避免葡萄球菌之感染。

(3)螺旋菌（ *Helicoidal Bacteria* ）：有彈性或硬性，如梅毒螺旋體。

(4)弧菌（ *Vibrios* ）：有成弧彎狀的弧菌，如霍亂、腸炎弧菌等。腸炎弧菌之細菌性食物中毒主要來源是食品中的海鮮類，是屬於感染型的食物中毒。

　　從台灣地區，在民國 70～79 年的十年中發生之食物中毒的統計中以腸炎弧菌中毒最多，其次是金黃色葡萄球菌，最少的是肉毒桿菌中毒。

　　2. 細菌生長條件：

(1)溫度：高溫高壓可以殺菌，攝氏零度以下，細菌停止繁殖，攝氏
　　0°～6°之低溫可使細菌減緩繁殖，而攝氏 7°～60°，細菌隨溫度之
　　升高而迅速繁殖，且有些會產生毒素，此區之溫度稱為危險溫度，
　　攝氏 60°～75°，可防止細菌繁殖，攝氏 75°～100°，大部份細菌可
　　殺死，此區溫度稱為烹調區，故以溫度而言，要避免細菌生長，最
　　好將食物遠離危險溫度區。

(2)濕度：細菌喜好潮濕，不適乾燥，所以乾燥食物內細菌不容易衍
　　生，食物以高單位糖或鹽醃漬過後，濕度不易存在，相對食物也較
　　安全。

(3)酸鹼度：細菌生長所需之 PH 值為 PH5～8，屬於中性環境，一般
　　而言，細菌怕酸性環境。

(4)光線：太陽直射光，紫外線能在短時間內殺死某些細菌。

(5)壓力：水的沸點為攝氏 100°，可利用密蓋蒸氣增加至二、三個大
　　氣壓或以上時，則有強烈殺菌作用。

(6)氧氣：有些細菌屬於專性需氧菌，在有氧情況下發育生長，如硝化
　　菌、枯草桿菌、白喉桿菌、霍亂弧菌等。有些細菌屬於兼行厭氧
　　菌，在有氧無氧下同樣可以呼吸，如大腸桿菌、乳鏈球菌、金黃色
　　葡萄球菌等，有些細菌是屬於專性厭氧菌，在有氧之下不能發育，
　　如破傷風桿菌。故以氧氣而言，要避免細菌孳生，最好之方法，是
　　依細菌屬性，製造出不適合其成長之氧氣或厭氧氣之環境，對於兼
　　行厭氧菌則用其他控制因素來抑制其生長。

3. 細菌性食物中毒之疾病及其預防之方法：

(1)金黃色葡萄球菌：本菌為革菌氏陽性，怕高熱、低溫，但不怕鹽醃
　　和糖漬，生長溫度為攝氏 15°～33°是其產生毒素的最適當溫度。
　　因此，食物最好不要放置在室溫過久，以免食物受污染而產生毒
　　素。污染途徑為人體皮膚、毛髮及鼻腔、咽喉的黏膜，尤其是化膿
　　的傷口。其中毒症狀為嘔吐、腹痛、下痢、虛脫。預防方法：身體
　　有化膿、傷口、咽喉炎、濕疹者不得從事食品的製造調理工作，調

理食品時應戴帽子及口罩，並注意手部清潔及消毒。食品如不立即食用時，應儘快加以冷藏。

(2)沙門氏菌：常存於動物性食品中，如蛋類、肉類、燻魚類等，菌體會經由水、手指、器具、抹布污染造成食物中毒。本菌為革菌氏陰性桿菌，抗熱力弱，酸性環境下會被抑制，只要加熱至攝氏 60°，持續 20～30 分鐘，就可以殺死此菌。其中毒症狀為下痢、腹痛、寒顫、發燒、嘔心、嘔吐等。預防方法，加熱至攝氏 60°，20 分鐘即可殺死此菌，烹調食品之前應先以清潔劑或肥皂充分洗滌手指及手掌，以自來水沖淨後，再以烘手器或擦手紙巾擦乾，防止病媒侵入，應防止鼠、蟑螂等病媒侵入調理場所，也不得將動物帶入調理場所。

(3)腸炎弧菌：本菌好鹽性，在海水中生長，繁殖迅速，常存在各類海鮮中，它的發育比一般細菌快，因此看起來很新鮮之海產品，可能包含有大量細菌，其中毒症狀為下痢、腹痛、嘔心、嘔吐等。最好預防方法是海鮮食品要清洗乾淨並且不生食海鮮食品。

(4)大腸桿菌：本菌為革菌氏陰性菌，於有氧或無氧狀態下皆可生長，最適生長之 PH 值為 6～7。其污染途徑為人體或動物之糞便而污染食品或水源，其中毒症狀為下痢、腹痛、嘔心、嘔吐及發燒。預防方法：飲用水及食品應經適當加熱處理，被感染人員勿接觸食品之調理工作，食品器具及容器應徹底消毒及清洗。

(5)肉毒桿菌：此菌屬革菌氏陽性，嫌氧氏桿菌，多分佈於土壤以及海、湖、河的沙泥中，喜歡在缺氧之環境生長，所以蠟腸、火腿、燻魚及罐裝食品，如加工處理不當且殺菌條件不足，便會感染肉毒桿菌，造成中毒現象。其中毒症狀為神經麻痺、胃腸炎、呼吸障礙，還會有視力模糊，致命率相當高，佔細菌性食物中毒的第一位。預防方法，食品原料充份洗淨、加熱，肉毒桿菌可以耐高溫，在攝氏 100° 必須加熱 6 小時才能殺滅，其毒素僅要在攝氏 100° 加熱 15 分鐘即可。香腸、火腿應添加亞硝酸鹽，未添加亞硝酸鹽之

食品或低酸性食品應充分殺菌。

(6)仙人掌桿菌：本菌為有芽胞桿菌，最適生長溫度為攝氏 30°，但於攝氏 10°～45°，亦可繁殖，其芽胞呈卵圓形，可耐熱，其傳染途徑是將煮熟食物置於室溫太久，其中毒症狀嘔吐、下痢、腹痛及腹瀉，預防方法為煮熟之食物儘量不置於室溫，並儘快食用完畢。

三、天然毒素的食物中毒

許多動植物的組織中，常含有對於人類有毒之物質，使人類誤食而中毒。

1. 天然植物毒素：

(1)發芽之馬鈴薯：因含有美茄鹼（*Salanine*），所以食之會引起中毒，尤其是發芽時其毒素增加，除此之外，茄子和蕃茄也都具有美茄鹼，建議不要過量食用。

(2)野生洋菇：菇類之種類繁多，誤食易引起中毒，最好不要採食野生洋菇。

(3)檳榔：吃檳榔因含有檳榔素（*Aricoline*），口腔黏膜易產生斑點而形成口腔癌，致癌性可達 50～60％。

(4)銀合歡：因含有羞草素（*Mimosine*），用來餵食豬，豬隻不長肉，並且產生皮膚炎、掉毛髮等。

(5)發黴的花生、玉米：因含有黃麴毒素（*Aflatoxin*），會引起肝癌或肝病變，有效預防是將花生、玉米貯放在溫度 24 ℃ 以下，溫度控制在 13％ 以下的貯藏室，同時也可用化學藥品氧化、消毒及紫外線照射來破壞黃麴毒素之酵素，總之；良好穀類之貯藏環境是預防黃麴毒素產生的最好方法。

(6)野生豆類、杜鵑、水仙、鵲母珠及生食芋頭等都會有天然食物中毒的機會。

2. 天然動物毒素：

(1)河豚：河豚之內臟、肝、卵、卵巢皆具有毒性，不可食用；因含有河豚毒素，誤食後會有神經中毒、抽筋等現象。

(2)有毒魚、貝類：部份牡蠣、蝦因食用有毒之飼料；如浮游生物，而受到污染，若經常食用此污染之牡蠣，則易產生污染性的肝炎。其次海貝類「西施舌」事件，經檢驗含有麻痺性貝毒（ *Saxitoxin* ），因貝類食用之有毒之藻類生物而產生，人類若因誤食此類魚貝，則會產生食物中毒，其症狀是手、唇麻痺、嘔吐、語言障礙、窒息等症狀，嚴重者致人以死，不可不慎！

(3)生食雞蛋、海鮮：生食會防阻維他命 B 羣之吸收，易產生神經衰弱，皮膚粗糙等現象，日本人因喜愛生魚片，所以這種現象經常發生在日本人身上。

四、化學性食品中毒

包含有害性有機物如農藥、非法添加物及多氯聯苯等，及有害之重金屬元素：如砷、鉛、銅、汞及鎘等。有害之重金屬元素中毒之主要原因是食物在製造、調配、加工或供應過程中，被有毒性的化學物質所污染或當食具、容器及包裝時產生不良化學作用。

1. 有害性有機物：

(1)農藥：為了讓蔬果生長正常，收穫豐碩，所以蔬果皆會被噴上農藥、殺蟲劑，防止蔬果被蟲咬，如果用量不當，再加上沒有清洗乾淨，食用含有過多農藥殘餘量之蔬果，會產生慢性中毒。

(2)添加物：適當之食品添加物可以增加食品在製造、加工、調配等過程中風味、防腐、乳化、著色、漂白、安定品質、香味醱酵、增加調度、增加營養、防止氧化等功能，然而過多劑量之添加物或非法之添加物，則會造成食用人之慢性中毒，或不良生理反應。例如硼砂是一種很好防腐劑，但現在已被禁用，不過仍有人使用之，因為硼砂進入人體之後很難排出，會積蓄在腦部及肝臟而造成神經受

損，肝之合成或固化作用受阻等。

(3)多氯聯苯（*PCB*）：民國 69 年 5 月，本省中部曾發生多氯聯苯中毒事件，原因是製造米糠油的脫臭過程中，蛇管破裂熱媒 *PCB* 滲入油質中，受害症狀有類似青春痘及指甲發黑的氯痤瘡，更多的多氯聯苯滯留體內，不易排出，慢性發展使視力減退、肝臟受損、行動遲鈍、婦女畸胎等嚴重之後果。

2. 有害性重金屬元素：常見重金屬中毒有銅、鉛、汞、砷、鎘等，汞中毒因其毒性強，若是急性中毒，會將胃、腸腐蝕有嘔吐、瀉肚子，幾小時之內會死亡，若是慢性中毒，是神經方面中毒，運動時手腳不聽指揮，知覺遲鈍，語言產生障礙，在 1954 年日本發生水俁病，死亡人數不少，就是在 1962 年才被查出的汞中毒事件。銅中毒是胃腸割痛、脈博不規則、冷汗及呼吸困難。鉛中毒是牙肉贍黑、貧血、四肢異常、抽筋、昏睡等。烏腳病為地方流行病其中毒原因乃是水中含有過量的砷或其他重金屬之元素等。鎘中毒之主要原因乃是鋁罐不易焊接而需要一定量之鎘才可以焊接，當電鍍一層鎘於鋁罐時並裝入酸性食物，會引起中毒，中毒現象是聲音沙啞、血管硬化、血壓提高等，目前鋁罐、鋁器已逐漸減少，取而代之是不鏽鋼容器，所以鎘中毒也逐漸減少。

五、類過敏食物中毒

此類之食物中毒是吃到不新鮮或腐敗的海鮮或肉類，有的則是對某種食物會起過敏，而產生食物中毒。一般食物仍無毒，然腐敗經細菌、黴菌作用後，則會產生毒性，如毒麻菇毒素、黑麥菌毒素、黃麴毒素及黴菌毒素等。一般食物易引起過敏反應的有牛奶、海鮮中的部份魚蝦、啤酒、酒精飲料和添加物中的味精等。最好預防方法是避免食用此類之食物。

貳、工作人員之安全

預防意外發生和塑造安全之工作環境對員工和顧客而言皆是相當重要的，要塑造安全之工作環境，所有之員工務必要經過一番工作安全操作訓練才可，否則；意外事件可能隨時會發生。在美國於 1970 年，國會通過勞工衛生安全法（*Occupational Safety and Health Act*）簡稱為 *OSHA*，其中規範業主要提供安全無危險之工作環境給勞工，否則會受罰款。為了讓勞工減少職業傷害，台灣目前主管機關要求業主成立勞工衛生安全單位，負責督導、檢查勞工之工作環境，以避免意外事件發生。要有效防範勞工傷害或意外事件發生，業主宜從安全規則之奠定和加強員工安全訓練兩方面著手。

一、安全規則

奠定安全規則（*Safety Rules*），可減少員工在工作中之傷害或意外事件之發生，所以餐飲事業宜規範工作安全規則，並要求所有員工遵守工作安全規則。

1. 急救箱、滅火器等緊急物品需置於方便易取得之處。
2. 餐廳、廚房出入口要設置清楚，並要求所有員工根據所設定出入口行走。
3. 未受訓練之前，不可操作切肉片機或其他攪拌機器。
4. 不可用菜刀開罐頭，菜刀使用完畢後，歸定位。
5. 清洗機器時，要將插座把起。操作機器時，機器零件一定要栓緊。
6. 不要舉過重之物品，用大腿力量舉起較大箱子，而不是用背部力量。
7. 清潔、化學用品宜置放適當位置。
8. 走道、工作場所照明要充足，地板應有防滑設施。

二、員工之安全訓練

加強員工之安全訓練可以養成員工工作安全的觀念，培養員工對安全之正確態度，進而可降低員工之職業傷害，建立安全之工作環境。

1. 預防火災：

(1)保持烹調器具、設備之清潔，並經常清洗排油煙機。

(2)禁止抽煙，尤其是廚房，除了不安全外，還有不衛生。

(3)滅火器置於方便取得之處，並訓練員工如何使用之。

(4)設置感煙器（ _Fire Detection Devices_ ），可及早發現火苗。

(5)設置自動灑水系統（ _Automatic Sprinkler System_ ），可及早控制火勢。

(6)明顯標示出緊急逃生門（ _Emergency Exit_ ），所有緊急逃生門皆不能置放雜物或堵住或違建。許多 _KTV_ 餐廳火災，造成重大傷亡，經調查之後皆發現緊急逃生門產生問題，造成顧客逃生無門，死傷慘重，至於此點，餐飲事業之業主應該永記在心，不要重蹈覆轍。

(7)隨時備妥附近消防隊之電話號碼。

(8)萬一，火災不幸來臨，有了以上之準備及防範，一定可以將傷害降低到最低程度。

2. 預防燙傷：

(1)根據烹調設施之規定去操作機器，不要掉以輕心。

(2)要預先計劃，一塊空間，或一塊地方，給從火爐拿起熱鍋子之後擺放。

(3)要用乾抹布去拿熱鍋，避免使用濕巾，以免被蒸汽燙傷。

(4)鬆動把柄之鍋子，不要使用。

(5)鍋內之熱湯不要裝太滿，以免溢出燙傷人員。

(6)打開熱鍋蓋子時，要避開熱蒸氣。

(7)當食物著火時，灑鹽巴或蘇打粉，不要用水潑。

(8)倒咖啡或熱湯時要特別小心。

(9)先點火，再打開瓦斯。

(10)使用熱鍋或熱盤盛食物時，要告訴附近工作人員或顧客。

3. 預防割傷：

(1)菜刀、鋸子、切肉片，不用時要擺妥於架子上或抽屜內。

(2)用刀時集中注意力，切勿心不在焉。

(3)不能用刀來開瓶蓋。

(4)千萬不能去接滑落之刀子。

(5)刀子等銳利之器具不可置於水槽或隱密之處。

(6)將易碎的碗盤、玻璃杯等遠離食物準備區。

(7)破碎的玻璃器具要立即清除。

(8)若在水槽裡打破碗盤，需先將水瀝乾，然後設法取出碎片。

4. 預防跌傷和扭傷：

(1)始終保持所有地面之乾燥，若是拖地造成地面濕滑時，要使用警告標誌，告訴大眾。

(2)保持走道、地面及樓梯之乾淨與暢通。

(3)鬆動或滑動之樓梯、梯柄要儘速維修。

(4)要穿合適工作鞋，不要穿高跟鞋、涼鞋、拖鞋和其他不合規定之鞋於工作場所。

(5)避免奔跑，通過廚房與餐廳之間的門要特別注意。

(6)別拿過重或過大的東西。

(7)取用高處器物，應用安全梯，而不要用紙箱或椅子墊腳。

(8)用腿部肌肉提東西，而非背部。

(9)搬東西時，不要急轉或扭轉背部，且留意腳步。

(10)搬運過重東西，需找助手或利用車子來幫忙。

5. 預防機器設備傷害：

(1)使用機器設備之前，詳閱使用說明書。

(2)不要將手，任意伸入運轉之機器中。

(3)清理前務必先拔掉電源插頭。

(4)濕手不碰任何電器設備。

(5)機器設備要定期維修。

6. 食物哽塞（*Choking*）：當顧客或員工被食物哽塞時，宜儘快問他或她是否沒事？假如沒有回答或沒有呼吸，或是一直咳嗽時趕快施行急救，讓患者哽塞之食物吐出來，若是患者沒有知覺時，則趕快實行心肺復甦術（*CPR*），若是在場之人員皆不懂心肺復甦術，宜趕快叫救護車送至醫院急救。

7. 其他安全事件：

(1)門窗安全：上班之前，下班之後，所有門窗皆要上鎖，後門在上班時，從外面是不能開的，僅能從裡面出去，非工作人員，禁止進入廚房或從後門出入，前門應設有安全裝置（*Self-Closers*），顧客可以安全的進出，逃生門也要有安全裝置（*Self-Closers*），當火災發生時，顧客可以很快逃出餐廳。

(2)鑰匙：餐廳鑰匙，僅有餐廳主管擁有，不可任意交給員工使用，以免員工複製鑰匙，他日潛入餐廳破壞。

(3)保險箱：僅餐廳主管或業主擁有保險箱鑰匙，保險箱始終皆要鎖妥，宜置放於不起眼之地方。

(4)出納收銀：非出納人員，嚴禁進入收銀櫃檯，出納短收金額，由出納人員負責，所收金額要與帳單和收銀機所打發票一致，以防出納人員吃帳，造成餐廳之虧損。

參、顧客安全

除食物安全、工作人員之安全外，尚有顧客安全，顧客安全即是大眾公共安全，近年來餐廳、*KTV* 火災頻傳，造成重大傷亡，最主要原因乃是餐廳、*KTV* 沒有做好防範火災的事項，甚至於漠視火災時應有之安全設施，尤其是堵塞逃生門，變更逃生門為餐廳營業設施一部份，所以才釀造重大傷亡。餐廳除了有通暢明顯逃生門之外，宜有感煙器之設置、自動

灑水系統及處處可得之滅火器，來做好萬全防火之準備。其次滑倒，造成顧客在餐廳用餐意外傷害之首位，所以餐廳宜做好地面之安全設施及殘障人士無障礙空間專用道、專用廁所，以保障顧客用餐之安全品質。

食品營養包含了食品學和營養學，是一門專業之學問，其中食品學包含食物分類、食物來源、農業技術、食品加工及食物選擇等，營養學包含食物中營養成份，營養成份之生化原理及膳食療養等。膳食療養是用於由營養不均衡，所引起之疾病的飲食治療，如糖尿病、高血壓、心臟病、腎臟病、貧血、胃潰瘍、肥胖、瘦弱和過敏病之疾病。所以營養與健康關係非常密切，均衡營養可以維持健康身體，避免疾病上身，進而提昇生活品質，本節將分兩部份探討，(1)食物分類、來源、選擇及其所含之營養素，(2)六大營養素之介紹，其中包含，因營養不均衡所引起病症及膳食療養的方法。

壹、食物分類及其營養素

根據行政院衛生署，最新中華民國飲食手冊，依食物所主要營養素，將食物分為下列六大類：

1. 肉、魚、豆、蛋類：此類食物主要提供蛋白質和脂肪。

2. 五穀根莖類：此類食物主要提供醣類。

3. 油脂類：僅提供脂肪，供給熱量。

4. 蔬菜類：此類食物主要提供維生素和礦物質及少許蛋白質和醣類。

5. 水果類：此類食物含豐富維生素、礦物質及果糖，其中果糖是醣類中雙糖較一般澱粉質好消化。

　　6.奶類：原來牛奶是歸類於肉、魚、豆、蛋類之中，然而行政院衛生署有鑑於國人牛奶普遍攝取不足，而導致鈣質缺乏和許多疾病，所以於民國 84 年 12 月重新將食物分為六大類，其中奶類獨立一類，盼望國人重視牛奶之攝取，改善國民體質。

一、肉、魚、豆、蛋

　　此類食物主要提供蛋白質和脂肪，蛋白質、脂肪醣類、維生素、礦物質和水是為人體所需要的六大營養素，其中蛋白質、脂肪、醣類又稱為熱能營養素，由於此三種營養素為有機物質在體內氧化產生熱能，形成身體各種自主與不自主的活動與維持正常體溫。所以此類食物主要是提供熱能，構成體脂肪，保護內臟器官以及構成身體各種細胞之原料，如肌肉、皮膚和毛髮等。此類食物對發育中青少年相當重要，然而對上年紀之中年人，則沒有像對發育中青少年那麼重要，主要原因乃是中年人，已經發育完成，過多蛋白質和脂肪，會造成器官過重負擔，而導致疾病產生，如高血壓、心臟病和腎臟病等疾病，所以四十歲以上之中年人，宜注意本身在此類食物攝取之量，以避免因飲食不當而產生疾病。

　　1.肉類：主要為家禽和家畜之肉，又可分為紅肉與白肉兩種，家禽類以雞、鴨、鵝等肉為主，家畜類則以豬、牛、羊等肉，每 100 公克之肉類因所含肥肉成份和肉質種類不同，可以產生約 100 多卡之熱量至 800 卡之熱量，平均含蛋白質 20 公克，脂肪 10 公克，其餘是水份約 70 公克和微量礦物質如：鐵、鈣、磷；微量維生素：如維生素 B_1、B_2 等；蛋白質：肉類蛋白質含有八種人類的必須胺基酸，因此為完全蛋白質，是人類生長所必須的。

　　⑴醣類：肉類中醣類含量非常少，屬於微量，約有 0.1％～3％，其中以肝醣含量較多。

　　⑵脂肪：肉類脂肪含量 1～20％，因品種、年齡、性別和部份而有所不同。

(3)礦物質：肉類含有豐富的礦物質，其中以鐵、鈣、磷、鉀、鈉、銅、硫為主，越紅之肉質含鐵量越高。

(4)維生素：肉類不含維生素 C，主要以維生素 A 及 B 羣較多。動物內臟，如肝、腎和胰臟也含有豐富維生素 A 及 B 羣。

(5)豬肉的選擇：以肉色鮮紅或粉紅，帶有光澤，富有彈性、聞起來沒有異味為佳。

(6)牛肉的選擇：瘦肉上佈有淡黃色脂肪，肉質細嫩，肉汁豐富為主。

(7)家禽的選擇：雞肉肉質以淡紅、鴨肉肉質以深紅且具有光澤，組織有彈性、無異味為主。

2.魚貝類：魚類是指帶有鰭及骨頭之海產，依捕獲地區之不同又可分為淡水魚和海水魚。貝類是指貝殼類而言，又可分為貝類、甲殼類和頭足類。

魚貝類含有豐富蛋白質、脂肪、礦物質和維生素。

(1)蛋白質：魚類蛋白質含量 15％～24％，貝殼類蛋白質含量 9％～22％，其蛋白質品質相當優良，幾乎可為人體完全吸收利用。

(2)脂肪：脂肪含量由 0.1％～22％，其脂肪品質較肉類優良，魚油中特含 EPA 脂肪酸，可減緩血液凝固時間，預防心臟血管疾病。

(3)維生素：魚類肝臟含有豐富的維生素 A、D，魚肉則含豐富維生素 B 羣，如 B_6、B_2、菸鹼酸。

(4)礦物質：魚貝類含豐富的鐵、銅、碘、鉀、鈉、鈣、磷，其中紅色魚肉較白色魚肉含較多鐵質，貝類則較魚類含更多鈣質，故為良好鈣劑來源。

(5)魚類之選擇：新鮮的魚眼睛晶瑩明亮，無充血，魚身結實有彈性，鰓部鮮紅，魚鱗片緊貼不易脫落，魚皮鮮艷、花紋清晰可辨，魚味沒有刺激性臭味。

(6)蝦類之選擇：外型完整，色澤新鮮，蝦體具有彈性，沒有硫化氫臭、氨臭或其他黃臭。

(7)烏賊之選擇：顏色近白色且透明，肉質堅硬才好。

(8)殼類之選擇：選擇貝殼緊含不易打開，貝殼顏色新鮮且有光澤，無臭味。

3. 豆類：豆類是素食者蛋白質主要來源，素食者若營養未調配好，經常會有貧血和維他命 B 羣不足之現象，所以素食者宜注意維他命 B 羣之補充，必要時，可服用維他命 B 羣劑，以均衡營養。一般而言，豆類之蛋白質品質較肉類差一點，但是豆類也是含有人體所需的 8 種必要胺基酸。

(1)蛋白質：豆類含 35.4％之蛋白質，蛋白質含量豐富。

(2)脂肪：豆類含有 15～20％之脂肪，可提煉出植物油，所含的脂肪酸為不飽和脂肪酸且不含膽固醇，是良好的油脂來源。

(3)醣類：豆類含有 25～30％之醣類，雖含有豐富醣類，但不是人類醣類主要來源，然而，偶爾也可以當做主食類食用之，如紅豆湯、綠豆湯，營養豐富且均衡。

(4)礦物質：豆類含有豐富的鈣、磷、鐵，其中以磷比鈣多，適當攝取牛奶，以補充鈣，可以平衡豆類中鈣、磷吸收，提高豆類營養價值。

(5)維生素：豆類中以維生素 B_1、B_2 居多，維生素 A 較少，維生素 C，僅存在發芽未成熟的豆類中。

(6)豆類之選擇：豆腐及其製品，選擇外觀好、完整、色澤白色至淡黃色、組織細嫩，無不良氣味，無雜物，無二氧化硫或過氧化氫之添加物。豆類之選擇如黃豆、紅豆、綠豆、豌豆等，要選購豆粒完整，飽滿且無蟲蛀、異味及發霉等。

4. 蛋類：蛋類有雞蛋、鴨蛋、鵝蛋等，其中以雞蛋最為普遍，所以用雞蛋為例，來探討其營養成份。蛋含有蛋白及蛋黃，其中大部份營養素皆在蛋黃中。

(1)蛋白質：蛋白之主要蛋白質成份是以簡單蛋白質及醣蛋白型式存在。蛋黃中約含有 16％的蛋白質。

(2)脂肪：蛋白僅含 0.05～0.2％之脂肪，而蛋黃含有 30～33％的脂

肪。

(3)醣類：蛋白、蛋黃皆僅含 1% 之醣類，而大部份以葡萄糖居多。

(4)礦物質：蛋白中含有 0.7% 之礦物質，以硫、鉀、鈉居多，蛋黃含有豐富鐵、磷、鈣、鎂、鉀、氯，其中鐵質很容易被人體吸收。

(5)維生素：蛋白含維生素 B_1 及 B_2，亦含卵白素，生食雞蛋因卵白素與生物素結合，而造成食欲減退、臉色蒼白、皮膚等症狀，所以最好不要生食雞蛋，避免食物中毒或過敏。蛋白質含有維生素 A、B_1、B_2、D，但不含維生素 C。

(6)蛋類之選擇：選擇殼面潔淨光滑，色澤平滑白色，蛋殼無破損、蛋殼厚重及沒被污染為原則。

二、五穀、根、莖類

1. 五穀：因五穀富含醣類，所以東方人以五穀為主食，並做為熱量之主要來源。五穀大致可分為米、玉米、麥及其粉製品，如麵粉、麵條、麵包、蛋糕等。

(1)水份：穀類水含量約 8～12%，所以穀類很容易發霉，其中以玉米所發生之黃麴毒素最為嚴重。

(2)醣類：穀類所含營養素中，以醣類所佔比例最高，約 68～80%，故穀類為熱量之良好來源。

(3)蛋白質：穀類之蛋白質以高蛋白、醇溶蛋白為主，穀類中的米、玉米、小麥缺色胺酸（ *Trytophan* ），所以穀類蛋白質之品質較動物性蛋白質差，因此烹調穀類或食用時，可搭配牛奶、蛋和肉類以補充營養。

(4)脂肪：穀類所含脂肪大多存於胚芽中，所以基本上，穀類僅含有微量脂肪。

(5)礦物質：需碾壓之穀物含有豐富鈣、磷、鐵，但這些礦物質會與胚芽中所含植物酸相結合，而降低礦物質之含量。

(6)維生素：穀類中除白米外，糙米、麥類及玉米均含有豐富維生素 B 羣。穀類幾乎不含維生素 A、C、D。

穀類之選擇：

(1)穀粒堅實，均勻完整，沒有發霉、無砂粒、蟲等異物。

(2)麵粉粉質乾爽，色略帶淡黃色，且無異物、異味或昆蟲。

(3)選擇包裝製品，須注意製造日期及標示。

(4)麵包，須鬆軟適度，表面薄。

(5)蛋糕，表面顏色均勻有光澤、平整而薄，內層以顆粒大小粗細一致。

2. 根莖類：根莖類主要是指富有醣類之蔬菜，並可以當主食，提供熱量，如馬鈴薯、甘薯、芋頭、白蘿蔔、胡蘿蔔、蓮藕、竹筍等。此類食物之營養素與穀類相似，但礦物質和維生素之含量與種類較穀類豐富，如胡蘿蔔含有豐富維他命 A、B、C、D，而這是一般穀類所不及的。

根莖類蔬菜之選擇：選擇表面光滑，有重量感，手指彈出回聲有清脆感，不具傷痕，同時也是季節產物，如馬鈴薯、甘薯在每年 12～3 月是旺季。

三、油脂類

主要提供油脂（ *Fat* ），提供人體熱能及脂肪，有動物油脂和植物油脂，動物油脂是為飽和脂肪酸，易引起心臟、高血壓等疾病，植物油脂是為不飽和脂肪酸，引起血管病變機率較小，站在健康之立場，宜採用植物油脂。

油脂之選擇：

1. 油質澄清、無沈澱及泡沫，無異物、異味。

2. 包裝密封完整，無破損、無漏液，鐵質容器不生鏽。

3. 標示清楚，有製造日期，過期不購買。

4. 選購信譽可靠之廠商與商店。

5.不買散裝及來源不明之廉價油，以防摻雜工業級油類及餿水油等弊害。

四、蔬菜類

蔬菜類包括很多植物食物可食部份，蔬菜類可供給礦物質中的鈣與鐵，與維生素中維生素 A、C 及 B 羣。有下列九種種類：

1.花：花椰菜、黃花菜、菜花、蘆筍尖。

2.葉：青江菜、小白菜、空心菜、菠菜、芥菜、大白菜、豌豆苗、莧菜。

3.果：冬瓜、絲瓜、黃瓜、小黃瓜、青椒、茄子、蕃茄。

4.莖：芹菜、韭菜花、蘆筍。

5.根：胡蘿蔔、白蘿蔔、紅薯、甜菜。

6.球莖：洋葱、葱。

7.塊莖：洋芋、花生。

8.種子：豌豆、青豆、蠶豆。

9.菌類：冬菇、香菇、洋菇。

1.蔬菜營養價值：

(1)水分：蔬菜含水量約 75～96％，烹調時，也吸取大量的水分。

(2)熱能：除洋芋、紅薯與乾豆類含熱能較高，每分可供給 100 卡熱量，一般蔬菜之熱能含量皆低，空心菜與油菜每分只供給熱能 15 卡。

(3)蛋白質：除花生與莢豆類外，蔬菜類所含蛋白質量不多，質亦不優，含量約為 20～25％，黃豆與花生所含的蛋白質質優於其他乾豆類，若莢豆類與少量肉類或蛋類同食，其生理價值增高。

(4)脂肪：蔬菜類含脂肪量甚微。

(5)醣類：蔬菜依其醣類、澱粉、糊精與糖之含量不同，方便熱量計算

　　起見，依澱粉含量，將蔬菜分為三大類：甲種蔬菜含醣量低，計算時不計其所含的蛋白質、脂肪與醣類，所有葉類蔬菜、黃瓜與綠豆芽皆屬此種；乙種蔬菜每百公克計含蛋白質 2 公克，醣類 7 公克，如青豆、豌豆、胡蘿蔔、南瓜、洋蔥、甜菜與黃豆芽等；丙種蔬菜含醣量高，每分計算蛋白質 2 公克，醣類 15 公克，如洋芋、玉蜀黍與紅薯等。

(6)礦物質：綠色葉菜類含有較多鈣質，菠菜與小芥菜中鈣質雖多，但因含草酸，與鈣質結合成為不溶解之草酸鈣，故鈣質不能為身體所吸收。葉類含有豐富鐵質，每日一分綠葉菜可供給每日鐵質需要量的 20～25％，蔬菜含鈉量低，其他礦物質如鉀、磷、鎂與銅含量不一，蔬菜類供給較多鹼性質，為鹼性食物，故蔬菜有助身體酸鹼平衡。

(7)維生素：胡蘿蔔素最好來源是深綠色的葉菜類與黃色蔬菜如菠菜、芥菜、南瓜與胡蘿蔔等，顏色愈深的綠色黃色蔬菜，其胡蘿蔔素含量越多。

　　維生素 C 亦是蔬菜富含的，蔬菜能生食者如蕃茄、黃瓜、青椒、胡蘿蔔、白蘿蔔與紅薯，儘量主食或涼拌，可增加維生素 C 之攝取，蔬菜生長部位，如豌豆苗、綠豆芽、黃豆芽與嫩葉子等維生素 C 含量甚高，可善加利用。

　　2.蔬菜選擇：宜選擇蔬菜盛產季節，因價格便宜，營養豐富，同時要注意蔬菜的質，選擇時著重蔬菜新鮮與堅固，嫩而無損傷，大小劃一，外形完整。

五、水果類

　　水果的種類繁多；以有機酸分類有：(1)枸櫞酸，含在檸檬、柳丁、桔、廣柑、文旦、葡萄柚與莓類內。(2)蘋果酸：含在蘋果、桃、杏、梅、李與櫻桃內。(3)酒石酸：含在葡萄、櫻桃與桑椹內。除此之外，尚有瓜類

如西瓜、木瓜、香瓜、哈蜜瓜及香蕉、鳳梨、芒果、芭樂、蓮霧、水梨等。

1. 水果營養價值：水果類的組成因其種類不同而異，每種水果具有特殊香味、顏色、質地，主要功能是供給維生素，尤以維生素 C 最重要，礦物質含量亦豐富。

(1)水份：水果含水份量多，約為 75（香蕉）～95%（西瓜）

(2)蛋白質：水果類含蛋白質甚微。

(3)脂肪：水果類不含脂肪。

(4)醣類：水果類含醣量差別很大，西瓜含醣量約 5%，香蕉含醣量為 25%，所含的醣類多為葡萄糖、果糖、蔗糖、澱粉、果膠與纖維，含糖量的多少，以水果的成熟度而定，青而未成熟的水果較成熟者含澱粉量多而醣少，果膠是一種醣類為水果獨有的物質，與適量糖類同煮時，產生一種膠狀液體，青而未熟之水果含果膠量大。水果之果肉，含有纖維，是一種不能為人類消化道所消化的物質，但有利腸胃道蠕動，可幫助消化，預防與治療便秘。

(5)礦物質：水果可供給數種礦物質，但含量不多，新鮮的葡萄、梅、棗、桃含有豐富鐵質，柑桔類水果與楊桃含有適量鈣質，水果含鈉量少，鉀量多。

(6)維生素：水果類以供給維生素 C 為主，亦可供給適量維生素 A，柑桔類水果所含維生素 C 量為水果之冠。楊桃、哈蜜瓜、葡萄柚含維生素 C 量亦豐，鳳梨、香蕉、蘋果、桃與梨亦含有適當維生素 C，杏、桃、梅、鳳梨與哈蜜瓜則含豐富維生素 A 的先質胡蘿蔔素。

2. 水果選擇：選擇合乎時令、合乎季節水果，選擇水果表皮沒有腐爛、蟲咬、果皮完整、顏色鮮艷、果體堅實、水份充盈、新鮮、成熟適度，價格便宜。

表 4-1　台灣果菜主要產地及產期

果菜種類	主　　　要　　　產　　　地	產　期
蘿　蔔	竹北、新竹、士林、內湖	9～6月
	埔里、清水、布袋、永康、朴子、新社、學甲、崙背、竹南	1～12月
甘　籃	三芝、北投、梨山、四湖、仁愛、溪湖、永靖、六腳、埔鹽、竹塘、朴子、和平、二林、信義、二崙、新港、西螺、吉安	1～12月
苦　瓜	溪州、田尾、內埔、壽豐、里港、吉安、竹田、竹塘、田中、柳營、二崙、屏東	3～12月
絲　瓜	林內、古坑、斗六、板橋、新莊、士林、屏東、花蓮	3～11月
豌　豆	埔心、秀水、埔鹽、大村、溪湖、和美、新社、員林、里港、九如	11～4月
茄　子	永靖、西螺、清水、田尾、溪湖、竹塘、埔心	4～11月
	九如、屏東、鹽埔、里港、吉安、葛丹	4～9月
香　蕉	南投、二水、田中、名間、中寮、集集、水里	1～12月
	旗山、新園、里港、佳冬、林邊、南州、大寮、高樹、美濃	4～9月
椪　柑	東勢、新社、卓蘭、國姓、水里、東山	11～1月
	竹崎、梅山、番路、大內、白河、中埔	11～12月
柳　橙	吉坑、水上、二林、東勢、斗六	11～2月
	中埔、大內、竹崎、楠西、玉井、南化、山上、東山、旗山	10～2月
梨	梨山、東勢、和平、三灣、卓蘭、新社、后里、仁愛、國姓、信義、埔里、水里	5～10月
蕃石榴	員林、溪湖、永靖、社頭、二水、通宵、田中、大社、燕巢、長治	1～10月
蓮　霧	高樹、林邊、新埤、佳冬、長治、內埔、潮州、里港、南州、美濃、枋山、枋寮、宜蘭	3～8月
芒　果	玉井、大內、南化、楠西、六龜、山上、官田、東山、善化、枋山、枋寮	6～8月
葡　萄	大村、新社、卓蘭、豐原、東勢、溪湖、后里、外埔、信義、埔心	6～7月
西　瓜	麥寮、台西、二崙、大肚、通宵	3～8月
	七股、恆春、大樹、山上旗山、壽豐、鳳林、玉里、台東	5～8月
甜　瓜	二崙、彰化、龍井、大肚、崙背	5～9月
	鹿草、太保、大寮、西港、七股、水上、東山、柳營	4～10月

資料來源：國民營養指導手冊，行政院衛生署80年2版，頁148。

六、奶類

包含牛、羊鮮乳及乳製品，如脫脂奶粉、全脂奶粉、調味奶粉、煉乳、乳酪、調味乳、發酵乳、分成乳以及冰淇淋等。奶類的組成中，水佔85.5～88.5％，乳脂肪佔 3～6％，蛋白質佔 3～4％，乳糖佔 4～5％。牛奶中含有豐富鈣質，為人類每日必需鈣質之最佳來源。

1. 鮮乳之選擇：選擇包裝良好無破損，並看清楚製造日期、保存期限，過期、未註明日期都不要買。若是符合以上條件，但打開包裝之後，倒入杯子，若鮮乳顏色變成灰白或暗黃，表面有凝結固體，有醋味，則表示有腐敗、變酸之現象，不要飲用，以避免食物中毒。

2. 乳製品之選擇：選擇品名、商標及內容物成份，標示清楚，包裝潔淨無破損，未過期，以及陳列在適當冷藏溫度之下。

貳、六大營養素介紹

人類必須仰賴營養素來維持生命，主要營養素有蛋白質、脂肪、醣類、礦物質、維生素及水等，這些營養素必須根據年齡、性別、身體狀況保持平衡，過多或不足皆會產生疾病，以下是六大營養素的功用與性質。

一、蛋白質

人體主要成份中，除水佔 68％外，其次就是蛋白質佔 14.4％。蛋白質在細胞內負責許多重要機能，形成體內各種化學反應所需酵素，形成運送氧氣到身體各組織，形成抗體抵抗疾病以及供給熱能。每公克蛋白質可提供 4000 卡的熱量，每日所需 10～15％之熱量來源為蛋白質提供。

1. 組成：蛋白質是由碳、氫、氧、氮四種元素所組合而成的一種化合物，除此四種元素外，有些蛋白質富含有其他元素，如硫、磷、鐵、碘、銅或其他無機元素，蛋白質是一種非常複雜的化合物，組成蛋白質之基本

單位為胺基酸（*Amino acido*）。胺基酸分為必需胺基酸與非必需胺基酸兩種，必需胺基酸是人體不能合成的，如色胺酸（*Typtophan*），離胺酸（*Lysine*）、甲硫胺酸（*Methionine*）、丁胺酸（*Threonine*）、胺酸（*Valine*）、白胺酸（*Leucine*）、異白胺酸（*Isoleucine*）、苯丙胺酸（*Phenylalanine*）等。食物中含有八種必需胺基酸者，其所含蛋白質品質較好，攝入人體後，合成身體蛋白質的能力較佳，如蛋、奶、肉的蛋白質品質較穀類好，因穀類中，如米缺離胺酸，玉米缺離胺酸、色胺酸、異白胺酸，不能完成提供人體所需的必需胺基酸。

　　2. 分類：蛋白質種類繁多，無法一一分類，僅就其構造形態與營養價值分類之。

　　(1)構造形態之分類：

①單純形態之分類：純粹為胺基酸組成，由二十餘種胺基酸相互結合而成的蛋白質，如蛋白所含的白蛋白、小麥所含的醇溶蛋白、蛋類的卵球蛋白、血液中血清球蛋白。

②複合蛋白質：此類蛋白質為蛋白質與其他非蛋白質物質結合而成的蛋白質，如血紅素乃蛋白質與鐵質的結合物，磷蛋白質乃蛋白質與磷酸的結合物，酵素乃蛋白質與硫胺、乳黃素的結合而成者。

③衍化蛋白質：蛋白質被酵素消化或水解後，形成較短鏈鎖的碎片，依次排列為蛋白腺、蛋白、類等謂之衍化蛋白質。

　　(2)營養價值分類：

①完善蛋白質：完善蛋白質乃蛋白質所含必需胺基酸的量足以維持健康與促進生長，具有高生物價值（*Biologic Value*），如蛋、奶、肉與內臟類。

②半完善蛋白質：乃蛋白質所含胺基酸只能維持身體健康，而缺少促進正常生長必需胺基酸的含量，維持健康有餘，促進生長不足，如蔬菜類、水果類與五穀類所含的蛋白質。

③不完善的蛋白質：乃蛋白質不能促進生長與不能修補細胞與組織，亦不能維持健康，如玉米中所含玉米膠蛋白與動物膠質。

3. 功用：

(1)構成身體各種細胞的原料：體內肌肉、器官與腺體等固體物質，骨骼與牙齒基質，皮膚、指甲與毛髮，紅血球與血漿，消化酵素與激素皆以蛋白質為原料而造成者，身體的生長與細胞的修補，需每日供應定量品質優良的蛋白質，方可促使生長正常且可維持健康。

(2)調節生理機能：

①將氧氣供給體內細胞，進行正常氧化作用：蛋白質與鐵質結合造成血紅素，血紅素可帶氧氣與食物所供給的營養素至身體各部細胞，使體內有充分的氧氣，一則維持細胞生命，再則可使營養素氧化產生熱能，以供給身體從事各種活動，同時把各組織細胞不用之二氧化碳與代謝之廢物，攜帶至肺部與腎臟排出體外。

②調節體內滲透壓：血漿蛋白質尤以白蛋白有固定含量，可控制體內水份的滲透壓力，所以當蛋白質供給不足時，身體缺乏蛋白質，易形成水腫，謂之營養性水腫。

③平衡酸鹼：因組成蛋白質的胺基酸含有胺基族為鹼性可與酸化合，另一族為有機酸族，可以與鹼化合，所以蛋白質在血液中可調節酸鹼性，使血液保持微鹼性的正常狀態。

④抵抗疾病的傳染：蛋白質供應足夠時，可形成抗病體，在血液中可抵抗傳染病菌，防止疾病發生。

⑤酵素為蛋白質物質，可催化營養素的消化作用。

⑥激素為蛋白質物質，如：甲狀腺素、胰島素、腎上腺素在體內皆司有重要功能。

⑦胺基酸中的色胺酸在體內可變成菸鹼酸，甲硫胺酸可供用基族製造膽鹼，以上兩種物質為維生素 B 羣中兩種維生素，具調節生理之功能。

4. 蛋白質缺乏症

(1)症狀：

①水腫：蛋白質缺乏的第一個症狀便是水腫，稱之為營養性水腫，腿

部最顯著，病情嚴重時，水腫部位蔓延愈大。

②消瘦無力：患者常感軟弱無力，體重減輕，但因水腫，未能窺見真正瘦弱實況。

③血清蛋白質低：血清蛋白質減低，乃因組織蛋白質不足而產生現象。

(2)治療：患者的飲食應採用高熱能高蛋白質飲食，熱能供應在 2500 卡以上，蛋白質每日攝取量為 100 公克，多供給品質優良的完善蛋白質如奶、蛋、肉類。

二、脂肪

脂肪在自然界中分佈很廣，是飲食中供給熱能的營養素，脂肪氧化時所產生的熱能較醣類多兩倍餘，所以脂肪是一種濃縮熱能的物質。

1. 組成：基本上，脂肪是碳、氫、氧化合物，是由以上三元素組成與醣類成份相同，部份脂肪含有其他元素。

2. 分類：對人類營養具有重要性可分為三類

(1)中性脂肪：化學名稱為三甘油脂，是三分子脂肪酸與一分子甘油結合而成的有機脂類，98％食物中所含脂肪與 90％人體內之脂肪皆為此種脂類。

(2)複合脂肪：乃不同的脂肪與其他成份結合而成脂肪，在人體營養佔有重要地位者計有三種：磷脂、糖脂與脂蛋白類等。

(3)衍化脂肪：乃脂肪在腸胃消化道後所產生的物質，有三種重要者為甘油、固醇類與脂肪酸。

3. 功用：

(1)供給熱能：每公克脂肪氧化後可產出 9 卡熱能，較醣類與蛋白質氧化產生熱能多兩倍有餘。

(2)構成體脂肪：當飲食中所供給的熱量超過身體需要時，過多的熱能無論來自蛋白質、脂肪、醣類，皆可構成體脂肪，儲存於體內，適

量脂肪可以保護體內各器官，保護體溫的外散與未來熱能的來源。

(3)節省與保護蛋白質浪費。

(4)是脂溶性維生素 A、D、E、K 之溶解劑。

(5)潤滑腸胃消化道。

(6)抑制胃酸的分泌。

(7)供給必要脂肪酸：人體內不能製造負有重要生理功能的脂肪酸，必須依賴食物供給稱之為必要脂肪酸，亞麻油酸，為人類生理上需要必要脂肪酸。

(8)是膽固醇來源。

(9)調味與滿足食慾。

(10)組成體內細胞與組織成份。

4. 脂肪缺乏症：脂肪缺乏時，尤以必要脂肪酸、亞麻油酸缺乏時，其症狀是會產生濕疹性的皮膚炎。適當補充脂肪則可消除此症狀。

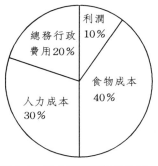

圖 4-1　三大營養的熱量比例

資料來源：國民營養指導手冊，行政院衛生署，八十年，21 版，頁 141。

三、醣類

醣類主要來源是植物，尤以蔬菜、水果、五穀居多，人類利用植物中部份醣類產生熱能，維持生命的延續與形成各種活動，如能適量食用五穀類不但可以獲得醣類，並可獲得蛋白質、維生素 E 與維生素 B 羣等。

　　1. 組成：糖類是由碳、氫、氧三元素所組成，分子式為 $C_nH_{2n}O_n$，其所含氫、氧分子之比為二比一，與水所含相同，故水稱之為碳水化合物，是由一個、兩個或數個單醣分子組成之物質。

　　2. 分類：醣類由其組成分子的繁簡，可分為三大類：

(1)單醣：為最簡單醣類，其分子式為 $C_6H_{12}O_6$，易溶解於水，有擴散性，甜度不一，固體狀態呈結晶形，為最簡單之醣類，不必再經消化，便可直接為人體吸收。可分為葡萄糖、果糖以及半乳糖。

(2)雙醣：分子式為 $C_6H_{22}O_{11}$，溶解於水，有擴散性，甜度不一，固體狀態呈結晶形，經過水解或人體消化後，可產生兩分子之單醣。可分為蔗糖、麥芽糖及乳糖。

(3)多醣：分子式為（$C_6H_{10}O_5$）$_n$ 構造複雜，分子量大，不溶解於水，無甜味，需要經過消化變為單醣，方可為人體吸收，可分為澱粉、糊精、纖維、果膠以及肝糖。

　　3. 功用：

(1)供給熱能：醣類對於人類基本功能是供給熱能，雖然脂肪亦有此功能，但脂肪是人體熱能儲存的基本物質，如飲食中無脂肪供應，人體亦可維持正常功能，身體需要不斷的自飲食中獲取醣類，醣類與脂肪相比，其在體內儲存量甚少，一體重 70 公斤之男性體內醣類總量 365 公克，只可供給十三小時中度工作所需的熱能，因此需要定時食入適量醣類，藉以供給身體之需要。一公克醣類，氧化產生 4 卡熱能。

(2)節省蛋白質：雖然蛋白質在人體內，亦可氧化產生熱能，但蛋白質主要功能是構成人體內各類細胞之原料，亦為調節生理各種重要機能的物質，若用來當做熱能，致使人體內製造或修補細胞與調節生理機能等作用無法進行，甚為可惜，故宜藉醣類來保護蛋白質之浪費。

(3)幫助脂肪正常代謝：脂肪代謝過程中會產生酮類，若是沒有醣類幫助其代謝，則會產生酸中毒。故飲食中應有適當醣類約佔總熱能

50～60％，與脂肪約佔總熱能 25％之比例，方不致發生不正常之
生理現象。

(4)乳糖有助鈣質吸收與利用：乳糖消化較慢，在腸胃停留時間較長，
　　有利酸性細菌產生，增加鈣質在腸道吸收。

(5)醣類對於生命器官的特殊功能：中樞神經系統需要定量醣類供應，
　　調節中樞，大腦不儲存葡萄醣，因此必須自血液中分秒不停的供應
　　葡萄糖，若遭受嚴重血糖缺乏休克，導致不能反轉的腦部傷害，所
　　以，醣類對神經組織功能完整是不可缺少的。

(6)纖維促使腸道蠕動，防止便秘發生，可預防或治療無張力便秘。

(7)構成人體內組織之成份，如哺乳時期乳汁中之乳糖，皆以醣類為主
　　要成份。

4.飲食中醣類供應不均衡所引起之症狀

(1)過多：

①飲食中醣類供應過多時，導致大量體脂肪儲存，使體重超重或形成
　　肥胖症。

②食用過量甜食與糖類，易刺激腸胃消化道，尤以飢餓時最顯著，長
　　期食用可使血清三甘油脂含量增高，此現象為導致動脈硬化之誘
　　因。

(2)過少：

①飲食中醣類供應過少，體內過量脂肪氧化，產生血壓過高現象。

②飲食中醣類供應不足，易使製造細胞原料與調節生理機能之蛋白質
　　形成熱能的來源而蒙受損耗。

四、礦物質

　　礦物質是構成人體主要成份之一，其在人體內重量，為體重百分之
四，主要礦物質為鈣、磷、硫、鉀、鈉、氯與鎂，含量較少的礦物質如
鐵、錳、鈉與碘，微量礦物質如鈷、氟、鋅、砷等，皆為人體不可缺少的

無機物質。

1. 功用：

(1)構成人體細胞、骨骼與體液的主要成份。

(2)構成人體硬組織如骨骼、牙齒、毛髮、指甲。

(3)構成人體軟組織如甲狀腺液、消化液、血液。

(4)調節生理機能的作用，如肌肉收縮、神經對刺激之反應，體液滲透
壓控制，酸鹼平衡等。

2. 礦物質缺乏症及其食物之來源

(1)鈣質：缺乏鈣質最明顯症狀是神經上的痛苦，手足肌肉痙攣、麻
木、手腳刺痛，在小孩會引起佝僂症，成人會有骨質軟化症。另一
個鈣失調引起的疾病是骨質疏鬆症，骨頭會變成易碎，因鈣在人體
或骨骼中消耗比貯存的快。食物來源：奶類及其製品、綠色菜類蔬
菜、瘦肉類與內臟類、黃豆及其製品、蛋類。

表 4-2　平衡飲食鈣質之供應量

食　　物	稱　　量	鈣質（毫克）
牛　　奶	一杯	288
蛋　　類	一個	27
瘦　　肉	120 公克	17
蔬 菜 類	兩分	268
水 果 類	兩分	20
五 穀 類	360～500 公克	45～75

資料來源：宋申蕃著營養學，頁 51。

(2)鐵質：缺乏鐵質，易引起缺鐵性貧血，此症減少血中氧氣的攜帶
量，會引起皮膚蒼白、疲倦、便秘、無光澤、指甲脆、呼吸困難、
容易頭昏及抵抗力減少。食物來源：動物肝臟、腎臟、瘦肉、有殼
海產動物、蛋黃、綠葉菜類、粗穀類、莢豆類、紅糖、葡萄乾、葡
萄、桃、梅。

(3)碘質：碘缺乏會引起單純性甲狀腺腫大、動脈硬化、肥胖、新陳代
謝變慢、遲鈍、精神反應變差、頭髮乾燥、心悸、顫抖、神經不

安。食物來源：海中之魚類、海藻、海帶、花生、黃豆及綠色蔬菜。

以上三種礦物質，若能攝取正常，不缺乏的話，很少會再發生缺乏其他礦物質之現象。

表 4-3-1　營養素的功能及食物來源（蛋白質、脂肪、醣類、醣類）

營養素 分　類	功　　　　　　　能	食　物　來　源
蛋白質	1. 維持人體生長發育，構成及修補細胞、組織之主要材料。 2. 調節生理機能。 3. 供給熱能。	奶類、肉類、蛋類、魚類、豆類及豆類製品、內臟類、全穀類等。
脂　肪	1. 供給熱能。 2. 幫助脂溶性維生素的吸收與利用。 3. 增加食物美味及飽腹感。	沙拉油、黃豆油、花生油、豬油、乳酪、乳油、人造奶油、麻油等。
醣　類	1. 供給熱能。 2. 節省蛋白質的功能。 3. 幫助脂肪在體內代謝。 4. 形成人體內的物質。 5. 調節生理機能。	米、飯、麵條、饅頭、玉米、馬鈴薯、蕃薯、芋頭、樹薯粉、甘蔗、蜂蜜、果醬等。
礦 物 質	一、營養上之主要礦物質有鈣、磷、鐵、銅、鉀、鈉、氟、碘、氯、硫、鎂、錳、鈷等，這些礦物質也就是食物燒成灰時的殘餘部分，又稱灰分。其在營養素裏所佔的分量雖很少（醣類、脂肪、蛋白質、水和其他有關物質，佔人體體重 96%，礦物質佔 4%），但其重要性卻很大。 二、礦物質的一般功能： 　1. 構成身體細胞的原料：如構成骨骼、牙齒、肌肉、血球、神經之主要成分。 　2. 調節生理機能：如維持體液酸鹼平衡，調節滲透壓，心臟肌肉收縮，神經傳導等機能。 茲將各種礦物質的營養功能及食物來源分述如下：	
^	**鈣**　1. 構成骨骼和牙齒的主要成份。 2. 調節心跳及肌肉的收縮。 3. 使血液有凝結力。 4. 維持正常神經的感應性。 5. 活化酵素。	奶類、魚類（連骨進食）、蛋類、紅綠色蔬菜、豆類及豆類製品。
^	**磷**　1. 構成骨骼和牙齒的要素。 2. 促進脂肪與醣類的新陳代謝。 3. 體內的磷酸鹽具有緩衝作用，故能維持血液、體液的酸鹼平衡。 4. 是組織細胞核蛋白質的主要物質。	家禽類、魚類、肉類、全穀類、乾果、牛奶、莢豆等。
^	**鐵**　1. 組成血紅素的主要元素。 2. 是體內部分酵素的組成元素。	肝及內臟類、蛋黃、牛奶、瘦肉、貝類、海藻類、豆類、全穀類、葡萄乾、綠葉蔬菜等。

資料來源：行政院農業委員會及台灣省政府農林廳，「食物與營養」。

表 4-3-2　營養素的功能及食物來源（礦物質、維生素）

營養素分類		功　　　　　　　　　能	食　物　來　源
礦物質	鉀、鈉、氯	1. 為細胞內、外液之重要陽離子，可維持體內水分之平衡及體液之滲透壓。 2. 保持 PH 值不變，使動物體內之血液、乳液及內分泌等之 PH 值保持常數。 3. 調節神經與肌肉的刺激感受性。 4. 鉀、鈉、氯、三元素缺乏任何一種時，可使人生長停滯。	鉀—瘦肉、內臟、五穀類。 鈉—奶類、蛋類、肉類 鈉—奶類、蛋類、肉類
	氟	構成骨骼和牙齒之一種重要成份。	海產類、骨質食物、菠菜。
	碘	甲狀腺球蛋白的主要成份，以調節能量之新陳代謝。	海產類、肉類、蛋、奶類、五穀類、綠葉蔬菜
	銅	銅與血紅素之造成有關，可幫助鐵質之運用。	肝臟、蚌肉、瘦肉、硬殼果類。
	鎂	1. 構成骨骼之主要成份。 2. 調節生理機能，並為組成幾種肌肉酵素的成份。	五穀類、硬殼果類、瘦肉、奶類、豆莢、綠葉蔬菜。
	硫	與蛋白質之代謝作用有關，為構成毛髮、軟骨（肌腱）、胰島素等之必需成分。	蛋類、奶類、瘦肉類、豆莢類、硬殼果類。
	鈷	是維生素 B_{12} 的一種成份，也是造成紅血球的一種必要營養素。	綠葉蔬菜（變化大，視土壤中鈷含量而定）
	錳	對內分泌的活動，酵素的運用及磷酸鈣的新陳代謝有幫助	小麥、糠皮、堅果、豆莢類、萵苣、鳳梨。
維生素		維生素又稱維他命，其中能溶解於脂肪者稱脂溶性維生素，能溶解於水者稱水溶性維生素，大多數不能由身體中製造，而必須從食物中攝取，其在身體中的作用，就好像機械中的潤滑油。 　　茲將其功能及食物來源分述如下：	
	一、脂溶性維生素　維生素 A	1. 使眼睛適應光線之變化，維持在黑暗光線下的正常視力。 2. 保護表皮、黏膜使細菌不易侵害（增加抵抗傳染病的能力）。 3. 促進牙齒和骨骼的正常生長。	肝、蛋黃、牛奶、乳酪、人造奶油、黃綠色蔬菜、水果（如青江白菜、胡蘿蔔、菠菜、蕃茄、黃紅心蕃薯、木瓜、芒果等）魚肝油。
	維生素 D	1. 協助鈣、磷的吸收與運用。 2. 幫助骨骼和牙齒的正常發育。 3. 為神經、肌肉正常生理上所必需。	魚肝油、蛋黃、乳酪、魚類、肝、添加維生素 D 之牛奶等。

資料來源：行政院農業委員會及台灣省政府農林廳，「食物與營養」。

表 4-3-3　營養素的功能及食物來源（維生素、水）

營養素分類			功　　　能	食　物　來　源
維生素	一、脂溶性維生素	維生素 E	1. 減少維生素 A 及多元不飽和脂肪酸的氧化，控制細胞氧化。 2. 維持動物生殖機能	穀類、米糠油、小麥胚芽油、棉子油、綠葉蔬菜、蛋黃、堅果類。
		維生素 K	構成凝血醛元素必需的一種物質，可促進血液在傷口凝固，以免流血不止。	綠葉蔬菜如菠菜、萵苣是維生素 K 最好的來源，蛋黃、肝臟亦含有少量。
	二、水溶性維生素	維生素 B_1	1. 增加食慾。 2. 促進胃腸蠕動及消化液的分泌。 3. 預防及治療脚氣病、神經炎。 4. 促進動物生長。 5. 酸類的氧化作用。	胚芽米、麥芽、米糠、肝、瘦肉、酵母、豆類、蛋黃、魚卵、蔬菜等
		維生素 B_2	1. 補助細胞的氧化還原作用。 2. 防治眼血管充血及嘴角裂痛。	酵母、內臟類、牛奶、蛋類、花生、豆類、綠葉菜、瘦肉等。
		維生素 B_6	1. 爲一種輔助酵素，幫助胺基酸之合成與分解。 2. 幫助色胺酸變成菸鹼酸。	肉類、魚類、蔬菜類、酵母、麥芽、肝、腎、糙米、蛋、牛奶、豆類、花生等。
		維生素 B_{12}	1. 促進核酸之合成。 2. 對醣類和脂肪代謝有重要功能，並影響血液中麩基胺硫的濃度。 3. 治惡性貧血及惡性貧血神經系統的病症。	肝、腎、瘦肉、乳、乾酪、蛋等。
		菸鹼酸	1. 構成醣類分解過程中二種輔助酵素的主要成份，此輔助酵素主要作用爲輸送氫。 2. 使皮膚健康、也有益於神經系統的健康。	肝、酵母、糙米、全穀製品、瘦肉、蛋、魚類、乾豆類、綠葉蔬菜、牛奶等。
		葉酸	1. 幫助血液的形成，可防治惡性貧血症。 2. 促成核酸及核蛋白合成。	新鮮的綠色蔬菜、肝、腎、瘦肉等。
		維生素 C	1. 細胞間質的主要構成物質，使細胞間保持良好狀況。 2. 加速傷口之癒合。	深綠及黃紅色蔬菜、水果（如青辣椒、蕃石榴、柑橘類、蕃茄、檸檬等）。
水			1. 組成體素，爲生長之基本物質與身體修護之用。 2. 促進食物消化和吸收作用。 3. 維持正常循環作用及排泄作用。　4. 調節體溫。 5. 滋潤各組織的表面，可減少器官間的摩擦。 6. 幫助維持體內電解質的平衡。	

資料來源：行政院農業委員會及台灣省政府農林廳，「食物與營養」。

五、維生素

維生素是一種有機化合物，在飲食中供足量時，會促使人體有效利用蛋白質、脂肪與醣類，維生素本身不供給熱能，但可使其他營養素正常進行代謝產生熱能作用，人體每日需要維生素之量甚微，但若缺乏此微量之維生素，即產生不正常之生理現象。

維生素可分為兩大類，即脂溶性維生素與水溶性維生素，前者包括維生素 A、D、E 與 K，後者包括硫胺（維生素 B）、乳黃素（維生素 B_2）、菸鹼酸（維生素 B_3）及其他維生素 B 羣，與抗壞血酸（即維生素 C）。

1. 功用：

(1)生長：維生素 A 有促使人類正常生長與發育的功能，正在生長的兒童，缺乏維生素 A，骨骼與牙齒的生長遲緩。

(2)組織生長：維生素 A 可維持上皮組織成長，可維持身體抵抗細菌侵入的第一道防線的上皮組織，如眼、鼻、喉、呼吸道、消化道、泌尿生殖道等。

(3)視力：維生素 A 是視網膜桿所含一種對光敏感的色素，缺乏維他命A，導致視覺再生時間延長，在黑暗光線下，視物不清。

(4)維生素 D，可幫助鈣與磷的吸收與利用，與鈣化骨骼與牙齒。

(5)維生素 E，具有抗氧化作用，保護紅白血球完整，保護肌肉組織的構造與功能。

(6)維生素 K，主要功能控制肝臟對凝血素元的合成。

(7)維生素 C，提供細胞間的結合物質，幫助新陳代謝，加速傷口癒合，改善熱病與傳染病之症狀。

(8)維生素 B_1，幫助醣類代謝，維持良好食慾，維持神經正常，情緒愉快，預防多發性神經炎。

(9)維生素 B_2，蛋白質代謝輔晦，醣類代謝輔晦，維持眼睛、皮膚、口腔與唇舌之健康。

⑽菸鹼酸，組織氧化之輔晦，氧化葡萄糖產生熱能，維持腸胃消化道
　　與神經組織的正常功能。

⑾維生素 B_6，可幫助維持鉀、鈉平衡，調節體液，增進神經與骨骼
　　肌肉系統正常。

⑿維生素 B_{12}，有助神經系統組織新陳代謝，可幫助身體內鐵的功
　　能，幫助葉酸合成膽素。可預防惡性貧血。

⒀葉酸，可與維他命 B_{12} 和維他命 C 合用，來分解及利用蛋白質，
　　有助合成，可幫助細胞生長及繁殖，可促進食慾，刺激胃酸分泌，
　　幫助預防腸內寄生蟲和食物中毒，維持肝臟功能，可治療貧血、腸
　　瀉、水腫和胃潰瘍等。

2. 維生素缺乏症及其食物來源

(1)維生素 A：缺乏維生素 A，會有夜盲症、上皮組織對傳染病之抵
　　抗力減弱、皮膚變粗、乾燥、鱗狀以及乾眼症。食物來源：魚肝
　　油、奶類、蛋類、肝臟，深顏色的蔬菜與水果。植物性食物中之胡
　　蘿蔔素提供三分之二的需要量。

(2)維生素 D：缺乏維生素 D，會有軟骨症、成人軟骨症、牙齒變
　　形。食物來源：魚肝油、肝臟、瘦肉、牛奶、蛋黃。

(3)維生素 E：缺乏維生素 E，會發生紅血球溶解現象、巨紅血球型之
　　貧血、血管脆性增加、不孕、小產及肌肉萎縮。食物來源：麥胚
　　油、米胚、綠色蔬菜類及乾豆類。

(4)維生素 K：缺乏維生素 K，會發生血液凝固較慢、機能出血現
　　象，以及肝臟無法合成凝血晦元。食物來源：綠色葉類蔬菜、菜
　　花、豬肝。

(5)維生素 C：缺乏維生素 C，會發生壞血病，齒齦炎、身體虛弱、貧
　　血、傷口瘉合不易、臉色蒼白、體重減輕。食物來源：酸性桔柑類
　　水果；如，檸檬、桔、橙、柚、文旦、蕃茄、葡萄、草莓及綠色蔬
　　菜等。

(6)維生素 B_1：缺乏維生素 B_1，會發生成人腳氣病、情緒不穩定、易

表 4-4　主要營養素的特性及缺乏症

營養素	特　　性	缺乏時可能發生之症狀
蛋白質	高溫、酸、鹼、光及氧化等對其營養功能影響不大。	發育不良、水腫、對疾病的抵抗力弱、易疲倦，孕婦蛋白質供應量不足，易導致流產、早產、貧血及嬰兒出生體重不足。
鈣	不受溫度、光及普通氧化之影響，易溶於酸。	骨骼與牙齒發育不全，骨之鈣化受阻（佝僂症），兩腿內變易患軟骨或骨質疏鬆症，生長遲緩，對孕婦、胎兒及兒童之影響大。
鐵	對溫度、酸、鹼、光等影響不大，受氧化易改變其營養功能	貧血、易疲倦、減低活動機能，解毒能力降低。
維生素 B_{12}	微溶於水，不受溫度影響，易受光、強酸、鹼之破壞。	惡性貧血。
維生素 C	溶於水，易受高溫、鹼及氧化、脫水所破壞，在酸中安定。	壞血症、抵抗力減低、傷口不易復原、牙齦及皮膚易出血、疲倦、關節酸痛、貧血。
菸鹼酸	溶於水，在空氣中穩定，對酸、鹼、熱、光皆安定。	癩皮病、疲倦、厭食、舌炎、腸炎等。
維生素 E	溶於油脂，不受熱與酸的影響，但酸敗的脂肪與鉛、鐵鹽類同時的氧化現象，易被破壞。	（動物：背神經痛、肌肉疼痛、麻痺、血管性心臟病等。）溶血、輕微貧血，在人類不易產生缺乏症。
維生素 K	溶於油脂，易為紫外線、鹼、酸所破壞，對熱穩定。	易發生出血現象，肝臟無法綜合凝血晦元，使血液凝結時間延長。
碘	不受光、酸、鹼影響。	甲狀腺腫大，體內新陳代謝力減低，阻礙生長。
維生素 A	溶於油脂，長時間受高溫、光及氧化作用，則易損失。	夜盲症、乾眼症、表皮黏膜層改變（角質變性）、雞皮、皮膚乾燥、呼吸系統易受細菌感染，抵抗力減弱。

資料來源：國民營養指導手冊，行政院衛生署八十年二版，頁 140。

表 4-5　每日飲食指南

類　　別	份　量	份　量　單　位　說　明
奶、蛋、豆、 魚、肉類	5 份	每份：肉或家禽或魚類一兩（約 30 公克）；或豆腐一塊（100 公克）或豆漿一杯（240c.c.）；或蛋一個；或牛奶一杯（240c.c.）。
五 穀 類 根 莖	3～6 碗	每晚：飯一碗（200 公克）；或中型饅頭一個；或土司麵包四片。
油　脂　類	3 湯匙	每湯匙：一湯匙油（15 公克）
蔬　菜　類	3 碟	每碟：蔬菜三兩（約 100 公克）。
水　果　類	2 個	每個：中型橘子一個（100 公克）；或蕃石榴一個

1. 本「飲食指南」選用於一般健康的成年人，但因個人體型及活動量大小不同，可依個人需要適度增減五穀根莖類的攝取量。

2. 每類食物的選擇應時常變換，不宜每餐均吃同一種食物。油脂類最好採用植物性油。蔬菜類中至少一樣為深綠色或深黃色蔬菜。

3. 青少年、老年人及孕乳婦由於生理狀況較為特殊，可依本飲食指南做少許改變：
   - 青少年：增加五穀根莖類及奶、蛋、豆魚、肉類的攝取量，尤應增加一個蛋或一杯牛奶。
   - 老年人：可適量減少五穀根莖類的攝取。
   - 孕乳婦：五大類食物，均應酌量增加，為避免骨質疏鬆症，應最好每日增加一至二杯牛奶。

● 選擇食物首要考慮食物的營養價值，同時也要顧及衛生、經濟及口味。

● 食物的種類繁多，要怎麼選擇才能獲得均衡的營養呢？營養專家建議我們每天從下列五大類基本食物中，選吃我們所需要的份量：

1. 奶、蛋、豆、魚 5 份
   肉、魚、蛋、奶、豆腐、豆腐干、豆漿都含有豐富的蛋白質。

2. 五穀根莖類 3～6 碗
   米飯、麵食、甘藷等主食品，主要是供給醣類和一些蛋白質。

3. 油脂類 3 湯匙
   炒菜用的食油及豆類可以供給脂肪。

4. 蔬菜類 3 碟
   深綠色、深黃紅色的蔬菜，例如：青菜、胡蘿蔔、蕃茄等，所含的維生素、礦物質比淺顏色蔬菜多。

5. 水果類 2 個
   台灣出產的水果，例如：橘子、柳丁、木瓜、芭樂、芒果、鳳梨、香蕉等含有豐富的維生素。

資料來源：國民營養指導手冊，行政院衛生署八十年二版，頁 140。

怒、便秘、失眠、肌肉痙攣、小孩腳氣病、膚色蒼白、臉部水腫、
不安寧、嘔吐。食物來源：奶類及其產品、內臟類、瘦肉類、蛋類
及綠色葉菜類。

(7)維生素 B_2：缺乏維生素 B_2，會在前額、鼻、面頰、唇、下頜與
鼻、嘴皮膚重疊處生贅疣，其以就是嘴角破裂，皮膚發生油性疹、
視力模糊、眼睛癢等。食物來源：奶類及其產品、內臟、瘦肉、蛋
類及綠色蔬菜類等。

(8)菸鹼酸：缺乏菸鹼酸，會產生癩皮病，包括腸胃道、皮膚與神經症
狀。食物來源：瘦肉、粗穀類、綠色蔬菜、豆類、洋芋、酵母、花
生、內臟類。

(9)維生素 B_6：缺乏維生素 B_6，會掉頭髮、懷孕期會有水腫、肌肉軟
弱無力、神經過敏、易激動、神經炎和皮膚炎等。食物來源：瘦
肉、全穀類、肝臟、酵母等。

(10)維生素 B_{12}：缺乏維生素 B_{12}，會引起腦部傷害，口腔潰爛、麻
木、僵硬及惡性貧血等。食物來源：瘦肉、肝臟、魚、乳酪品，僅
存於動物性蛋白質，素食者宜補充維生素 B_{12} 製劑。

(11)葉酸：缺乏葉酸，會引起生長不良，頭髮變灰、舌頭發炎及巨大紅
血球貧血等。食物來源：肝臟、酵母以及綠色蔬菜。

六、水份

構成人體之主要成分為六大營養素，水份佔 55％，蛋白質佔 20％，
脂肪佔 15％，礦物質佔 5％，醣類佔 2％，維生素佔 1％，其中以水份之
比例最重，人體需要水份僅次於空氣，人可以數日不吃食物，但不可以不
飲水，身體缺乏水份，嚴重時易導致死亡。

1.功用：

(1)水份是所有細胞結構的成分與形成細胞之形態，如每公克的蛋白質
約有 4 公克水份。

(2)水份是所有體液的介質,包括消化液、淋巴液、血液、尿液與汗液,所有體內細胞內的物理化學改變皆發生在含有水份的體液內。

(3)水份是消化作用後營養素的溶劑,水份溶解營養素形成溶液,被腸壁吸收送入血液循環,細胞內廢物並借水份之助送至肺臟、腎臟、皮膚與腸道排出體外。

(4)水份可調節體溫,25％身體的熱量可自肺臟與皮膚排出。

(5)水份是身體的潤滑劑,可使身體內部活動自如,減少摩擦。

2.需要量:依據體液平衡主要原理,在正常的情況下,24小時水份的需要量等於自腎臟、肺臟、皮膚與腸道所排出水份的總量,口乾及口渴的感覺可飲入身體所需要的水份,恢復體內液體的平衡,在標準的情況下一般飲食含鹽量低,運動量少,不出汗,成人水份需要量為1200C.C.。

《問題與討論》

1.餐飲從業人員應有那些良好的衛生習慣?

2.餐廳清潔應包括那些清潔事項?

3.廚房清潔應包括那些清潔事項?

4.有效提高食品衛生品質之預防方法為何?

5.餐具器皿之洗滌步驟與注意事項?

6.食物中毒之定義為何?

7.何謂細菌性食物中毒?細菌之種類及其生長條件為何?

8.細菌性食物中毒疾病及其預防方法?

9.那些天然植物中所含之物質會引起食物中毒?

10.那些天然動物中所含之物質會引起食物中毒?

11.那些化學品會引起食物中毒?

12.何謂類過敏食物中毒?

13.餐廳員工之安全規則有那些?

14.餐廳預防火災應有的具體作法為何?

15.如何預防餐廳員工燙傷、割傷、跌傷、扭傷和機器設備傷害?

16.如何處理顧客食物哽塞之事件？

17.根據行政院衛生署，最新中華民國飲食手冊，依食物所含主要營養素，將食物分為六大類？

18.請簡述肉、魚、豆、蛋、奶類之營養素及其採購應注意事項？

19.請簡述五穀、根、莖類之營養素及其採購應注意事項？

20.請簡述蔬菜、水果之營養素及其採購應注意事項？

21.請簡述蛋白質依營養價值分類之種類為何？

22.請敘述蛋白質之功用為何？

23.請敘述脂肪之功用為何？

24.請敘述醣類之功用為何？

25.請敘述礦物質之功用為何？

26.請敘述維生素之功用為何？

27.請敘述水份之功用為何？

28.請敘述缺乏鈣、鐵、碘等礦物質之症狀為何？及其食物之來源？

29.請敘述缺乏脂溶性維生素之症狀及其食物之來源？

30.請敘述缺乏水溶性維生素之症狀及其食物之來源？

《註釋》

1.羅炳輝，1993　衛生講習資料提供，台北晶華大飯店餐務部經理

2.張寶貴，1993　餐飲衛生安全講義提供，前台北三德大飯店餐飲部顧問

3.韓傑，1991　餐飲經營學，前程出版社，7 版，高雄，pp.105〜109

4.詹益政，1991　客房餐飲，科樂印刷公司出版，18 版，台北，p.169

5.高秋英，1994　餐飲管理，揚智文化事業有限公司出版，初版，台北，p.208，pp.210〜213

6.周學中，1979　食品衛生筆記，中國文化大學食品營養系提供

7.陳堯帝，1995　食物採購學，揚智文化事業有限公司出版，初版，台北，pp.134〜149，pp.162〜168，pp.189〜190

8.宋申蕃，1978　營養學，環球書社出版，初版，台北，p.4，pp.6〜10，p.13，

pp.16～19，pp.25～29，p.34，pp.46～51，pp.54～58，pp.60～70，pp.72～82，pp.84～86，pp.166～174

9. 國民營養指導手冊，行政院衛生署八十年版，pp.135～139，pp.140～148

第 5 章　菜單設計與製作

菜單設計

壹、菜單設計要注意事項

貳、菜單之型態

飲料單設計

壹、全系列酒單

貳、酒吧飲料單

參、宴會酒單

菜單／飲料單製作

壹、菜單／飲料單製作要注意事項

貳、菜單／飲料單製作常犯之錯誤

參、菜單／飲料單之評估

　　一般人認為菜單設計（ *Menu Planning* ）則是菜單製作（ *Menu De-sign* ），所以造成菜單設計，僅是在外表或封面的美工設計或是文字內容的字體及排版的改變而已，至於菜餚種類、菜色搭配、烹調方式、營養的均衡、國人飲食習慣及餐廳本身市場定位，皆沒有仔細做全盤的規劃與設計，以致菜單僅是有好看的外表，而不實用，顧客不喜歡菜單內容，餐廳菜餚銷售不佳，生意清淡。如果是因為菜單設計不良造成顧客的流失或是業績下降，這是很可惜的一件事。

　　有鑑於以上事實，要改善菜單設計的品質，一定要將菜單設計與菜單製作的定義分清楚，不可混為一談，否則會本末倒置；根據 *Albin G. Seab-reg* 著的「菜單製作」（*Menu Design*）一書之內容著重在菜單製作、字體的選擇、外表的設計及印刷的品質等較硬體方面的菜單製作要注意事項，而根據 *Anthrny M. Rey* 和 *Ferdinand Wieland* 合著 *Managing Service In Food & Beverage Operations* 的書中菜單設計（ *Menu Planning* ），這一章所指出之內容則是偏重在餐廳市場定位、菜餚種類、菜色搭配、營養的均衡、烹調方式、食物品質、成本控制以及顧客特別需求之飲食習慣，如宗教信仰等，來設計菜單，至於外表或內容排版，此章節也提到，不過是以菜單製作（ *Menu Design* ）來定義的，而 *Albin G. Seaberg* 著的菜單製作（ *Menu Design* ）也有部份提到菜單設計（ *Menu Planning* ）要注意的事情。

　　基於以上兩種情況，不管是菜單設計或菜單製作，我們宜將菜單的軟性內容和菜單的硬體外表製作，一體兩面的在設計製作過程之中一併考慮進去，如此，才可以製造出高品質服務的菜單供顧客參考。此章將會討論菜單設計與製作。菜單設計之範疇則限於菜單的內容屬於軟體部份，而菜單製作之範疇則限於菜單印刷外表美工、文字排版、內容編排、紙張品質等硬體部份的討論。

菜 單 設 計

　　菜單起源是來自法國，其意義是餐廳菜餚內容及其價錢。菜單對外之功能是行銷、宣傳、溝通工具、銷售項目、內容、餐廳廣告和餐廳形象之建立等。對內之功能是廚務人員應準備的材料，經理人員應採購、行銷及銷售的餐飲、烹調器冊的購置、成本控制系統建立及組織人員之編制等。

　　菜單僅是一張紙或幾頁紙之組合，印了文字或圖片來說明餐廳之菜餚，以換取顧客之購買，所以一份精美的菜單務必誘人研讀、整潔細緻、印刷精美，同時亦能反應餐廳風格主題、氣氛、外表及菜餚品質。一份印刷設計不良之菜單，顧客會難以閱讀並且留下負面印象，因而不喜歡這家餐廳。

　　一般而言，大部份顧客對餐廳所提供的餐飲服務並不清楚，一份設計精良之菜單，就可立刻為顧客解決點菜、點飲料的難題。菜單是餐廳的溝通、行銷之工具，若是再經過訓練有素的服務人員之介紹，則可水到渠成達到行銷目的，對顧客而言，可以得到滿意之菜餚，對餐廳而言，可以順利銷售菜餚達到收益目的，故一份精緻之菜單對顧客和餐廳皆不可或缺，要成功的經營餐廳更是首件要事。

壹、菜單設計要注意事項

　　由於餐廳種類繁多、餐廳服務方式不一、同一類型之餐廳等級不同、顧客社會經濟背景不同、顧客需求不同、顧客宗教信仰不同、食物生產季節、食物取得之難易、菜單價格、餐飲品質、烹調設備及人員之編制等軟、硬體方面的限制，所以要設計一份高品質之菜單是一件不容易的事情，一定要將以上因素，仔細考慮進去，才可以達到菜單目標，圖 5-1

是菜單設計站在顧客觀點所演化出來之流程圖。

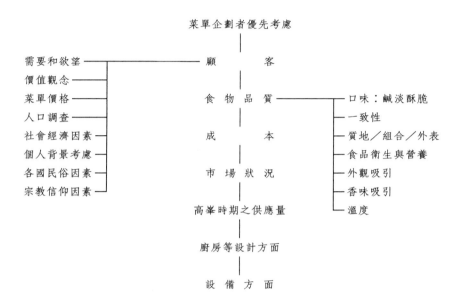

圖　5-1　菜單設計：以顧客之觀點而論之流程圖

資料來源：Jack D. Ninemeier, Principles of Food & Beverage Operations, AMHA, 1984 p.115.

一、菜單之目標

經營餐廳之目的在於創造利潤，故經由菜單達到銷售乃是重要目標，所以餐廳宜根據本身市場定位、顧客需求及人員之編制，來擬定一份屬於自己之菜單，以達到經營成功為目的。一份成功菜單應該可達到下列四項目標：

1.促成行銷觀念的目標：一份菜單如果可以滿足顧客的慾望和需求，其次再採用價格政策；如買一個大比薩送小比薩，或一些促銷政策，如抽獎活動等，那麼就能達成行銷的目的，有助於餐廳提昇業績，達到經營成

功的目的。所以一份成功菜單要了解顧客心理與配合行銷觀念，如：產品、價格、促銷和地點等。成功的機會就會比別人增加。

2. 促成餐廳知覺形象的建立：菜單是消費者進入餐廳後，首先接觸到的溝通媒介，必會影響消費者對餐廳知覺形象的建立，所以一份菜單內容設計精良，外表印刷清楚、字體明顯、圖案亮麗、紙張大小、質地適中，一定會讓消費者留下深刻印象，無形之中，喜歡這家餐廳，而達到菜單建立餐廳知覺形象之目標。

3. 扮演一種影響消費者對菜單項目的需求：對於非常受歡迎或收益性較佳的項目，給予特別地注意或置於明顯的位置，可使消費者特別注意而選擇此道菜餚。以這樣方式去影響消費者購買行為，不僅可使銷售額增加，利潤也會因而提高，而達到菜單為餐廳之行銷、銷售之工具。

4. 增進競爭的優勢：一份設計精良之菜單，可以滿足消費者之需求，同時又適合本身餐廳市場定位、價格合理及掌握當前餐飲流行趨勢，如此，一定會深受消費者喜歡，無形之中，提昇了餐廳在市場之競爭力，故要在競爭激烈之餐飲事業中，脫穎而出，細心的設計與規劃菜單的內容和製作，是成功的不二法門。

二、影響菜單設計之因素

前面已經提到設計菜單要注意很多事項，現在，我們就來針對影響菜單設計之因素，一一的討論。

1. 餐廳在市場定位或區隔因素：第一章提過商業型之餐廳種類有十多種，大眾餐飲之種類也有五、六種，再加上各式餐廳業主設定自己餐廳為高級餐廳或大眾化餐廳等，市場定位或區隔足以影響餐廳在菜單設計的考慮。例如，高級美食餐廳所提供菜單，在中餐方面是鮑魚、魚翅及燕窩等，在西餐方面則是龍蝦、牛排和海鮮等，選材為較高級之食品，而家庭式餐廳，因為提供大眾餐飲，供應對象老少咸宜，所以在菜單設計上則走向平實路線，材料則以家常菜為主，菜色種類也較多，如著名的家庭式餐

廳，芳鄰西餐廳，就提供家常之中西料理，例如鍋燒麵、牛肉麵、滷肉、中式炒飯、炸雞、漢堡、薯條及各式沙拉等。故餐廳種類不同或餐廳種類相同而等級不同，在菜單設計時皆應有明顯差異，菜單設計時宜根據餐廳之市場定位、區隔以及等級來規劃、設計屬於自己餐廳之菜單，塑造出餐廳之菜單特色。

2. 考慮貨品季節、價格與貨源取得之難易：季節變化對人的視覺與味覺有很大影響，菜單內容要保持菜餚的特性，要隨著季節而有變化，採用季節食品，以降低成本，在菜餚製備過程中，夏季之菜餚應以清淡為主，而冬季則以濃重為宜，而貨源取得之難易，也是菜單設計時要考慮的重要因素，在菜單設計過程中，不要太強調某種食品，例如新鮮海產魚類，或是要經過空運、報關之食品，因為這些食品有時候會貨源供應不足，故設計菜單時，諸如此類之食品，最好能有代替品，或不要設計此類菜餚，以免未能及時供應給顧客，造成顧客對餐廳的不好印象。

3. 菜餚不可太單調或重覆出現：此點對中餐宴會之酒席特別重要，因中餐宴席中會有好幾道主菜，而西餐套餐，頂多一、兩道主菜，所以在選材或烹調方式上較不會重覆。在中餐酒席，所開出十二道菜餚中，可能會有八、九道是屬於肉類或海鮮食品，所以主菜菜餚相當多，在設計中餐酒席菜時，宜注意食品分佈，不要偏向某種食品，設計過程中，也不要忘記，蔬菜類與澱粉質之食品的分配，在烹調上不要偏向某種烹調方式，宜有蒸、炒、煮、炸之配合，產品要注重色、香、味之功能，而整體性外觀、形狀、稠度、溫度，也都不容忽視。

4. 考慮廚房設備、廚師能力：菜單設計時，宜考慮後場廚房之設備是否足夠，場地空間是否足夠，採購、驗收、儲藏是否沒問題，產品烹調時間和廚師是否有這方面專長來烹調此類菜餚，這都是菜單設計時宜考慮的因素。若是一定要設計某種菜餚，是現有設備或人力沒辦法完成的，那麼就要增加設備、空間以及重新聘請專業之廚師。

5. 考慮服務方式：服務方式有完全服務、半服務以自助服務之種類，一般而言，完全服務之餐廳，菜單設計會比較費時，菜餚比較精緻，選材

比較高級、烹調時間比較長，而自助服務之餐廳，菜單設計比較不費時，菜餚以家常、大眾化為主，選材比較一般化，烹調時間比較短，甚至於採用半成品加熱，可以說是較簡單之菜單設計，至於半服務式，通常是一價吃到飽之自助餐（ *Buffet* ）所採用，由於提供種類繁多，所以菜單設計過程之中會有完全服務式餐廳精緻菜餚，同時也會有較平常之菜色，如炒飯、炒麵或是義大利麵等。

6. 考慮菜色種類：此項因素是指不同料理，有其不同之菜單設計，如法式料理則偏向有桌邊烹調或桌邊服務之菜餚，而美式料理則偏向快速料理之菜餚，中式料理之粵菜著重生猛海鮮菜餚；湘、川菜，因屬內陸，菜餚特色以家禽、家畜為主，口味偏向辣麻；江浙菜，因靠近沿海，菜餚特色以海鮮為主，口味則是以清淡爽口為主，不喜油膩或麻辣。故不同之料理店也會影響到菜單之設計。

7. 宗教、信仰因素：因宗教、信仰之不同，在飲食上也會出現不一樣的地方，例如：佛教則以素食為主，不吃蛋，一貫道也是以素食為主，但可以吃蛋；摩門教，不吃野生動物肉，僅吃人所飼養之動物的肉；回教，不吃豬肉及豬肉製品；印度教，不吃牛肉、豬肉，只吃魚和蔬菜；猶太教，不吃豬肉、乾酪、牛奶、奶油與其混合之食品，不吃沒有魚鱗的魚。故菜單設計過程中，若有關宗教、信仰之因素出現時，則應該規劃各宗教所沒有禁忌之食品，以滿足顧客之特別需求。

8. 社會經濟因素：菜單設計時要考慮，所定位顧客羣之社會背景與經濟能力，若是定位顧客羣屬於學生或青少年，菜單之訂價則不能太高，若是定位顧客羣屬於生意人、白領階級，菜單之訂價則可屬高消費價位，以符合顧客之社會背景與經濟能力。

9. 餐飲潮流因素：菜單設計要掌握餐飲之流行趨勢，以滿足顧客之需求，以增加餐廳之利潤，所謂潮流，可能僅是流行一段時間，菜單設計要掌握餐飲之流行脈動，規劃出符合時下流行之餐飲，例如，現在義大利菜中之比薩和麵食頗受大眾之喜愛，健康素食也是頗流行，若是菜單中有這些菜餚出現，相信可以增加菜單之賣點。

10.生理狀況因素：此項乃是膳食療養之範圍，一般皆由具有執照之營養師，來設計菜單，例如懷孕婦女，需要規劃高蛋白、高鈣及富含鐵質之菜餚，發育中青少年，則需要高熱量、高蛋白之食品，糖尿病患者則以低醣類食品為主，高血壓、心臟病則限制鈉之攝取，腎臟病則要限制蛋白質之攝取。所以生理狀況不同時，在飲食菜單設計過程中也要特別注意，以達到膳食療養之目的。

貳、菜單之型態

基本上，菜單之型態可分為：以用餐時間區分，如早餐、早午餐（ *Brunch* ）、午餐、午茶、晚餐及宵夜；以售價可區分為單點、套餐（定食）及自助餐（ *Buffet* ）；以餐廳之市場區隔可分為咖啡廳、家庭式餐廳、高級美食餐廳、宴會廳、中餐廳、法國餐廳、義大利餐廳及客房服務等；以週期分類可分為固定菜單和循環菜單兩種。

一、以用餐時間區分

1. 早餐菜單：可分為西式早餐與中式早餐，西式早餐又可分為美式及歐式兩種，美式早餐，內容較豐富，有蛋及肉類製品；歐式早餐，則沒有肉類製品與蛋類；中式早餐，則以清粥小菜為主，小菜則以醬瓜類製品為中心。有些餐廳或大飯店為了配合顧客對健康飲食之需求，特別推出健康早餐，其內容為新鮮果汁、穀類、酸乳酪、高纖維麵包等。

(1)美式早餐（ *American Breakfast Set Menu* ）：旅館附設咖啡廳或西餐廳，皆會提供美式早餐，其內容較歐式早餐豐富，除了新鮮果汁、果醬、各式麵包、咖啡或紅茶外，多個兩枚蛋和火腿或培根或香腸任選一種，再配上新鮮蔬菜之配盤，如蕃茄、洋芋等。美式早餐之售價通常比歐式早餐貴新台幣壹佰元左右。美式早餐蛋之烹調方式是由顧客決定作法，較常見烹調方式有：一面煎（ *Sunny-Side*

　　Up）、兩面煎（*Over Easy*）、炒蛋、水煮蛋和蛋捲等（見表 5-1）。

(2)歐式早餐（*Continental Breakfast Menu*）：僅提供新鮮果汁、果醬、
　　各式麵包、咖啡或紅茶，不含蛋與肉類製品，通常售價較美式早餐

表 5-1　美式早餐

Choice of Fresh Fruit Juice or Milk
Orange, Tomato, Pineapple, Grapefruit

果汁類：柳丁、蕃茄、鳳梨、葡萄柚或牛奶任選一款

Exotic Fresh Fruits Plate
什錦水果拼盤

Two Fresh Farm Eggs Prepared Any Style
Served with Ham, acon or Sausage
Half Grilled Tomate, Hash Brown Potatoes

鮮雞蛋兩枚——煮法隨意選擇
配火腿、培根或香腸
附烤蕃茄、炒洋芋絲餅

A Tempting Selection of Croissant, Danish Pastries,
Bread Roll, Brioche, Toast, Rye Bread and Banana Bread
with Jam, Marmalade, Honey and Butter

任選法式牛角麵包、丹麥麵包、麵包土司、全麥麵包
或香蕉麵包
配牛油、果醬或蜂蜜
Coffee or Tea
咖啡或紅茶

NT ＄　400

資料來源：台北希爾頓大飯店。

表 5-2　歐式早餐

Choice of Chilled Fruit Juice or Milk

Orange, Tomato, Pineapple, Grapefruit

果汁類：柳丁、蕃茄、鳳梨、葡萄柚或牛奶任選一款

Or

Tropical Fruits From The Morning Market

Melob, Papaya and Pineapple

或

季節性水果：西瓜、木瓜、鳳梨

Selection of Breakfast Pastries in a Basket

Croissant, Danish Pastries,

Bread Roll, Toast, Rye Bread

任選

法式牛角麵包、丹麥麵包、麵包、土司或全麥麵包

Jam, Marmalade, Honey and Butter

配牛油、果醬或蜂蜜

Coffee or tea

咖啡或紅茶

NT ＄ 350

資料來源：台北希爾頓大飯店。

低廉，歐式早餐較適合減肥者，或有蛋與肉類限制攝取之顧客，部份素食者也可以享用（見表 5-2 ）。

(3)早餐自助餐：此類早餐為一價吃到飽的早餐自助餐（ *Buffet* ），其內容非常豐盛，顧客有廣泛之選擇，一般而言，包括中式早餐中的清粥小菜和炒青菜，美式早餐中各式蛋類的烹調，如炒蛋、水煮蛋以及培根、火腿和香腸等。新鮮沙拉吧、各式穀類、新鮮果汁、水果、咖啡和紅茶，也都包括在內。

2. 早午餐菜單（ *Brunch* ）：早午餐之用餐時間，約為早上十點左右，通常在星期例假日，歐美各國較流行，在台灣並不常見，其特點是供應早餐與午餐之混合式的菜餚，有早餐之清淡可口之食品，也有午餐豐盛、主菜菜餚，如牛排、大蝦、魚類等。通常早午餐之服務方式是一價吃到飽，所以沙拉吧、各式甜點、水果、冰品及冷盤也是應有盡有。此外，早午餐中有一種雞尾酒飲料是香檳酒加柳丁汁（ *Champagne Mimosa* ），頗受享用早午餐之顧客所喜歡。

3. 午餐菜單：由於中午吃飯時間，通常僅有一小時，所以一般商業午餐多以簡餐、客飯、定食、便當為主，價錢也較晚餐便宜二成左右，故設計商業午餐，應以快速、清淡及售價較低之菜餚為重點。在國外午餐，時常只有一個三明治或是一個漢堡而已，此種飲食習慣，因為西方速食，在台灣已有一段時間，所以國內一般大眾已逐漸接受，午餐僅吃一個三明治或漢堡。

時下流行之中式客飯是三菜一湯或五菜一湯，其中有一道主菜，如炸豬排、雞腿、鱈魚，其餘則是炒蔬菜或是蛋類食品等成本較低之材料，至於白飯則吃到飽為止，不另外收費。日本定食則以炸蝦、烤鰻、甜不辣等為主菜，再附加小菜和湯，以清淡、可口為主。西式簡餐，採用套餐方式，包括沙拉、湯、麵包、一道主菜和咖啡或紅茶。一般速食餐廳，也會將其產品組合成類似西餐套餐，出售給顧客，方便顧客選擇，其售價也較單點便宜。表 5-3 為商業午餐之菜單。

4. 晚餐菜單：一般而言，晚餐之用餐時間較長，約有 2～3 小時之時間，再加上顧客心情也較白天輕鬆，所以西餐廳經常以全餐套餐為主，單點菜餚也較會被顧客點到，售價較午餐高出二成左右，故在質與量的供應，會比午餐高級，菜色種類也會比午餐多，酒類銷售機會也會增加。

西式晚餐之全餐主菜，通常以牛排、龍蝦、鮑魚、羊排、鮭魚、石斑等較高級之魚類為主，除了午餐供應的沙拉外，視全餐套餐之價格而定，也會提供冷開胃菜或是熱開胃菜或是兩者都有，餐後還會提供水果和甜點，咖啡或紅茶當然少不了。中式晚餐，較高級粵菜館在晚上時間，就不

供應港式點心，而以單點菜餚為主，其主要目的乃是希望在晚上時間能夠
提供較高品質之餐飲給顧客，同時也可增加平均帳單（*Average Check*）之
金額。

表 5-3　商業午餐

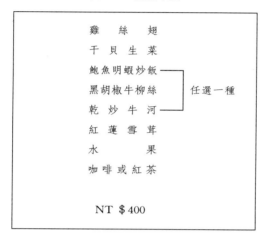

| 雞　　絲　　翅 |
| 干　貝　生　菜 |
| 鮑魚明蝦炒飯 ┐ |
| 黑胡椒牛柳絲 ├ 任選一種 |
| 乾　炒　牛　河 ┘ |
| 紅　蓮　雪　茸 |
| 水　　　　　果 |
| 咖　啡　或　紅　茶 |
| NT ＄400 |

資料來源：台南真善美餐廳。

表 5-4　真善美全餐

| 紅　燒　大　排　翅 |
| 西　芹　炒　帶　子 |
| 橙汁焗豬排或牛排 |
| 西　蘭　花　鵝　掌 |
| 水　蜜　桃　蝦　仁 |
| 冰　糖　燉　雪　蛤 |
| 甜　　　　　　點 |
| 水　　　　　　果 |
| 咖　啡　或　紅　茶 |
| NT ＄1,180 |

資料來源：台南真善美餐廳。

　　總之，晚餐之內容較午餐豐盛，選材較精緻，售價也較高，所以設計晚餐之菜單宜根據晚餐用餐之特色、餐廳之市場定位以及訂價之高低，來規劃一套出奇制勝的晚餐菜單。表 5-4 為西餐全餐之菜單。

二、以售價區分

　　1. 單點菜單（ A La Carte˝ ）：單點菜單種類較定食或套餐有更多選擇，顧客可依自己喜愛點菜，不必像套餐要勉強接受自己不喜歡之菜餚，然而，其售價是逐項計算，若是要享受單點全餐，其售價就較全餐之套餐高出許多。一般單點菜單可分為湯類、開胃菜、沙拉、主菜含牛排、豬排、雞排、海鮮及魚類等，單點菜單有其優點，可是售價較高，對消費者而言，則是缺點。

　　2. 套餐菜單（ Tabled' Hote, or Set Menu ）：一般餐廳設計套餐之主要目的，是為了提高餐廳之平均帳單之金額，同時也是促銷餐廳某道主菜及讓顧客更容易點菜等。套餐或定食乃是一價，則包括了全餐之菜餚，如湯、沙拉、主菜、咖啡或紅茶，若是售價提高，則會包含開胃菜、甜點、水果以及冰品，有的餐廳還會附送果汁、餐前酒和餐後酒。售價較高全餐套餐之主菜，會以豬排或是雞排為代表。

　　3. 自助餐菜單（ Buffet ）：現在餐飲流行趨勢有偏向 Buffet 之型態，幾乎所有大飯店之咖啡廳皆有 Buffet，而一般獨立餐廳，為了吸引顧客，提供顧客更多、更廣泛之菜餚，也紛紛設立 Buffet。 Buffet 之訂價乃是一個價格吃到飽，而其服務方式，則採用半自助式，服務人員僅為顧客收拾用過之餐盤，不提供任何菜餚端送之服務，一般而言，若提供 Buffet 之餐廳，服務人員能夠及時將用過餐盤收拾乾淨，即可稱為好的服務，有些提供 Buffet 餐廳之服務人員態度，可能因為生意太好，而服務禮節甚差，部份採用廚務人員至外場服務顧客餐廳，其中廚務人員未經過外場訓練，在接待顧客禮節上，更是讓人無法接受，諸如此類餐廳的經理人員，應該在生意很好的情況之下，不要忘記顧客服務至上的道理，這樣才能使生意生

生不息。

　　售價較高的 *Buffet* 主菜以海鮮類為主，包括牛排、大蝦、鮮魚、生魚片、燻鮭魚、干貝甚至於龍蝦等大菜，售價較低之 *Buffet* 主菜，則以豬排、雞排、烤鴨或較便宜之海鮮如花枝、草蝦、蛤子為主。除了主菜（ *Entree* ）之外， *Buffet* 尚含有湯、麵包、健康沙拉吧、冷盤、熱食、水果、甜點、冰品、果汁飲料和冰淇淋等，種類相當多，由於菜色豐富，大食量之顧客皆會很滿意（見表 5-5 ）。

　　由於 *Buffet* 供應時間很長，所以在食物保溫及保鮮上宜特別注意，*Buffet* 除了豐富菜餚之外， *Buffet* 檯之佈置也是相當重要；如冰雕、蔬果雕等裝飾，可以增加 *Buffet* 價值感，提昇用餐之氣氛，增加顧客之食慾。

三、以餐廳市場區隔區分

　　1.咖啡廳（ *Coffee Shop* ）菜單：不管是旅館附設咖啡廳或一般獨立咖啡廳，其菜單種類不外乎有單點、套餐和自助餐菜單，並非所有咖啡廳皆有自助餐之供應，大部份咖啡廳在場地、設備足夠情況下，皆會提供自助餐服務。

　　一般咖啡廳之特色，為快速、方便、簡單以及不需要太多用餐時間。故咖啡廳之單點菜單，總類有限、訂價低廉、烹調方式簡單、材料平實，這是傳統咖啡廳特色，然而，有些業者或經理人才，綜合傳統咖啡廳以及法式西餐廳之優點，創造出較高級之咖啡廳，也是經常可見，所以咖啡廳之等級是由業者或經理人才，配合本身軟硬體設備而決定的，當然，較高級之咖啡廳，其菜單就會較精緻，選材較重視品質，烹調製備也會較講究，售價自然較高，所以設計咖啡廳之菜單，宜根據咖啡廳之等第、售價高低及軟硬體之設備來決定。

　　一般咖啡廳單點菜單，可分為湯類含清湯，如法式洋葱湯、蔬菜湯、濃湯等；濃湯，如雞茸玉米湯；半濃湯，如魚翅湯；開胃菜類含冷、熱開胃菜，生菜沙拉類，主菜類，簡餐類，如炒飯、炒麵、義大利麵、比薩

表 5-5　西式自助餐

Cold Items 冷盤類	熱菜類
King Prawn Pyramid with Brandy Sauce 明蝦塔	Scallops in White Wine Sauce with Tarragon 白汁鮮干貝
Smoked Scottish Salmon Roses with Caviar 魚子煙鮭魚玫瑰	Salmon EScalope on Young Spinach Leaves 菠菜鮭魚塊
Terrine of Mallard Duck with Foie Gras 鵝肝鴨肉醬餅	Lamb Rack Provencal on a Bed of Ratatouille 蒜味烤羊排
Striploin of beef with Asparagus and Pickles 烤牛肉片	Pork Fillet Medallions in Mustard Seed Cream 芥茉豬排
Rack of Pork Forestiere 歐式香菇豬排	Gratin Dauphinois, Pilaf Rice 乳酪洋芋、奶油飯
Japanese Sashimi and Nigiri Sushi with WAsabi 日式生魚片及壽司	Vegetable Selection from the Morning Market 特選季節性蔬菜
Salads 沙拉類	Desserts 甜點類
Butter Lettuce Minosa, Waldorf Salad 洋生菜沙拉、蘋果沙拉	International Cheese Selection with Condiments 精選國際名牌乳酪
Red and Green pepper Salad 甜椒沙拉	Honey melon Cocktail 蜜瓜沙拉
Belgian Endive and Frisee in Sherry Vinaigrette 菊萵苣沙拉	Chocolate Cream Cake, Assorted French Pastries 巧克力奶油蛋糕、各式法國蛋糕
Sweet Corn Salad with Pimentos 玉米沙拉	Strawberry Mousse, Gateau St Honore 草莓幕司、聖安娜蛋糕
Soup 湯類	Bread 麵包類
Pigeon Essence with Golden Mushrooms 乳鴿清湯	French Roll and Butter 法式餐包及牛油
Carving Board 切肉類	Beverage 飲料類
Prime Rib of U.S. Beef in Salt Crust with Herbs Onion Gravy, French Mustard, Horseradish 鹽焗特選牛排	Coffee or Tea 咖啡或紅茶

資料來源：台北希爾頓大飯店。

等。在飲料方面有果汁、汽水、咖啡、紅茶、雞尾酒、烈酒、啤酒和葡萄酒。菜色、飲料種類，根據顧客需求、餐廳場地、設備及工作人員，適宜調整。至於套餐或定食菜單，則從現有單點菜單中，選出主要促銷主菜，再結合湯類、開胃菜類、沙拉類及飲料類並根據售價高低，來做一適當的規劃與設計。若有提供自助餐（ *Buffet* ）之咖啡廳，則要依自助餐（ *Buffet* ）之特性以及售價高低，來規劃菜單和選材。可參考前面所提的自助餐菜單設計及表 5-5 自助餐菜單。

2. 客房服務（ *Room Service* ）菜單：客房服務僅附設於旅館中，一般獨立餐廳則無所謂的客房服務菜單，客房服務是旅館提供給住宿旅客在客房用餐的餐飲服務稱之，所以其餐飲，是需要一段距離之運送，當然時間也是需要一些，故客房服務之餐飲，需要注意廚房運送到客房之距離與時間，同時也要注意到設備及場地之因素，綜合以上因素，太複雜之餐飲將不適合在客房服務餐飲中，基本上，客房餐飲菜單設計原則，以烹調簡單、方便、快速且運送容易之餐飲為主，而不以複雜、花俏取勝。

由於需要一段時間與距離之運送，所以客房服務之餐飲宜要加強保持食品之新鮮與熱度，以提供更高品質餐飲給旅客。其次，因為運送並不方便，故客房服務菜單種類宜有所限制不能像一般咖啡廳一樣，菜單種類相當繁多。客房服務餐飲，早餐最暢銷，通常旅館的房務部會利用做夜床時間，在門前掛上早餐之點菜單，其中包括歐式早餐、美式早餐和單點早餐，供旅客點用。在旅館中客房服務之廚房，通常與咖啡廳共用，所以只要不是很複雜之餐飲、咖啡廳有的餐飲，客房服務餐飲也都會有，雖然如此，客房服務還是儘量要限制菜單種類，不要太多，以免造成自己不方便。

一般餐廳之服務費是 10%，部份旅館之客房服務費則為 20%，最主要原因，乃是運送時間較長和作業較困難所致。除了提供早餐菜單外，沙拉、三明治、漢堡、炒飯、麵食類之簡餐也是供應之大宗，至於主菜，如牛排，因顧客需求較少，供應之種類也較少。服務等第較高的五星級旅館，客房服務是全天候二十四小時服務，故其菜單會有早餐、午餐、晚餐

和宵夜，到宵夜時間，若是要點晚餐菜餚，則可能沒有，其原因可能是在深夜時間，製備較複雜菜餚廚師已經下班，剩下只是值班人員或是學習廚師，所以僅能製備較簡單之菜餚，或是採用半成品加熱而已。

3. 中餐廳（*Chinese Restaurant*）菜單：中餐廳種類相當多，如川菜、江浙菜、廣東菜、湖南菜和台菜等，各式中餐廳也都有其菜單特色，例如，廣東菜取材較昂貴，以生猛海鮮、鮑魚、魚翅為主，湖南菜則以肉類食品為主，川菜則以口味取勝，強調麻、辣、鹹、甜、酸、苦、香七種味道，江浙菜之特色是油大、味濃、糖重、色鮮、擅長海鮮之烹調。台菜則以清粥小菜、清淡、爽口之菜為主，部份旅館附設之台菜餐廳為了提昇台菜餐廳之等級與品質，特別強調以澎湖空運過台之海鮮為行銷之手法，無形中提高台菜之價值感，且可提高平均帳單之金額，兩全其美。

一般中餐廳之菜單可分為湯類、冷盤類、熱盤類、主菜類、魚類、素菜類和甜點、點心類等。由於中餐廳種類繁多，故菜單設計時，宜根據菜式特色和訂價高低來選材與烹調。

目前因為中餐廳競爭相當激烈，所以許多中餐廳皆會綜合不同菜系的菜餚，以滿足顧客口味與提高餐廳之業績。現在較流行菜系為廣東菜、湖南菜和江浙菜，至於川菜和北方菜較式微。不過部份式微菜系中之菜餚依然很盛行；如北方菜中北京烤鴨。

中餐宴會，是中餐廳營業收入主要來源，一般中餐宴會在黃道吉日時，生意會特別旺盛，中餐宴會之種類有結婚喜慶、祝壽生日、會議及朋友聚餐，中餐宴會菜單，是根據顧客需求及所付金額，由餐廳經理來安排設計。通常是十二道菜，其中有一道湯品、一道甜點及一道水果，剩下八、九道菜皆是主菜，不過在主菜中會有適當澱粉質食品與蔬菜類搭配，如紅豆米糕、香菇干貝或是翡翠干貝，以平衡食物之種類與均衡營養。表5-6 為中餐宴會之菜單。在訂桌方面，中餐宴會是以一桌十人或十二人計價，類似套餐的計算方式。至於西餐宴會菜單可採用套餐服務方式或是自助餐（*Buffet*）服務方式，可參考表 5-4 與表 5-5。

4. 西餐廳（*Weastern Restaurant*）菜單：除咖啡廳外，西餐廳尚包含高

表 5-6　宴會菜單

| 龍蝦拼盤 | 竹笙燉排骨 | 清蒸石斑 | 荷葉沙蝦 | 富貴雙方 | 鹽酥青蟳 | 五彩蘭花貝 | 玉皇干貝 | 佛跳牆 | 鴛鴦雙點 | 西米奶露 | 寶島水果 |

訂價　7,000

資料來源：台南杜康樓餐廳。

級美食餐廳、法式西餐廳、義大利餐廳及家庭式餐廳，一般而言，西餐廳之菜餚種類大同小異，如湯類、開胃菜類、沙拉類、主菜、飲料類等。不同的地方乃是各式菜餚特色、售價高低及服務方式，如高級美食餐廳，則以牛排、海鮮食品為主，售價昂貴、服務精緻，而義大利餐廳，會以麵食和比薩為銷售之訴求，法式餐廳，則以高售價、服務週到以及美酒配上桌邊烹調之菜餚為主，家庭式餐廳，則以售價低廉、菜色廣泛，適合老年、小孩及一般大眾為原則，一般而言，小孩餐，則以簡單、營養為原則，份量較少，隨餐附送玩具、文具為紀念品，包裝則以卡通人物、動物來做造型，以增加用餐之氣氛。而老人餐則要以營養均衡為原則，提供低熱量、高纖維、低脂肪、低鹽份及低糖份之餐飲為菜單設計重點。

四、以週期區分

1. 季節菜單：經營較用心之餐廳，通常一年內會根據食物季節以及季節不同，設計出夏季菜單和冬季菜單，夏季菜單以清淡可口、不油膩為重點，冬季菜單則以口味油重、燉補食品為原則。各有其菜單設計之特色。

2. 循環菜單（*Cycle Menu*）：循環菜單大都被大眾膳食所採用；如學校、醫院、軍隊及員工餐廳，若是週期太短，會讓用餐者感覺到重複頻率過多，若是週期過長，則要考慮到採購、貯藏和製備等問題。

商業類型之餐廳，在套餐菜餚中也可採用循環菜單，每天換一道主菜，好讓天天在餐廳用餐之顧客不會吃厭，同時也可增加餐廳之賣點。

3. 固定菜單：固定菜單，則是一菜單用一年或二年甚至更久而稱之，固定菜單之餐廳通常使用於顧客來用餐頻率不高之餐廳，故此類餐廳之固定菜單，菜色宜多樣化以增加顧客用餐時之選擇。咖啡廳和連鎖餐廳通常皆採用固定菜單。

飲 料 單 設 計

飲料可分為酒精飲料與非酒精飲料兩種，酒精飲料含釀造酒，如紅白葡萄酒、蒸餾酒，如白蘭地酒、高粱酒及合成酒。非酒精飲料含清涼飲料，如含碳酸飲料之汽水、可樂和不含碳酸飲料之果菜汁、咖啡、紅茶、礦泉水、牛奶、可可亞與巧克力飲料等。

酒精飲料除釀造酒、蒸餾酒與和成酒外，尚有調酒飲料，所以，基本上，飲料種類非常繁多，在飲料單設計過程中宜根據餐廳之營業性質、服務方式、售價高低來規畫一本飲料單。一般而言，飲料單可分為全系列酒單、酒吧飲料單及宴會酒單等。

壹、全系列酒單

所謂全系列酒單包括葡萄酒單、烈酒單、雞尾酒單、啤酒、含碳酸飲料單、果菜汁飲料單、咖啡系列、紅茶系列等。全系列酒單適合較高級餐廳，然其每項酒單或飲料單不能太多，最多為 10 ～ 20 種，否則，顧客很難抉擇，有的西餐廳僅提供非酒精飲料單，而不提供酒精飲料單，總之，各式餐廳宜根據本身經營之目標，來設計飲料單，項目以精簡為原則。

一、葡萄酒單（ *Wine List* ）

　　並非所有餐廳皆需要葡萄酒單，需要葡萄酒單之餐廳為高級美食餐廳、法式西餐廳或是旅館附設西餐廳。大部份葡萄酒皆以整瓶出售，規劃葡萄酒單時，類似酒類不要太多，世界各地葡萄酒皆要有，各式葡萄酒也都要被包括，20 ～ 30 種精選的酒即可。葡萄酒單的內容和編排順序如下：

　　1. 香檳酒。

　　2. 法國著名產區之白酒。

　　3. 法國著名產區之紅酒。

　　4. 法國著名產區之玫瑰紅。

　　5. 德國葡萄酒。

　　6. 美國葡萄酒。

　　7. 義大利葡萄酒。

　　8. 西班牙葡萄酒。

　　規劃順序，宜根據以上排列，至於售價很高之葡萄酒不宜規劃太多，若餐廳規模並不很大，也不是以銷售葡萄酒為主要目標，則可精選世界各地較著名之葡萄酒 1 ～ 2 種即可，如法國伯根第（ *Burgundy* ）、波爾多（ *Beurdeaux* ）、德國的藍尼姑（ *Blue Nun* ）及美國加州酒等。

二、烈酒單（ *Spirits* ）

　　規劃烈酒單，宜根據基酒之順序，同時以基酒之順序選出可調製之雞尾酒（ *Cocktail* ），項目不要太多，顧客若有特別需求是烈酒單未列印的，只要不是太偏的，一般調酒員皆應可調配，因為雞尾酒是千變萬化，其種類有百種、千種。規劃烈酒單之內容與順序如下：

　　1. 琴酒（ *Gin* ）：選擇著名品牌之琴酒。

　　2. 伏特加（ *Vodka* ）。

3. 蘭姆酒（*Rum*）。

4. 威士忌（*Whisky*）：含美國、蘇格蘭即所謂黑牌、紅牌及加拿大威士忌等。

5. 白蘭地（*Brandy*）：含一般白蘭地和高級的甘邑（*Cognac*），如 *V.S.O.P.*。

6. 香甜酒（*Liqueurs*）：含各式水果酒、咖啡酒、香草酒、花瓣酒、果實酒、藥材酒等。

7. 各式雞尾酒（*Cocktails*）。

8. 啤酒（*Beer*）：含美國、荷蘭、台灣等地出產之啤酒。

三、非酒精飲料單

非酒精飲料單分為含碳酸飲料與非含碳酸飲料兩種，前者以汽水、可樂為主，後者範疇則較廣，包含果汁飲料、咖啡系列和紅茶系列等。非酒精飲料單內容與排列順序如下：

1. 含碳酸飲料：如汽水、可樂。

2. 果菜汁飲料：新鮮果菜汁及特製果菜汁，如蛋蜜汁。

3. 咖啡飲料：含單品咖啡，如藍山、巴西、摩卡及哥倫比亞咖啡，花式咖啡，如卡布基諾、維也納、愛爾蘭、皇家咖啡等，及特製冰品咖啡。

4. 紅茶飲料：含一般茶類，如紅茶、綠茶、烏龍茶等，花茶系列，如茉莉花茶、伯爵茶、玫瑰花茶、薄荷茶和水果茶等，以及奶茶系列，如杏仁奶茶、白蘭地奶茶和椰香奶茶等。

5. 其他飲料：如牛奶、礦泉水、巧克力及可可亞等飲料。

貳、酒吧飲料單

一般而言，酒吧主要產品乃是雞尾酒（*Cocktails*），至於葡萄酒及非酒精飲料，則不是其主要產品，不過仍會供應有限制之葡萄酒和非酒精飲

料。所以設計酒吧飲料單可參考全系列烈酒單部份，再加上少許非酒精飲料，如汽水、可樂以及果汁飲料即可。

參、宴會酒單

中餐宴會，酒單種類以中國酒為主，如紹興酒、台灣啤酒、高粱酒等，非酒精飲料，則以汽水、果汁為主，西餐宴會，酒單種類是依主人的需求而定，可採用開放式之酒吧。酒單內容，如表 5-7 宴會開放酒吧（ *Open Bars* ），或採用以杯為單位的銷售方式，如表 5-8 宴會酒單。

表 5-7　宴會開放酒吧

DELUXE BAR	高級酒吧
Items Included：	包括項目：
J. W. lack Label	黑牌威士忌
Jack Daniel Black Label	黑牌傑克丹尼威士忌
Canadian Club	加拿大威士忌
Beefeater Gin	英人牌琴酒
Smirnoff Vodka	斯美諾伏特加酒
Bacardi White	白佳滴蘭姆酒
Campari	康巴利開胃酒
Dry & Sweet Vermouth	開胃葡萄酒
Sherry	雪莉酒
Liqueurs	香甜酒
Remy Martin V.S.O.P.	人頭馬 V.S.O.P.
Red & White Wine	紅、白葡萄酒
Taiwan Beer	台灣啤酒
Orange Juice Lemon Juice	柳橙汁、檸檬汁
Tomato Juice	蕃茄汁
Soft Drinks	各式汽水
Mixers	混酒飲料
STANDARD BAR	標準酒吧

ITEMS Included：	包括項目：
Whiskey—Standard Brands	威士忌（普通級）
Bourbon	波本威士忌
Gin	琴酒
Vodka	伏特加酒
Bacardi	白佳滴蘭姆酒
Campari	康巴利開胃酒
Dry & Sweet vermouth	開胃葡萄酒
brandy—Standard Brands	白蘭地（普通級）
Taiwan Beer	台灣啤酒
Orange Juice	柳橙汁
Tomato Juice	蕃茄汁
Lemon Juice	檸檬汁
Lime Juice	萊姆汁
Soft Drinks	各式汽水
Mixers	混酒飲料
BEER BAR	輕飲酒吧
Items Included：	包括項目：
Taiwan Beer	台灣啤酒
Imported Beers	進口啤酒
NON—ALCOHOLIC BAR	健美酒吧
Items Included：	包括項目：
Juices：	果汁：
Orange, Pineapple, Lemon, Tomato	柳橙、鳳梨、檸檬、蕃茄
Aerial：	汽水：
Coke, 7up, Soda, Tonic Water	可樂、七喜、蘇打、通寧水

資料來源：台北希爾頓大飯店。

表 5-8　宴會酒單

DRINK LIST			
COCKTAILS：	雞尾酒：		
Daiquiri	戴克利	NT $	170.00
Martini	馬丁尼	NT $	170.00
Bloody Mary	血腥瑪麗	NT $	170.00
Whisky Sour	酸甜威士忌	NT $	170.00
Spirits	烈性酒：		
Standard Brands（Whisky）	普通級（威士忌）	NT $	150.00
Premium Brands	高級威士忌	NT $	200.00
Gin, Vodka, and Rum	琴酒、伏特加及蘭姆	NT $	150.00
With Mixers, Add	加配酒飲料	NT $	20.00
Aperitifs & Sherries	開胃酒及雪莉酒：		
Campari	康巴利開胃酒	NT $	150.00
Dubonnet	多寶力補酒	NT $	150.00
Sherry/Port	雪莉酒／酒	NT $	140.00
Liqueurs	甜酒：		
Conitreau	康途甜酒	NT $	180.00
Drambuie	吉寶液甜酒	NT $	180.00
Benedictine	伯寧蒂克能香甜酒	NT $	180.00
Creme de Menthe	薄荷酒	NT $	160.00
Brandy & Cognac	白蘭地：		
Martell & Star	馬爹利	NT $	250.00
Hennessy & Star	軒尼詩	NT $	250.00
Couroisier V.S.O.P.	康福壽	NT $	290.00
Remy Martin V.S.O.P.	人頭馬	NT $	290.00
Courvoisier Napoleon	康福壽	NT $	400.00
hennessy X.O.	軒尼詩	NT $	420.00
Beer, Soft Drinks & Juices	啤酒、各式汽水及果汁		
Taiwan beer（L）		NT $	130.00
Taiwan beer（S）		NT $	90.00
Perrier Water		NT $	100.00
Coca Cola		NT $	60.00
7up		NT $	60.00
Fresh Orange Juice		NT $	120.00
All Other Juices		NT $	100.00
Local Wines	中國酒		
Hua Tiau	花雕酒	NT $	500.00
Kaoliang Spirit	高梁酒	NT $	150.00
Mao Tai	茅台酒	NT $	400.00
Shaohsing	紹興酒	NT $	250.00
shaohsiung V.O.	陳年紹興酒	NT $	360.00
Red Grape Wine	台灣紅葡萄酒	NT $	340.00
Pure Grape Wine	台灣白葡萄酒	NT $	340.00

資料來源：台北希爾頓大飯店。

菜 單 ／ 飲 料 單 製 作

　　菜單／飲料單製作，是指菜單／飲料單外型和內容的硬體部份而言，其內容包括封面設計、版面編排、紙質材料之選擇、顏色選擇、空間運用、字體選擇（顏色、大小、形式、背景、圖片）菜單品名的說明與描述、菜單外型尺寸以及餐廳的資訊（電話、地址、營業時間等）。

　　一份製作精艮菜單／飲料單，會增加顧客購買的能力，同時，菜單／飲料單也是餐廳的行銷工具，其內容完備、字體顯眼、顏色鮮豔、圖片或是文字動人，會讓顧客多嘗試幾道菜餚或是幾杯飲料，無形中增加餐廳業績，也節省顧客點菜時間，服務人員有更多時間，提供更高服務品質給顧客，工作效率因而提高，一舉數得，所以餐廳業者宜重視菜單／飲料單之製作，以提昇餐廳企業形象和本身之競爭力。

壹、菜單／飲料單製作要注意事項

　　1.菜單／飲料單是餐廳行銷工具：顧客對餐廳的第一印象是菜單／飲料單，其外型的設計宜配合餐廳氣氛、裝潢與格調。

　　2.菜單／飲料單的格局（*Layout*）：有創造性的格局、空間分配，可讓顧客更有印象，當已決定菜單項目或種類時，可以參考圖5-2所提供菜單／飲料單之尺寸、形狀和摺疊的款式來配合餐廳的經營型態。圖5-3按菜單順序排序之單頁菜單設計、圖5-4按菜單順序排序列之多頁菜單設計序列、圖5-5摺疊式菜單設計序列、圖5-6菜單／飲料單之設計序列、圖5-7夾入式菜單、圖5-8合併式菜單。

　　3.菜單／飲料單訂價：價格將會在菜單／飲料單中出現，所以價格設定也是菜單／飲料單製作中重要一環，一般而言，訂價之計算方法有材料

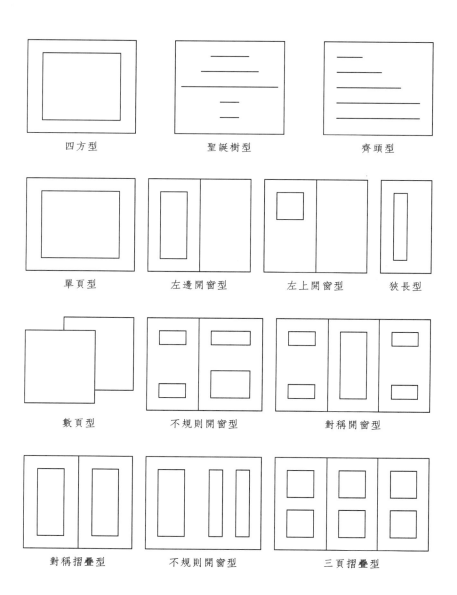

四方型　　　　　聖誕樹型　　　　　齊頭型

單頁型　　　左邊開窗型　　　左上開窗型　　　狹長型

數頁型　　　不規則開窗型　　　　對稱開窗型

對稱摺疊型　　　不規則開窗型　　　三頁摺疊型

5-2　菜單／飲料單製作之格局參考

資料來源：Anthony M. Rey Ferdinand Wieland Managing Service in Food &
　　　　　Beverage Operations AMHA p.56。

開胃小品		湯		沙拉

主　菜

牛排

海鮮

副菜

主廚名菜

飲料

甜　　點

圖 5-3　按菜單順序排列之單頁菜單設計

資料來源： Albin G Seaberg, Menu Design p.23。

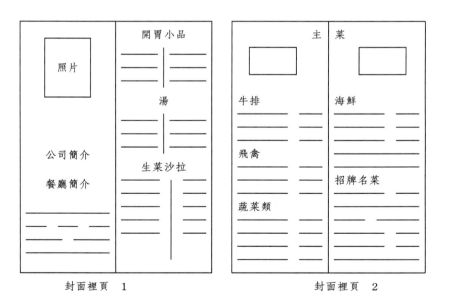

封面裡頁　1　　　　　封面裡頁　2

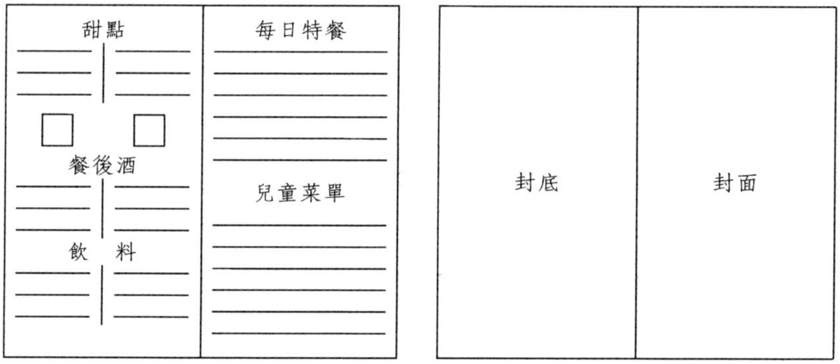

封面裡頁　4

圖 5-4　按菜單順序排列之多頁菜單設計

資料來源：同圖 5-3　頁 24。

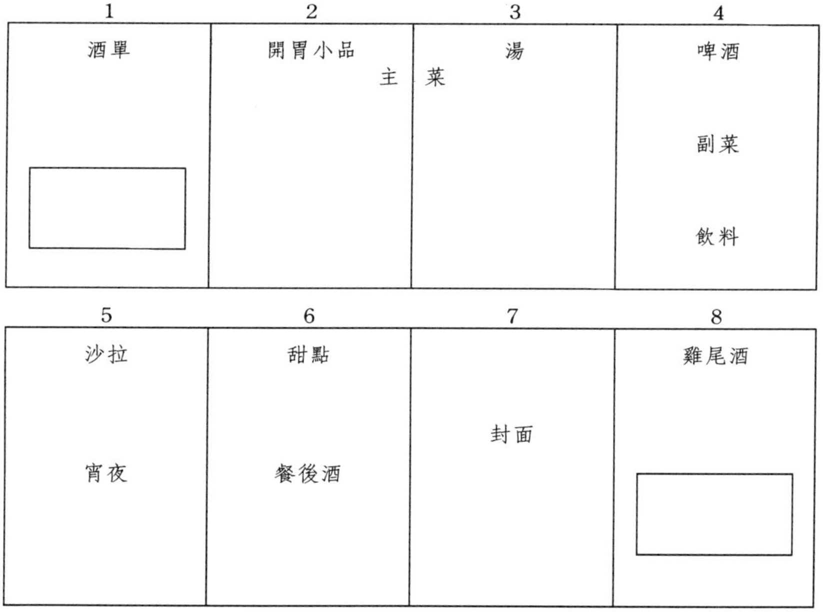

圖 5-5　摺疊式菜單設計序列

資料來源：同圖 5-3　頁 25。

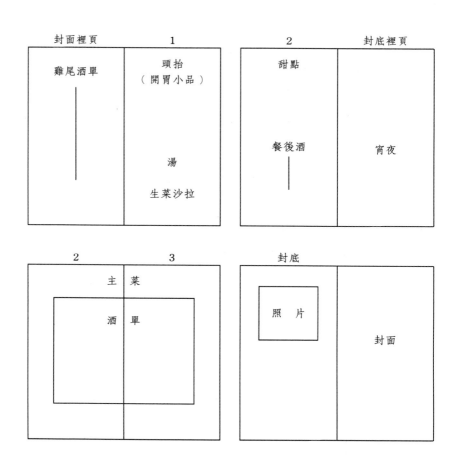

圖 5-6　菜單╱飲料單之設計序列

資料來源：同圖 5-3　頁 25。

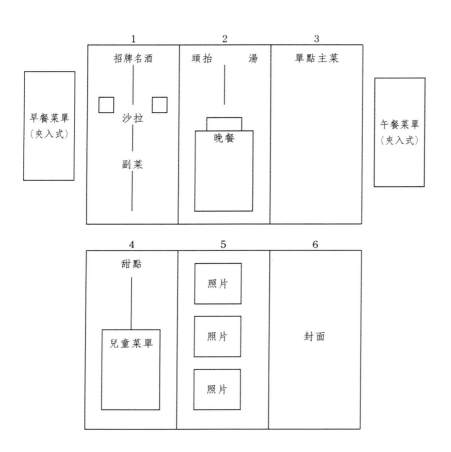

圖 5-7　夾入式菜單

早、午餐菜單可分別夾入正餐菜單中

資料來源：同圖 5-3　頁 26。

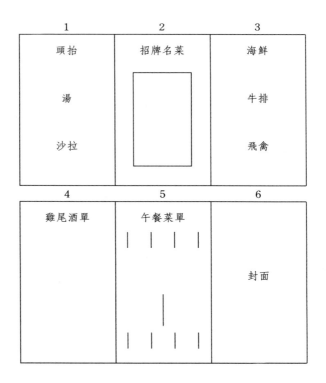

圖 5-8　合併式菜單

（晚午餐菜單合併印於一兩摺式三鑲皮之菜單中）

成本倍數法、主要成本倍數法、總成本加利潤法等。一般餐飲業較常用計算方式，是採用材料成本倍數法，通常餐廳將食品材料成本設定在 30 ～ 40％，飲料成本設定在 10 ～ 20％，假設一道牛排之材料成本為新台幣 200 元，材料成本佔售價 35％，以材料成本計算法訂價，其售價應為新台幣 570 元，計算公式為 200 ÷ 0.35，飲料訂價亦相同，若採用主要成本倍數法，則是材料成本加人工成本除以兩者相加之比率；如製作一道羊排之材料成本與人工成本共新台幣 350 元，其中材料成本為 30％，人工成本也為 30％，兩者比共計 60％，其訂價計算公式為 350 ÷ 0.6，約為新台幣 580 元，總成本加利潤法是先計算材料、工資以及費用的正確總成本額，

再加上利潤求得售價。

　　以上是餐廳之基本訂價方法，除了以上方法之外，餐廳訂價時，宜做市場調查，以了解競爭對手，同樣菜餚訂價之情況，以做為訂價之前的參考，如此，將可使訂價更實際，顧客也能接受餐廳的訂價策略，不致在市場發生訂價過高或過低窘境。

　　4. 紙材選擇：假如菜單／飲料單僅是使用一次，如同麥當勞或其他速食店點菜時有菜單及飲料單在使用托盤上的話，那麼紙材即可選擇較便宜。假如菜單／飲料單要經過較長時間之使用，其紙材宜選擇品質較高級之紙材，封面紙材要耐用、不易被撕破及不易褪色。

　　5. 顏色搭配：菜單／飲料單之顏色富有變化，不能太單調，採用顏色成強烈對比之兩顏色，如黑色字體印在白色或顏色較淡之紙上，可以使菜單／飲料單更容易閱讀。

　　6. 菜單／飲料單之版面留白處不能太小：一般而言，菜單／飲料單的每頁版面編排以一半為原則，不能太擁擠，菜餚與菜餚之介紹宜有適當空格，不能緊接在一起，同時要注意沒有拼字之錯誤。

　　7. 菜單／飲料單之字體尺寸及格式：菜單／飲料單之字體尺寸大小及款式，會影響消費者閱讀，因為餐廳燈光較一般場所暗，所以菜單／飲料單之字體尺寸及款式，宜印刷清楚、大小適中，並且顯而易見。

　　8. 菜名要有註解：每一道菜名要有適當的解釋，必要時要加上外國語言之解釋，目前較常用之語言為英語和日語，在菜名之註釋過程中，要能夠引起消費者購買興趣，同時也要說明服務方式、材料內容、烹調方式及相關訊息等。

　　9. 促銷菜餚項目宜擺在明顯的地點：欲促銷之菜餚宜置於菜單明顯的地方，如擺在開頭，或以括弧標註，或置於右上方等明顯之處，較易達到銷售之目的。

　　10.今日特餐宜用夾入式（*Clip-ons*）或插頁式的說明。

　　11.菜單／飲料單上要註明公司地址、電話號碼及營業時間，並考慮製作成本較低之菜單／飲料單，供顧客外帶參考。

12.避免將菜名或舊價格塗掉,而填上新的價錢和新的菜名,一定要重新印製新菜單／飲料單,無法馬上決定價格之菜餚,可印製市價(*Market Price*),供顧客參考,不要勉強印製價格,而再因價格不對而塗改。

貳、菜單／飲料單製作常犯之錯誤

1.菜單／飲料單過小:內容擁擠不堪且難以閱讀與瞭解其內容。

2.菜單過於龐大:內容繁雜零亂不堪,易混亂消費者之選擇能力。

3.錯誤之印刷色調與字體大小之不當:文稿必須使年老長者能舒適地閱讀,字太小太細都是錯誤,而印刷油墨色調之搭配,則以黑色白底最為明晰與安全。

4.菜餚缺乏說明與解釋:沒有解說的菜單,往往造成消費者「臨單涕泣,不知所云」之窘狀並生無謂之挫折感。

5.往往以為備有一份菜單即足敷使用:多備幾份不同的菜單常可收促銷之功效!

6.缺乏飲料單或酒單:酒精性飲料與葡萄酒品未列印成酒單,為一極嚴重恐怖錯誤(*Horrible Mistake*)。

7.菜單已破損、斷裂、油漬或皺摺者。

8.不當的訂價。

9.虛偽不實的菜單／飲料單內容。

參、菜單／飲料單之評估

菜單／飲料單務必要在一段時間內提出評估,並加以修改,以更符合時代潮流之需求。評估之重點如下:

1.菜餚和飲料之品質是否符合餐廳之標準?含色、香、味、熱度和份量。

2.訂價是否過高?

3.顧客較會抱怨的菜餚和飲料為何？

4.顧客較喜歡之菜餚和飲料為何？

5.與同等級餐廳菜餚和飲料口味之比較？

6.高利潤菜餚和利潤較低之菜餚項目是否均衡？

7.菜單／飲料單製作之顏色、外表設計是否符合餐廳之氣氛？

8.菜單／飲料單之版面分配、字體大小、尺寸大小、內容敘述以及紙材是否適當？

除了注意以上評估重點外，平時要製作銷售記錄表，簡化菜單，淘汰不受歡迎菜單，加強菜餚之研發，改善現有菜餚之缺失，並適時推出新菜餚，讓顧客享受更高的服務品質。

《問題與討論》

1.菜單設計（ *Menu Planning* ）與菜單製作（ *Menu Design* ）有何區別？

2.菜單設計以顧客觀點而論之流程圖為何？

3.菜單之目標為何？

4.影響菜單設計之因素？

5.菜單型態的種類為何？

6.何謂早、午餐（ *Brunch* ）其內容為何？

7.單點和套餐之菜單設計重點為何？

8.如何設計自助餐（ *Buffet* ）之菜單？

9.咖啡廳菜單設計重點為何？

10.中餐宴會菜單設計重點為何？

11.全系列酒單之內容為何？

12.菜單／飲料單製作要注意事項？

13.菜單／飲料單製作常犯之錯誤？

14.菜單／飲料單評估重點？

《註釋》

1. 張綵麗　1987，國際觀光旅館附設餐廳經營問題之研究，初版，立威出版社，台北，p.62, pp.67 ～ 68

2. 高秋英　1994，餐飲管理，初版，揚智文化出版，台北，p.83 p.88 pp.91 ～ 92 p.96

3. 周文偉　1993，中華美食餐廳菜單設計模式，台南南台工商專校觀光科 pp.1 ～ 2 pp.5 ～ 7

4. Anthnoy M. Rey Ferdinand Wieland 1985 Managing Service in Food & Beverage Operations AHMA U.S.A p.41 pp.46 ～ 49 pp.55 ～ 56

5. Jack D. Ninemeier 1990 Nanagement of Food & Beverage Operations Recond Edition AHMA U.S.A p.104 p.109 pp.126 ～ 127

6. Nancy Loman Scanlon 1990 Marketing by Menu Recond Edition Van Nostrand Reinhold N.Y. U.S.A p.110

7. Albin G. Seaberg 1991 Menu Design Fourth Edition Van Nostrand Reinhold N.Y. U.S.A p.V ～ VI pp.23 ～ 25

8. 國民營養指導手冊，行政院衛生署八十年版，pp.135 ～ 139, pp.140 ～ 148

第6章　餐飲管理基本工作

採　購

壹、採購人員之工作條件

貳、採購人員之工作職責

參、採購部門之組織系統

肆、餐飲部內部採購作業流程

伍、採購的方法

驗　收

壹、驗收人員之工作職責

貳、驗收的方法

參、食品記號和標籤

儲　存

壹、倉庫設計基本原則

貳、乾貨倉庫設計原則

參、日用補給品之倉庫之設計原則

肆、食物之儲存方法

發　貨

壹、領料作業流程

貳、發貨作業應注意事項

餐飲成本控制

壹、烹調對餐飲成本控制之影響

貳、餐飲成本控制之技巧

參、餐飲成本過高原因之分析

人力成本控制

壹、人力成本範圍

貳、人力成本控制之技巧

參、建立員工的成本觀念

　　餐飲管理基本工作，從採購開始，其以驗收、儲存、發貨、製備、服務、會計出納、報表分析以及成本控制等，其中成本控制包括餐飲成本控制、人事費用控制和總務、行政費用控制。在採購之前，則要先有餐廳市場定位，再依市場區隔發展出應有服務方式、菜單種類、組織架構、餐廳裝潢佈置、設備和備品等。

　　餐飲管理基本工作是一個循環系統，環環相扣，每一環節對餐廳營運皆有舉足輕重影響，所以要成功地經營餐飲事業宜從採購管理開始做起。以下是餐飲管理基本工作之流程圖，也是餐飲成本控制流程圖。

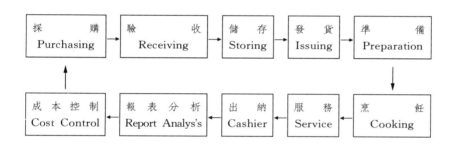

圖 6-1　餐飲管理基本工作流程圖

資料來源：本文研究整理。

　　採購作業是一連串工作組合在一起，以達到採購到符合需求的品質、數量、合理價格、準時交貨和優良的供應商為目標。看起來似乎很簡單，但執行時可不容易，因為採購流程中與許多不同的人或事有關係，如圖 6-2 採購流程圖，所以採購作業包括貨品的尋找、篩選、購買、收發、儲存和使用等，其作業不是限於單純的貨品購買，而是一連串相關作業皆要

妥當的控制，以維持餐飲產品品質，降低餐飲成本和提昇餐廳利潤。

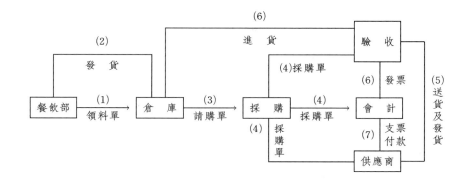

圖 6-2　採購流程圖

資料來源：Jack D. Ninemeier Planning and Control for Food & Beverage Operations p.132

圖 6-2　採購流程圖包括之工作如下之說明：

1. 餐飲部門提出所需物品的領料通知單。

2. 倉庫發貨給餐飲部。

3. 倉庫向採購部門提出採購申請。

4. 採購部門向合格供應商採購物品，同時將採購單給驗收部門與會計部門。

5. 供應商送貨及貨單發票送至驗收部門。

6. 驗收部門進貨入倉庫並將送貨單發票送至會計部門。

7. 會計部門付款給供應商，並存檔採購單、驗收單以利成本控制。

壹、採購人員之工作條件（*Job Specification*）

採購人員並不僅是拿起電話叫貨而已，而是要具備良好的品德操守觀念，以及豐富的採購專業知識和技術。根據美國採購協會所提出採購者資格如下：

1. 在各種交易中，應顧慮其公司之利益，並信守既定政策的執行。

2. 在不妨害組織的尊嚴與責任下，接受同僚之有力勸告及指揮。

3. 無偏私的採購，使每 1 元之支出發揮最大的效用，獲得最大價值。

4. 努力研究採購物資產制的知識，以建立管理與實用之採購方法。

5. 誠實的執行採購工作，揭發各種商業弊端，拒絕接受任何賄賂。

6. 對負有正當商業任務之訪問者給予迅速與禮貌接見。

7. 相互間尊重其義務，促進優良的商業實務。

8. 避免刻薄的實務。

9. 如同行者在履行其職務時發生事故，應向其忠告並協助之。

10. 與各從事採購作業之機構、團體及個人，加強連繫合作，以提高採購之地位及業務之改進發展。

表 6-1　採購人員工作條件

部　　　　　　門	採　　購　　部	電腦代號	
職　　　　　稱	採　購　專　員	工作時間	9：00 ～ 18：00
向　誰　負　責	採　購　經　理	休　　假	例假日、國定假日、以及年假
性　　　　　別	男、　女　不　拘	學　　歷	大專畢業
年　　　　　齡	四　十　歲　以　下	經　　驗	不　需　要
協　調　聯　絡	廚房、倉庫、會計及各請購單位		
工作能力與專長	熟識採購工作，溝通能力良好		
工　作　性　質	採購物品、聯絡廠商、比價議價、訂購		
個　　　　　性	誠實、品德良好、公正、廉潔、可信賴、機智及良好判斷、分析力		
健　　　　　康	身體強壯、健康良好		

資料來源：本文研究整理。

貳、採購人員之工作職責（*Job Description*）

餐飲採購人員之採購項目含一切食品、飲料、酒類、日用品、餐具、桌椅、廚具、設備及工程採購等，範疇相當廣泛，各項採購皆具有相當專業知識和技巧，非一般人員所能勝任。雖然有如此眾多不同的採購物品，

但是其主要工作職責卻是一致的，如何以最合理價格，購買到最佳品質之物料，並能及時供應使用單位，這是每一位採購人員應具備之工作觀念。以下是採購部門具體之工作內容：（表6-2為採購人員之職責）

1.要確實掌握所購入原料需求及價格變動之情況：採購部需要時時注意市場調查，了解市場供需情況，研析物價之波動。

2.選擇理想供應廠商：可依供應廠商提供物品之品質、價格、送貨速度和售後服務來決定供應廠商，同時也要考慮供應廠商之信用聲譽。

3.正確的購進物料並檢查適用程度：採購人員務必接受主廚指導，廚房及餐廳之需求，選購正確品質之物料，並設定物料的標準規格（*Specification*）來審查所購買物品是否符合單位之需求（見表6-3）。

4.採購條件與採購合約之簽訂：在採購之前要比價至少三家廠商之報價，再從這些不同報價單中詳加審查分析品質（*Quality*）、數量（*Quantity*）、價格（*Price*）及服務方式以決定採購對象，並製發訂購單，研擬採購合約與條件。

表6-2　採購人員之工作職責

職位名稱	採　　購　　專　　員	向誰負責	採購經理
部　　門	採　　購　　部	橫向聯絡	餐廳、驗收、倉庫、會計

1. 依公司規定之採購步驟，做好比價、報價、訂價、進貨等一切事宜。
2. 與廚房、倉庫密切連繫，遇有購買過物品之請購，先了解請購物品之庫存量及安全庫存，再進行採購。
3. 將往來廠商依其商品種類，填寫廠商資料卡，將各廠商交易資料及習性特別註明，以為往後作業處理及上級參考。
4. 依各類貨品送貨所需時間及各種物品耗用情形與倉庫訂定各種貨品安全存量。
5. 與往來廠商密切連繫，請其提供最新產品，並將同產品的價格、內容、品質及付款條件，作一適當比價表格再呈請上級。
6. 定期到市場搜集各種生鮮、水果、蔬菜、肉類、調味品及其他物品之價格，並隨時注意報紙上各類物品價格，提供上級參考，以為和廠商議價的基礎。
7. 了解各生鮮物品之保存期限，以及市場休市之情況，以做好事前準備。
8. 接受上級或其他臨時交辦事項。

資料來源：本文研究整理。

5. 確保貨源及時供應與服務：採購合約簽訂之後，採購部門須不斷與供應商保持聯繫，確保所訂購之物品能如期交貨，並能得到即時又完善之售後服務。

6. 採購預算之編製與價值分析：採購部門須對各有關部門之採購品編製一份採購預算，供決策單位參考，並對各項餐飲之採購成本、售價進行分析研究，藉以降低成本維持一定利潤。

表 6-3　物品之規格表

使用單位名稱：
1. 產品名稱：
2. 產品用途：
3. 產品簡述：
4. 產品規格：

出 產 地：	大　小：
種　　類：	質　地：
外　　型：	重　量：
格　　式：	顏　色：
等　　級：	包　裝：
品　　牌：	其　他：

5. 產品試用：

6. 其他指示與規定：

資料來源：Jack D. Ninemeier Planning and Control for Food & Beverage Oprations third Edition p.136.

參、採購部門之組織系統

採購部門規模大小，要視營業單位是旅館或大型餐廳或是小型餐廳而決定，一般而言，旅館和大型餐廳皆會設置一個採購部門，而小餐廳之採購，通常則由主廚或老闆本身兼任採購工作。

採購部門組織系統，有一位採購經理，一位或兩位採購副理，其他就

是採購專員，其中是否有採購襄理或主任，要視單位需求來決定。採購專員又分為四種，如原料組採購專員、物料組採購專員、餐具組採購專員和設備組之採購專員。

1. 原料組：負責餐廳、廚房各種食物、調味品、蔬果等採購事項。
2. 物料組：負責餐廳、廚房各種文具、日常用品、布巾類之採購。
3. 餐具組：負責刀叉、杯皿等生財器具之採購。
4. 設備組：負責餐廳、廚房各種烹飪設備、餐廳桌椅等之採購。
5. 文書組：負責採購部之公文、報表等文件之記載與處理。

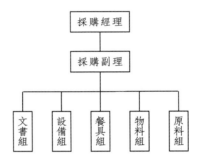

圖 6-3　採購部門組織系統表

資料來源：台北晶華大飯店。

肆、餐飲部內部採購作業流程

旅館附設餐廳或獨立餐廳，其內部採購作業有一定的流程步驟，並非所有申請單位所需之物品，一定要採購，其不需要採購原因為尚有庫存同類物品，或上級認為不需採購此物品，所以內部採購作業流程，要先經過申請單位請購之批准後，才能訂購。一般可分為生鮮食材採購和一般物品之採購兩種。

一、生鮮食材採購

首先由廚房人員填寫，食材請購單一式三聯，填明日期、品名、單位訂購，第一聯送倉庫，第二聯送採購單位，第三聯請購單位存查。請購單位在請購時，應注意目前的庫存量是否過多（見表 6–4 ）。

表 6-4　食品請購單

叫貨日期：　　年　　月　　日			送貨日期：　　年　　月　　日				
項　　　目	單　　位	存　　貨	預估用量	訂　購　量	供　應　商	備　　考	
申請人：＿＿＿＿＿　部門主管：＿＿＿＿＿　採購部門主管：＿＿＿＿＿							
第一聯：倉庫　　　　第二聯：採購單位　　　　第三聯：請購單位							

資料來源：本文研究整理。

其次，採購單位依照請購單位送來之請購單，分別向有關廠商訂購，訂購時應問明單價，並填寫於請購單上。訂購後將訂購單之第一聯送廠商，第二聯送採購單位，第三聯送財務部，第四聯送驗收單位或請購單位以利驗收。由於生鮮食材是屬於大量而且日常用品，所以比價早已完成，遇到需要採購時，即可直接向信用可靠之廠商訂購。

二、一般物品之採購

首先與一般生鮮食材之採購一樣，先由需求單位提出請購申請，請購單位填寫請購單。填明：日期、請購單位、用途、品名、規格及說明需求數量、需求日期。採購若須附樣品或美工則附在單後。送單位主管簽核。簽准後，送至採購單位（見表 6–5 ）。

表 6-5　請購單

第一次採購之新項目，請加註＊記號

請購部門：＿＿＿＿＿　用途：＿＿＿＿＿＿＿　　日期：＿＿＿＿＿

項目	規格	需求數量	上次採購記錄					庫存量	廠商	報價	廠商	報價	廠商	報價
			日期	單位	數量	廠商								

（副總經理）：＿＿＿　財務課：＿＿＿　採購部門主管：＿＿＿　請購單位：＿＿＿　請購人：＿＿＿

第一聯：倉庫　　　　第二聯：採購單位　　　　第三聯：請購單位

資料來源：本文研究整理。

　　採購單位填寫請購單位送來之請購單。填明第一次採購或再採購，若是再採購，填寫上次採購記錄。填寫：上次採購記錄。填明：日期、單位、數量、單價、廠商名稱。再將請購單交倉管員查明庫存量，並填在請購單上，第一聯：倉管員，第二聯：採購單位，第三聯：請購單位。

　　比價廠商至少要三家，產品若為獨家供應則可不經比價程序，但要議價，比價時儘量要求廠商附樣品或產品說明書以作比價時的參考。比價項目有價格、規格、品質、送貨日期、付款條件及售後服務。

　　最後決定擬採購廠商，需填明：理由、交貨情形、交貨日期與付款方式、決定廠商之後，若貨品的數量、規格或送貨日期等與請購單位的要求有所變動時則應得到請購單位主管同意。

　　經比價、各部門主管批示之後填寫訂購單，填寫：日期、請購單位、廠商名稱、電話、聯絡人、產品編號、品名規格、單位、數量、單價、交貨日期、時間、總價、是否付訂金、付款方式、訂購單第一聯送給廠商為送貨依據，第二聯：採購單位，第三聯：財務部，第四聯：驗收員或請購單位（見表6-6）。

伍、採購的方法

　　1. 以採購政策來分：可分為集中（ *Centralization* ）、分散（ *Decentra-lization* ）和混合採購（ *Consolidated Purchasing* ）。

　　2. 以採購地區來分：可分為國內與國外採購。

　　3. 以採購時間來分：可分為長期固定性與非固定性採購；計劃性與緊急採購；現購與預購。

表 6-6　訂購單

需 求 日 期	請購單編號	請 購 部 門	廠　　　　　　　　　　　　　　　商					

項目	規格	單位	數 量	單　　　價	金額	交 貨 日 期	備　　　　　　　考	

上列物品總額新臺幣　　拾　　萬　　千　　百　　拾　　圓　　角　　分（含一切費用）

加值稅總額新臺幣　　拾　　萬　　千　　百　　拾　　圓　　角　　分

合計新臺幣　　拾　　萬　　千　　百　　拾　　圓　　角　　分

預付訂金＿＿＿＿＿＿＿＿＿＿　　已付＿＿＿＿＿＿＿＿＿＿

付　款　方　式：□現金　　□期票

交貨方式與時間：□一次交貨　　1.＿＿＿＿月＿＿＿＿日前交至＿＿＿＿＿＿＿＿

　　　　　　　　　　　　　　2.＿＿＿＿月＿＿＿＿日前交至＿＿＿＿＿＿＿＿

　　　　　　　　□分批交貨　　3.＿＿＿＿月＿＿＿＿日前交至＿＿＿＿＿＿＿＿

　　　　　　　　　　　　　　4.＿＿＿＿月＿＿＿＿日前交至＿＿＿＿＿＿＿＿

採購部經理：＿＿＿＿＿＿＿＿＿＿＿　　採購人：＿＿＿＿＿＿＿＿＿＿＿

第一聯：廠商　　　第二聯：採購單位　　　第三聯：財務部　　　第四聯：驗收單位

資料來源：本文研究整理。

　　4. 以採購方法來分：可分為直接、委託、調撥採購。

　　5. 以採購性質來分：可分為公開、秘密採購；大量、零星採購；特

167

殊、普通採購；正常、投機採購；計劃、市場性採購。

6. 以採購訂約方式來分，大致可分為：

(1)訂約採購（ *Contract Purchasing* ）：對日常需要按時送貨之食物，
　　如：鮮奶、新鮮水果等，一般餐廳均與信用可靠的賣主簽訂合約來
　　採購，以獲得品質與價格一致的保證。

(2)電話採購（ *Telephone Purchasing* ）：一般餐廳常採用此種方法來採
　　購，如臨時急需某項食品，為求迅速、節省時間起見，先以電話與
　　賣主聯絡請其送貨。

(3)書信或電報採購（ *Letter or Telegraph Purchasing* ）：對於國外及較遠
　　之賣主欲直接向其採購食物，可藉書信或電報來從事採購。

7. 以採購價格方式來分，可分為：

(1)協議價格採購法，又分為：

①訂價採購（ *Purchase at Stated Price* ）：當所欲購買之食物數量龐
　　大、匱乏或市場供應分散時，則可訂定價格以現金採購。

②報價採購（ *Quoted Purchase* ）：採購員為了獲得競爭性價格，而對
　　供應商詢價，認為有成交可能或希望成交時，由賣方報價。賣方將
　　希望採購之貨物、品質、數量、付款條件等交易事項，以電報或書
　　信通知買方。

③議價採購（ *Purchasing by Negotiation Prices* ）：凡因特殊情形，無法
　　以招標比價方式採購，由採購員與供應廠商個別商議決定供應所需
　　之食物及價格後才進行採購。

④詢價採購（ *Purchase at Inquiry Price* ）：由採購員選擇信用可靠之供
　　應商，將採購條件講明，並詢問價格或寄詢價單，經比較後，再現
　　價採購。

(2)公開競價採購法，又分為：

①比價採購（ *Restricted Tender* ）：由公告或個別函約供應商，定期前
　　來報價承攬所需食物，並以競價方式，再由採購員從中比價，決定
　　廠商之後，以進行採購。

②公開市場採購（*Open Market Purchase*）：係指採購人員在公開交易或拍賣場所隨時機動式的採購。至少有90％的旅館及餐廳，對易於腐壞的食物，多在公開市場採購。由採購員與推銷員直接聯繫、電話或親至市場去採購。

③招標採購（*Purchasing by Invitation to Bid*）：係將餐廳所欲採購之食物或飲料之名稱、規格、數量付款條件、交貨日期、投標押金、投標廠商……等，詳細列明，登報公告。招請供應廠商，定期前來報價，而以公開競價方式選定供應廠商，使所有登記合格之供應廠商，均能參加投標，開標按規定必須由至少三家以上之廠商從事報價投標比價，原則上以報價最高之廠商得標，期能在自由競爭之方式下，以公平合理之價格，取得較合理的進貨成本。

陸、採購之技術

請參考本書第四章第三節食品營養，六大食品之選擇。

驗　收

驗收作業是餐飲基本管理工作項目之一，在採購作業流程之後，所有物料採購之後，必須經過驗收才可入庫，驗收工作必須迅速、切實，但不可為爭取時效或某些原因而草草驗收了事，驗收主要目的在於每批物料入庫前，品質、規格、重量、大小、形狀、外表、產地以及等級的檢驗，要確知所採購之物料品質及其價格是否合乎採購的要求。

若是檢驗有瑕疵之貨品，可以退貨，但必須準備一份退貨通知單，說明該項貨品的退貨原因，究竟是品質、數量、價格、形狀或外表破裂，不符合訂貨上之規定，請送貨者簽名確認，轉交給供應商，同時，將退貨通

知書副本交給會計部門，以核算貨品之實際金額。不過不要遇有貨品有小缺失，就要退貨，假如貨品是不滿意但可接受的情況下，則不一定要退貨來解決，但是可通知供應商注意下回送貨時不要有同樣缺點，如此，可增加雙方合作之氣氛，廠商也會儘量提高服務品質，來滿足顧客需求。

壹、驗收人員之工作職責

驗收人員應熟知各種物品的品質標準，在驗收過程中，廚房人員或申請單位應在場一起驗收，以合乎採購時所訂定之規格標準。其主要工作是對於採購員送來之各種食物，詳細地清查、過磅及檢驗食物之品質與數量，並準確地登記在發票上（ *Invoice* ）然後將發票及驗收報告單一式四聯中的第一聯送至會計部，以做為付款依據，第二聯留底，第三聯採購部，第四聯倉庫或廚房（依物品之種類而定，一般物品則將第四聯送至倉庫，食品則將第四聯送至廚房，作為進貨與庫存之參考）。

驗收員之職責為驗收報告單（如表 6-7）：

1. 檢驗食品原料進貨之驗收工作。

2. 核對食品、飲料的進貨：

(1)如條件不合，則依合約辦理。

(2)物品名稱不符，則即通知供應商更正。

(3)品質不符，則退貨或減價。

(4)價格不符，則更正發票。

(5)收料多出，則退回或暫收。

(6)收料短少，則補送或更正。

3. 核對數目的準則，如過秤計件等。

4. 填寫驗收報告單。

表 6-7　驗收報告單

物品名稱	數量		規格廠牌	重量	單位	單價	總價	備註	驗收員簽字
	訂貨	實收							

（以上表格上方另有標題「驗收報告單」，並列出：來源：　訂貨日期：　編號：　收貨日期：）

第一聯：會計部　　　　　　第三聯：採購部
第二聯：驗收部　　　　　　第四聯：倉庫（廚房）

資料來源：韓傑，餐飲經營學，10 版，頁 212.

貳、驗收的方法

　　1. 一般驗收：指可用眼睛驗收，不需要任何技術之驗收，凡物品可以一般用的度量衡器具依照訂購單之規定之數量或重量予以秤量或點數。

　　2. 技術驗收：凡物品無法用一般目視所能鑑定者，須由各專門技術人員特備的儀器，作技術上的鑑定稱之為技術的驗收。

　　3. 試驗：除一般驗收外，尚需做技術上之試驗，或須專家複驗方能決定。

　　4. 抽樣檢驗法：凡物品數量龐大者，無法逐一檢驗，或某些物品，一經拆封試用即不能復原者，均應採取抽樣檢驗法辦理。

參、食品記號和標籤

食品記號和標籤（*Marking and Tagging*）是食品在驗收後，直接將送貨日期、價格、重量、數量直接記錄在食品箱上或是貼標籤在食品上，一般有箱子包裝之食品則採用記號記錄，肉類或海鮮食品則採用標籤記錄。食品記號和標籤之優點如下：

　　1. 方便盤點，利於先進先出，保持食品新鮮。

　　2. 預防食品儲存過久，發生腐敗，尤其是肉類及海鮮食品。

　　3. 易控制安全存量，避免過量採購，增加現金流通。

　　4. 易於控製餐飲成本，可追蹤餐飲成本過高之原因，避免食品浪費，無形之中，增加公司利潤。

表 6-8　肉類標籤（Meat Tag）

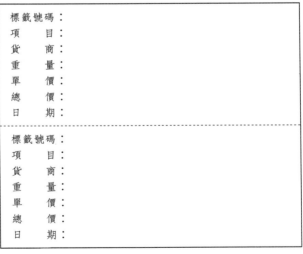

| 標 籤 號 碼： |
| 項　　　目： |
| 貨　　　商： |
| 重　　　量： |
| 單　　　價： |
| 總　　　價： |
| 日　　　期： |
| 標 籤 號 碼： |
| 項　　　目： |
| 貨　　　商： |
| 重　　　量： |
| 單　　　價： |
| 總　　　價： |
| 日　　　期： |

資料來源：Jack D. Ninemeier Planning and Control for Food & Beverage Operations Third Edition p.152

$$儲　存$$

採購作業流程中驗收之後，即將物品送至倉庫儲存。生鮮食品則送至冷藏室，以保持食品新鮮，冷凍食品則送至冷凍庫，避免食品腐敗，乾貨則送至乾貨倉庫，日用品則送至日用品倉庫，將物品分類清楚，分送至不同倉庫儲存，以減少物料腐敗或遭偷竊，同時可在某項食品物料最低價時予以適時購入儲存，藉以降低生產成本，此外妥善之儲存更可使餐飲物料用品免於不必要損失。

儲存管理的主要目的是維護物料庫存安全，避免偷竊、盜賣或食品腐敗造成之損失。為達此目的，倉庫設計必須要注意溫度、濕度、防火、防滑以及防盜等措施，並加強盤點檢查，以防短缺、腐敗之發生。儲存管理應注意將氣味重與釋放化學物質之物品隔離存放。例如，海鮮食品不能與起士、奶油存放在一起，清潔用品須與乾貨食品存放在兩個不同的倉庫。

壹、倉庫設計基本原則

一般而言，餐飲倉庫種類有四，分別為乾貨倉庫、一般用品倉庫、冷藏庫以及冷凍庫。基本上，乾貨倉庫或一般用品倉庫亦可稱為總倉庫，皆會有專人負責管理，至於冷藏庫、冷凍庫之管理，則由廚師兼任，各餐廳主廚要負責餐飲成本控制的責任，除了中央廚房冷凍、冷藏庫外，每一餐廳之廚房皆有冷凍、冷藏庫，許多貨品尤其是需冷藏食品或海鮮、肉類食品，在驗收之後，則直接放入廚房之冷凍、冷藏庫。由於倉庫存放許多存貨，在會計學上存貨是代表流動資產，相當於現金，故有效維護、保存倉庫貨品，避免腐敗、偷竊、濫用或浪費，誠為餐飲成本控制之重要課題。所以餐飲業者為要降低餐飲成本，則應注重倉庫規劃，妥善管理，規劃過

程中則宜掌握倉庫設計之基本原則。以下是倉庫設計之基本原則：

1. 首先確定倉庫的目的與用途，分別作不同之設計。

2. 適當地設計倉庫之佈置與排列。

3. 必須考慮到儲存物料之種類與數量。

4. 注意物料之進出與搬運作業。

5. 考慮使用單位之需求，並加以妥善存放。

6. 考慮物料在倉庫內之動向與機械化之配合。

貳、乾貨倉庫設計原則

1. 倉庫必須要具備防範老鼠、蟑螂、蒼蠅等設施。

2. 倉庫內溫度要控制在攝氏 10°～ 21°，濕度則控制在 50～ 60％。

3. 酒庫主庫適當溫度攝氏 10°～ 15°，次庫理想溫度為攝氏 4.4°左右。

4. 倉庫必須具備防火、防水、防盜之設施。

5. 各種物品應附標籤，並採先進先出為原則。

6. 倉庫一般高度以 4～ 7 呎之間為標準。

7. 貨架務必離地至少 8 吋高，以避免鼠類繁殖。

8. 倉庫儲量最好以四天至一週為標準庫存量，因倉庫太大或庫存過多，不但造成浪費，且易形成資金閒置與增加管理困難。

參、日用補給品之倉庫之設計原則(請參考乾貨倉庫之設計原則)

此類物品包含文具、紙張、清潔用品、餐具、布巾等，其倉庫之設計原則與乾貨倉庫類似，為何不將兩倉庫合併在一起呢？最主要原因乃是基於安全與衛生之觀點，一般乾貨倉庫所儲存物品以餐飲材料居多，而日用品之倉庫所儲存物品以不能吃之物品為主，若兩者在一起，會很容將清潔劑、肥皂粉當做調味品，而產生食物化學中毒，同時將食物與日用品分別

保存也可以預防因化學藥品之反應導致食品變質。

肆、食物之儲存方法

　　食品儲存之目的是要保存足夠數量，以備不時之需，並將食物因腐敗所受損失降至最低程度，因此不論是乾貨倉庫、冷藏庫、冷凍庫皆要有足夠空間，適當溫度且乾淨環境。依照食物冷藏規定，冷凍庫溫度是攝氏零下 18° 以下，冷藏庫溫度是攝氏 5° ～ 15°，以不引起食物凍傷失鮮，隨著食物的冷藏溫度而異，另外要注意魚、肉、牛奶等易腐敗的食物，不要混在一起，隔離冷凍不得超過必要時間。冷藏食物預防冷氣外洩。煮熟食品或高溫食品需於冷卻後才可冷藏，水份多的或味道濃郁的食品，需用塑膠袋綑包或容器蓋好。食品存取速度須快，避免冷氣外洩。解凍過之食品，不宜再凍結儲存。

一、穀類食品儲存法

　　1. 放在密閉、乾燥容器內，置於陰涼處。

　　2. 勿存放太久或潮濕之處，以免蟲害及發霉。

　　3. 生薯類如同水果蔬菜，整潔後用紙袋或多孔塑膠袋套好放在陰涼處。

二、魚肉儲存法

　　1. 魚，除去鱗鰓內臟，沖洗清潔，瀝乾水份，以清潔塑膠袋套好，放入冰箱冷藏，但不宜儲存太久。

　　2. 肉類儲存法：

　　(1)牛肉類：新鮮肉品和內臟，在冷藏室只可放一天，絞肉 1 ～ 2 天，肉排 2 ～ 3 天，大塊肉 2 ～ 4 天，在冷凍室，內臟可儲存 1 ～ 2 個

月。

(2)豬肉類：新鮮豬肉在冷藏室可放 2～3 天，絞肉 1～2 天，大塊肉 2～4 天，在冷凍室，絞肉可放 1～2 個月、肉排 2～3 個月，大塊肉 3～6 個月。

(3)雞鴨禽類：雞鴨肉在冷藏室可儲存 2～3 天，在冷凍室可存放一年，雞鴨肝可冷藏 1～2 天，冷凍三個月。

三、油脂類儲存法

1.勿讓陽光照射，勿放在火爐邊，不用時罐蓋蓋好，置於陰涼處，不要儲存太久，忌高溫與氧化。

2.用過的油，不要倒入新油中，顏色變黑，質地粘稠，混濁不清而有氣泡的，不可再用。

四、蔬菜類儲存方法

1.除去敗葉及污物，保持乾淨，用紙袋或多孔的塑膠袋套好，放在冰箱下層或陰涼處，趁新鮮食用之，儲存愈久，營養損失愈多。

2.冷凍蔬菜可按包裝上的說明使用，不用時保存於冰箱，已解凍者不再冷凍。

3.在冷藏室下層櫃中整棵未清洗過的在攝氏 5°～7°，可放 5～7 天，清洗過瀝乾後，可放 3～5 天。

五、水果類儲存法

1.除去塵土及外皮污物，保持乾淨，用紙袋或多孔的塑膠袋套好，放在冰箱下層或陰涼處，趁新鮮食用之，儲存愈久，營養流失愈多。

2.去果皮或切開後，應立即食用，若發現品質不良，即停止採用。

3. 水果打汁，維生素容易被氧化，要儘快飲用。

六、豆、蛋、乳品儲存方法

1. 豆類：乾豆類略為清理保存，青豆類經漂洗後瀝乾，放在清潔乾燥容器內。豆腐、豆干類用冷開水清洗後瀝乾放入冷凍箱下層冷藏，並應儘快用完。

2. 蛋類：擦拭外殼污物，鈍端向上放於冰箱蛋架上，新鮮雞蛋可冷藏 4～5 週。

3. 乳品：分裝乳最好一次用完，未開瓶之鮮奶若不立即飲用應放在零下 10°C 以下冷凍箱儲存。罐裝乳粉、煉乳和保久乳類，應存於陰涼、乾燥、無日光或其他光源直接照射的地方。發酵乳、調味乳和乳酪類，應貯於冰箱冷藏室中溫度在 5°C 以下。冰淇淋類，應儲存於冷凍庫中溫度零下 18°C 以下。

七、醬油儲存方法

1. 置於陰涼處，勿受熱光照射。
2. 開封使用後，應將瓶蓋蓋好，以防昆蟲或異物進入。
3. 不要儲存太久，若發現變質，即停止使用。

八、罐頭食品儲存方法

1. 存放在乾燥、陰涼、通風處，但不要儲存太久。
2. 要歸類儲存，先購入者先使用。
3. 時常擦拭因其外表若灰塵太多、濕氣太重易生腐敗。

表 6-9　食物冷藏及冷凍之安全期

保存期間　食品種類	開封前 溫度	開封前 期間	開封後 溫度	開封後 期間
乳製品				
牛　　奶	7℃以下	約 7 個月	7℃以下	1－2 日
人造奶油	7℃以下	6 個月	7℃以下	2 週 內
奶　　油	7℃以下	6 個月	7℃以下	2 週 內
乾　　酪	7℃以下	約 1 年	7℃以下	儘早食用
鐵罐裝	室　溫	約 1 年半	──	約 3 週
嬰兒奶粉				儘早食用
冰淇淋製品	－ 25℃	──	──	──
火腿香腸類				
里肌火腿、蓬萊火腿	3～5℃	30 日以內	7℃以下	7 日以內
成型火腿	3～5℃	25 日以內	7℃以下	5 日以內
西式香腸	3～5℃	20 日以內	7℃以下	5 日以內
切片火腿（真空包裝）	3～5℃	20 日以內	7℃以下	5 日以內
培　　根	3～5℃	90 日以內	──	──
水產加工品				
魚肉香腸、火腿（高溫殺菌製品、PH 調製品、水活性調製品）	室　溫	90 日以內	7℃以下	1～2 日
魚糕（真空包裝）	7℃以下	15 日以內	7℃以下	7 日以內
魚糕（簡易包裝）	7℃以下	7 日以內	7℃以下	3 日以內
冷凍食品				
魚貝類		6－12 個月		
肉　類		6－12 個月		
蔬菜類	－18℃以下	6－12 個月	──	──
水　果		6－12 個月		
加工食品		6 個月		

資料來源：陳堯帝，餐飲採購學，頁 283。

九、飲料儲存方法

1. 儲放在乾燥通風陰涼處或冰箱，不要受潮及陽光照射。

2. 不要儲存太多太久，按照保存期限，先後使用。

3. 拆封後儘快用完，若發現品質不良，即停止使用。

4. 無論是新鮮果汁或罐裝果汁，打開後儘快一次用完，未能用完時，應予加蓋，存於冰箱中，以減少氧化損失。

十、醃製、調味食品儲存方法

1. 儲放在陰涼乾燥處或冰箱內，但不要儲存太久，先進先出為原則。

2. 開封後，如發現變色或組織改變者，即停止使用。

3. 蕃茄醬未開封不放冰箱，可保存一年，開封後應放在冰箱，沙拉醬未開封不放冰箱可存放 2 ～ 3 個月，開封後最好放冰箱冷藏。

發　　貨

餐飲管理基本工作，為求有效控制餐飲成本，須從採購開始就很嚴密地控制其作業流程，所有採購入庫之物料，均依物料本身性質分別儲存於乾貨倉庫、冷藏庫、冷凍庫或日用品存放倉庫，凡物料出庫，必須依規定提出領料申請單由各單位主管簽章，並根據庫房負責人簽章之出庫供需出庫，每天分類統計，記載於存品帳內，每日清點核對庫存量，以確實掌握物品之發放，做好餐飲成本控制之工作。

倉庫發貨管理功能可以使物料妥善保管，防止損耗與流失，積極方面係在使庫藏品能依產銷運作需求適時適量地迅速供應以提高餐飲生產力，消極方面是在管制庫存量，防止庫藏品之浮濫提領或盜領，使物料進出有

效管制,妥善做好發貨管理將可防範庫存品之流失浪費、可防範庫存品之損壞與敗壞,有效控制庫存量,減少生產成本以及有利於了解餐廳各有關部門之生產效率與工作概況。

壹、領料作業流程

1. 領料單填寫:請領單位填寫領料單,填明:領料單位、日期、編號、品名、規格、數量、領料人與領料單位主管簽名(見表6-10)。

表 6-10　領料單

請領單位: _____									
請領日期: ___年___月___日　發貨日期: ___年___月___日									
編號	品　　名	規　　格	請領數量	實際發貨數量	單位	金　　　　額			
						單　價	小　　計		
						合　計			
發貨人: _____　　領貨單位主管: _____　　領貨人: _____									

資料來源:本文研究整理。

2. 物料發放:倉管單位依領料單之內容發貨給領料單位。並填明:實際發貨數量、金額且簽名。領料單一式三聯。

表 6-11　庫存表

| 科號： |
| 名稱： |

編號：＿＿＿＿＿＿＿　　年度：＿＿＿＿＿＿＿　　單位：＿＿＿＿＿＿＿

月	日	憑　　證		進　　　　貨			出　　　　貨			結　　　　存		
		名稱	號碼	數量	單價	金額	數量	單價	金額	數量	單價	金額

資料來源：本文研究整理。

表 6-12　盤存表

| 月份： |
| 單位： |

編號	項目	規格	庫　存　數　量		差　異　數　量			單價	溢（損）金額
			單位	實際	帳面	單位	盤溢	盤損	
合計									
備註									

單位主管：　　　　　　　　　　　　　　　　　　成控員：

資料來源：本文研究整理。

3.庫存表之填寫：當倉庫內之貨品有任何變化時，應將變動情形，記錄於庫存表。填寫：規格、單價、品名、編號、最高存量、最低存量。記錄時應依各項憑證作依據，如驗收單、領料單、報銷單等且將結存數量計算於結存欄內。有關主管人員應定期或不定期的檢查其結存數量與實際數量是否相符合（見表6-11）。

4.盤點：每月盤點一次，盤點時會計部應派人會盤。

5.庫存分析：每月盤點之後將當月庫存情形作一分析，依據期初存貨、進貨、發貨、損毀等資料計算出帳面庫存量，再依實際盤點可以得知當月該項物品之損益情形（見表6-12）。

貳、發貨作業應注意事項

1.由使用單位如廚房、餐廳、酒吧及相關單位等，提出領料單申請。

2.領用手續要求齊全，無負責主管簽名或蓋章之出庫傳票之申請不能發貨。

3.發貨程序應迅速簡化，以達餐飲業快速生產銷售之特性。

4.發交廚房之物料，只發每日之需要量，尤其是較昂貴的食材。

5.乾貨庫存量，以5～10天為標準。

6.每日應分別依各單位提領物料分類統計。

7.每月應依當月之領料申請實施倉庫盤點，亦可不定期實施盤點，以杜絕浪費等流弊。

餐 飲 成 本 控 制

餐飲成本控制是從採購開始，其中包括驗收、儲存、領料（發貨）、預備、烹調、服務、出納、報表分析、再到餐飲成本控制，本章已討論過

採購、驗收、儲存以及發貨，接下來則討論預備，烹調時對餐飲成本控制的影響，至於服務及餐飲出納會計，由於其範疇相當廣泛，不是一章節可以討論完的，所以在本書第八章會專門討論餐飲服務，第十章則專門討論餐飲出納會計，不過此節也會針對服務及餐飲出納會計，對餐飲成本控制之影響有所探討。

　　大體規則（ *Rules of Thumb* ），餐飲成本是佔總收入 30 ～ 40％為原則，視餐廳種類、菜單、服務流程之不同，有一定比例之差距。一般而言，假使餐飲事業能夠嚴格實施良好的成本控制之主要目的乃是增加餐廳之利潤和杜絕無謂浪費，而並不是怕顧客吃，在菜餚上偷工減料，若是在菜餚上偷工減料，則失去餐飲成本控制之意義。餐飲成本控制良好之餐廳在烹調過程中皆會實施下列四項控制原則：標準採購基準（ *Purchase Speci-fication* ）、標準得利（ *Standard Yield* ）、標準採購基準（ *Standard Reci-pe* ），及標準份量（ *Standard Portion* ）等。

壹、烹調對餐飲成本控制之影響

　　食物製備、烹飪，若是沒有一定標準作業規範，易造成菜餚質量與訂價之不平衡，而引起顧客反彈，甚至增加餐飲成本、降低服務品質，生意衰退。為有效防範以上缺失，廚務工作人員務必事先做好標準採購基準卡、標準得利卡、標準食譜卡，以及標準分數卡等措施來因應。

一、標準採購基準（ *Parchase Specification* ）

　　為了使廚師烹飪標準化，首先所採購之原料必須統一品質、大小、重量、等級、品牌以及用途等。以美國進口牛肉而言，一隻牛分十幾部份的牛肉，同一部位之牛肉依品質再分為六級：(1) *Prime* 最高級品；(2) *Choice* 優良品；(3) *Good* 良好品；(4) *Standard* 標準品；(5) *Commercial* 經濟品；(6) *Utility* 實用品，請購時必須指定品名、等級、尺寸、數量、品牌及用途

等，以了解其成本多寡，適當訂價，進而達成餐飲成本控制的目的。

二、標準得利（*Standard Yield*）

購進餐食用料，依用前的原料分為兩種。一種是購進時形狀，直接可以下鍋的，如蔬菜、調味品。另一種是購進的形狀不能下鍋，要先經過處理後才能烹飪，如一隻雞須經剝開，把骨頭及脂肪取掉，剩下部份才可下鍋。這種要預先處理餐食，會有一定損失率與可用率，稱為 *Standard Yield*。其材料處理會經過分割處理（*Butchers Breakdown*）、烹調處理（*Cooking Taste*）及修剪處理（*Trimming Test*），如鳳梨、竹筍等。經過以上三種處理後，其價值比原料未分割前增加若干倍，稱為成本因子（*Cost Factor*）。如此，將可使餐飲成本控制更精確。

三、標準烹飪（*Standard Recipe*）

表 6-13　標準烹飪樣本

菜名：			
份數：		溫度：	
份量：		時間：	
成　　份	數　　量	作　　法	
主　要　材　料			
次　要　材　料			
調味料及其他			

資料來源：高秋英著　餐飲管理，頁 281。

對每一種菜餚的材料種類、數量或重量，烹飪方法、溫度、時間、一人份的份量等訂定其標準，稱為標準烹飪，每一種餐食，都設有卡片，將上列各項一一記載，並附有照片說明（見表 6-13）。

四、標準份量（*Standard Portion*）

經烹飪好之菜餚分配給顧客或裝盤時，不憑感覺，而使用定量、定重的容器分配，使每份份量標準化稱為標準份量。

貳、餐飲成本控制之技巧

1. 菜單設計：訂價是否合理，菜餚分配是否均衡，菜色是否有創意，適合大眾口味。

2. 採購：確立良好採購制度，採購確實是使用單位所需要的物品，價格是否合理、品質、數量、重量是否正確。

3. 驗收：確立良好驗收制度，如品質、數量、重量、價格是否符合採購單之要求。

4. 儲存：確立正確儲存方式，如冷藏庫、冷凍庫之溫度是否符合規定。倉庫是否清潔，合乎衛生標準。

5. 發貨：確立正確領料程序，避免物料浪費，並確實做好盤點與庫存分析。

6. 烹飪：確立標準食譜、標準得利（含肉類分割、烹飪處理及修剪處理等實驗。確定成本因子）、標準份量及標準採購規格，以減少餐食材料浪費，並進一步精算成本，做好餐飲成本控制。

7. 服務：服務人員是否按規定開立點菜單，服務人員是否私自從廚房、吧檯取出餐飲送給顧客使用、是否有顧客跑帳。

8. 出納：餐廳出納，是否有不法行為，帳單價目是否正確，是否有餐廳稽核工作。

9. 報表分析：是否有定期做餐飲成本報表分析，與一般標準比較如何？餐飲成本過高原因為何？是否有因應對策。

以上是餐飲成本控制之技巧，若能確實注意各項細節，相信可將餐飲成本控制在理想的範圍，並增加餐廳之營業利潤。

參、餐飲成本過高原因之分析

根據美國佛州州立大學餐旅管理學院教授 *Peter Dukas* 和 *Donald E. Lundberg* 出版的書「*How to Operate a Restaurant*」指出七十五點原因。列舉原因之中，有部份並不適用每一個餐廳。因為，本書第一章曾分析過餐飲種類至少有十四種以上，餐廳種類不同，就有不同經營與管理方式，不過下列之分析對不同餐廳的經營管理皆有資料核對的助益。

一、菜單

菜單方面應著重新鮮度、刺激食慾、菜色充實、迅速、季節性及市場調查等六點。

1. 忽略其時間性、季節性、溫度及濕度。
2. 菜單的製版印刷不夠清晰、菜名艱澀、過於誇張、戲劇性。
3. 菜名過繁或過簡。
4. 菜單單調。
5. 高低成本菜色之銷售情形不均衡。
6. 沒有儘量促銷低成本的食品。
7. 忽略哪些是上市的食品，而捨近求遠。
8. 缺乏食品擺置外觀及調配。
9. 菜單價格調整不當。
10. 烹飪所需勞力的人數和種類未能分配週全。
11. 烹飪所需設備器具的數目和種類未能分配週全。

二、採購

儘量以 *Open Purchase Order* 為原則，避免採購過量。另外，師傅所習慣與喜歡選用之菜類問題，亦影響採購。再者，申請單位與採購單之間，應有艮好的聯繫。（以下幾點則為採購程序不完全，所產生的弊病）。

12.採購過量。

13.採購成本過高。

14.對於質、量、種類等缺乏整套詳細規格。

15.缺乏採購比價的指標。

16.採購權及責任劃分不清。

17.與供應廠商之間聯繫不足。

18.採購缺乏成本預算觀念。

19.帳單與付款之稽核工作不嚴謹。

20.訂貨缺乏彈性。

21.投機採購，致使價格反而高漲。

22.採購者與廠商之間勾結。

23.驗收人員的操守不足。

24.對於品質、量及價格未嚴謹核查。

25.對於損壞或未曾收到的貨品，沒有一種得到信用補償的制度。

三、驗收

為了防止驗收所產生的弊病，可採下列三點實施：(1)驗收連續號碼的控制。(2)驗收人員、採購人員及使用單位一起驗收貨品。(3)度量衡公會每月派員檢查驗收器具是否合於標準。

26.驗收方法及程序未核查。

27.驗收器具不足。

28.驗收設備不夠精艮。

29.已驗收之物品沒有報表記錄。

30.驗收過的新鮮物品在進倉之前放置太久。

四、儲藏

31.儲藏位置不當（例如：油、蛋及牛乳擺的太靠近起士、魚類等氣味很重的食品）。

32.儲藏之溫度、濕度不當。

33.進倉之食品沒有作到每日巡查的工作。

34.乾料倉庫及冷凍倉庫不夠衛生。

35.倉庫內發生偷竊行為。

36.滯銷貨品無定期報告，盤點總數無記錄。

37.沒有實際及永續盤點制度。

38.保管組人員對食品的存放，無個人責任感。

五、發貨

必須確立師傅簽領物品的權威，使其重視職權。

39.對出倉的食品缺乏控制及記錄。

40.領料、發貨的授權、責任不明確。

41.對出倉食品之時價未注意。

42.應該出倉食品未被領出——譬如食品進倉已屆期限。

六、準備

43.供去骨、切片、切雕、修剪、削皮用的器具不全。

44.蔬菜、肉類修剪過多而造成浪費。

45.沒注意檢查生鮮類食品。

46.對於低成本的肉類，疏忽了再利用的價值。

七、調理

47.準備過量。

48.調理不得要領。

49.調理溫度不當。

50.調理時間過長。

51.烹調前的準備時間不當（太早或太晚準備）。

52.未按照標準烹飪法作菜。

53.烹調設備不全或不乾淨。

54.沒有注意菜色的精美—應少量烹調而非大鍋菜。

55.沒有標準份量。

八、服務

餐廳的管理應有菜單分析的程序。

56.服務用廚具沒有標準尺寸。

57.未留意剩菜的處置。

58.廚房出菜與銷售量沒有詳細記錄。

59.出菜時間延誤。

60.不留心以致食品變質、浪費等。

九、銷售

61.服務員的操守不良。

62.出納員的操守不良。

63.不留意而被跑單。

189

64.較受消費者喜歡的菜色，沒有作一個比較分析，銷售情況比較，存貨量消耗亦沒有分析。

65.沒有銷售記錄可查，藉以分析食品供給的趨勢。

66.餐廳氣氛不好、菜色不吸引人、服務不週到。

67.對內、對外之推銷宣傳不夠。

68.每日銷售情形沒有作妥善稽核工作。

69.沒有預估業績及成本預算。

70.沒有市價趨勢的記錄。

71.個人權力與責任沒有查核。

72.報表使用太多形成浪費。

73.缺乏有系統的控制程序。

74.員工用餐經費沒有計算。

75.燃料沒有控制。

人 力 成 本 控 制

餐飲成本又稱為直接成本，而人力成本則稱為間接成本，根據 *Marketing by Menu* 一書之作者， *Nancy Loman Scanlon* 在成本控制章節指出，理想成本結構分析為餐食成本佔營收 40％，人力成本佔營收 30％，總務行政費用佔營收 20％，利潤佔營收 10％，如圖 6-3 成本、利潤分析。

圖 6-3 僅就一般情況而論，當然並不適合每一個餐廳，不過從圖 6-3 可看出，餐廳之利潤並不高，僅佔營收之 10％，若是要增加餐廳利潤，則非從成本控制下手不可。前節已經提到餐飲成本控制之技巧與方法。餐廳若是有效控制餐飲成本和人力成本，將利潤提高至營收 20％ 應不是一件難事。

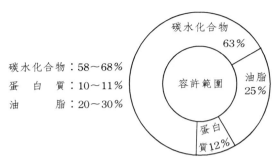

碳水化合物
63%

容許範圍

油脂
25%

蛋白
質12%

碳水化合物：58～68%

蛋　白　質：10～11%

油　　　脂：20～30%

圖 6-3　成本和利潤分析

資料來源：Nancy Loman Scanlon Marketing By Menu p.194

壹、人力成本範圍

　　人力成本計算，除了固定薪資外，尚包括用人有關的一切支出都應提列在內，例如登廣告徵人的廣告費、新進員工請人訓練的訓練費，員工的制服費、膳宿費、勞保費、健保費、福利、年終獎金及退休金等，都是人力成本的項目，實際上約略等於用一名員工所付薪資的 20%，換句話說，餐飲業真正的人力成本是每月付出薪水的 120% 左右，所以餐飲業者在計算人力成本過程中，不要忘記計算除薪資以外的項目，以精算人力成本佔營收之百分比，做為營運的參考指標，或改善方針。

　　人力成本為經營餐廳第二項開支，控制得當之餐廳每個月人事開支為控制在 20 ～ 25%，若超過 30% 以上，餐廳獲利就不易，許多餐廳老闆皆喜歡以高薪挖角之心態來聘請員工，造成人力成本居高不下，甚至於超過總收入之 35% 以上。人力成本支出過度膨脹，達到每月開銷的 30% 以上，餐廳是不可能有盈利空間的。若是像汽球一般愈脹愈大，達到 40%，經營者更是血本無歸。所以餐飲業者要仔細控制人力成本，直接地加強員工教育訓練，提高勞動生產率。間接地降低員工流動率及減少不必要支出。

191

貳、人力成本控制之技巧

1. 加強員工教育訓練：餐飲從業人員有了專業且熟練知識、技術和態度，可以提供良好的服務品質，更進一步可以提高生產力，使原本需要兩個人之工作，可以用一個具有專業及熟練的人員完成，無形中可節省一個員工之人力成本，所以餐飲業者宜加強員工之教育訓練，以提高工作生產力，並降低人力成本。

2. 避免不合理挖角：由於目前餐飲業蓬勃發展，且又面臨各階層員工不足，所以許多業者經常以高薪挖角各階層人員，導致人力成本高漲，有效解決之道是確立餐廳之教育訓練體系，自己培養人才。

3. 採用計時員工：視餐廳營運情形，適當採用計時人員來代替全職人員，因為計時人員餐廳僅提供勞保、健保、制服以及一餐膳食之外，並不提供任何福利，如年終獎金、退休金以及休假，適當運用計時員工，可以節省相當多之人力成本。旅館之宴會廳或獨立餐廳有宴會時，一時之間需要很多工作人員，可以採用計時員工來解決。

4. 人員排班：根據勞動生產率，配合餐飲人潮多寡的不同來排班，例如用餐時間，一百個座位之餐廳需要五個服務人員，而在非用餐時間則僅需要二個服務人員，利用時段不同，精密計算工作量，可以減少許多人力成本之費用。

5. 降低員工流動率：人員流動頻繁，廣告、制服以及訓練費用無法控制，亦將影響人事費用高漲。以下是降低員工流動率之方法：

(1)做好員工生涯規劃，讓員工知道自己升遷管道。

(2)做好福利制度，例如服務年資達一定標準後，可分配員工宿舍，或由企業提供低利率購屋貸款，或是有退休金、員工教育基金等，除薪資以外的福利設施。

(3)設立申訴制度：申訴制度，可以讓不滿員工有宣洩之管道，無形中可化解員工心中之怨氣，並可解決員工之困難，增加員工對公司的

信心。

(4)員工教育訓練：員工之教育訓練可以滿足員工求知之慾望，並可增
　　加其專業知識或一般知識，餐飲業之專業知識又是很繁多，舉凡語
　　言、禮儀、銷售、管理等，適當的員工教育訓練可以增加員工工作
　　之自信心，同時也可以留住員工的心。

(5)分紅入股：讓員工也成為老闆，是現代企業經營手法，員工入股
　　後，對安定員工信心相當有助益。

6. 有效激勵員工：以獎勵代替懲罰，以讚美代替責備，多給員工關
懷，多說幾句好話，無形中可以激勵員工之工作熱誠，順利完成工作目
標，提高生產率。

參、建立員工的成本觀念

降低成本，不是老闆或是管理者少數幾個人可以執行，而是需要全體
員工一致認同與合作才有可能完成，因此將餐廳之經營成本透明化，建立
員工正確的成本觀念，才是降低成本的不二法門。

經營成本的透明化，就是將每月餐廳的實際支出，直接材料、人事、
房租、折舊、利息、資本回收、行政開支、稅捐雜項八大項目，分項列出
並做成百分比，公佈給全體員工知道，讓員工了解公司支出都用在那裡，
那些地方有過於浮濫應當節約的部份，透過這種措施，所有員工能建立清
楚的成本觀念。

在全體員工一起努於降低成本的方向下，每月逐項討論各項成本降低
之比率，若各項成本有降低，則從降低百分比取出一定比例之金額，回饋
給全體員工，做為獎金，以資鼓勵，如此，經營者降低成本的計劃才能毫
無阻礙的進行。

《問題與討論》

1. 餐飲管理之基本工作流程為何？

2. 採購作業流程為何？及其流程圖？

3. 採購人員之工作條件與工作職責為何？

4. 請敘述採購之方法？

5. 何謂貨品或食品規格（ *Specification* ）？

6. 請敘述驗收員之工作職責？

7. 何謂食品記號與標籤？其功用何在？

8. 倉庫之種類可分為幾種？其溫度與濕度標準各為何？

9. 請簡述肉類、蔬菜、水果及調味品之保存方法？

10. 請簡述發貨之作業流程？

11. 烹飪過程中有四項標準規定？請敘述之。

12. 餐飲成本控制之技巧為何？

13. 採購過程中導致餐飲之成本過高原因為何？

14. 人力成本控制之技巧為何？

15. 降低員工流動率的方法為何？

《註釋》

1. 陳堯帝，1995，食物採購學，揚智文化事業有限公司出版，初版，台北， p.1, pp.28−29, pp.264−265, pp.279−280, p.283, p.293

2. 高秋英，1994，餐飲管理，揚智文化事業有限公司出版，初版，台北， p.281

3. 韓傑，1994，餐飲經營學，前程出版社，十版，高雄， p.211, pp.222−224

4. 何西哲，1993，餐旅管理會計，自版七版，台北， pp.287−288, pp.493−494

5. 張綵麗，1987，立威股份有限公司出版，初版，台北， pp.77−79

6. Jack D. Ninemeier, 1991, Planning and Control for Food & Beverage Operation AHMA Third Edition, U.S.A. pp.132−133, pp.151−152

7. Nancy Loman Scanlon, 1991, Marketing by menu Van Nostrand Reinhold, U.S.A. pp.193−194

第7章 烹飪

烹飪前準備工作
──用具及器皿的準備

烹飪材料的選配及處理

壹、選配材料

貳、材料的處理

烹飪、刀工和火候

壹、刀工

貳、火候

中菜烹飪的方法

壹、中菜烹調方法

貳、調味與配色

西菜烹飪方法

　　中國人是一個講求「藝術」的民族,「吃的藝術」更是歷史悠久,遠近馳名,故中國菜的知名度目前全世界的人都知道。因此,西洋人也以「吃在中國」之說,讚譽中華美食之盛名,也有人專門探討中國的「美食文化」。因為中國菜餚的烹飪,不僅富有其藝術的風格,而其中國宴會的禮儀典章,更有其特殊的文化淵源,無論內容和形式都有吸引人的地方,千變萬化。有人曾形容中國的菜餚,宛如一幅中國的潑墨畫,其內容有主菜、佐料、調味品、香料等,透過廚師精湛的烹調技術,在經過多次的處理之後,盛在古色古香的餐盤中,色調柔和、香味四溢,仔細品嚐之後,無不心醉,真可謂只能意會而無法言傳之!

　　東方人早就知道使用豆腐、金針、木耳、海藻類為烹調材料,而中菜烹調的方法亦近三十多種,除此之外,更講究每道菜餚的刀工、火候、調味,此三者相輔相成,而對於盤飾的外觀亦是講究,並也希望營養調配上能順應季節,合於老幼。因此在烹調之前,似乎還有許許多多重要且基礎的準備工作,必須先去學習及了解的,因此,在下面幾節中,將介紹一位優秀的烹調能手應該知道,掌握哪些烹飪的專業知識和技巧呢?

烹 飪 前 準 備 工 作——用具及器皿的準備

　　所謂「工欲善其事,必先利其器」,所以必先對於烹調的用具有先一步的認識,才能充分的有效利用。但談到用具和器皿,名目相當繁多,難以贅述,所以下面將針對一般常用而重要的器具,做一簡略的介紹:

　　1.炒鍋:多數烹調方法都可用它做成,使用機會最多,而它的最大特色在於其鍋底呈弧圓形,目前有鐵製、不鏽鋼、鋁合金等,不鏽鋼與鋁合金製的雖不易生鏽,但易燒焦,所以普遍都喜歡採用鐵製的,原因在於它價格便宜、吸油強、散熱快、不易燒焦、且重量適當,提取方便。而炒鍋最好能準備兩個最理想。

2. 菜刀：如果只準備一把刀放置在廚房內，切、剁一起來，似乎不盡理想，因為剁骨的刀去切片切絲會感覺沈重吃力；若用切片的刀切帶骨的肉，會使刀損傷，所以最好能準備兩把，一把為剁刀，厚重而鋼口好的，用為斬件，剁塊時，不損刀鋒並省力。而另一把則為薄切片，薄而利以為切片、切絲之用，因為刀片愈薄，切薄片才不會有厚度。而切割用的刀，種類很多，您亦可視您的需要情況做適當的配置。

3. 鍋鏟：是與炒鍋配合使用不可少的用具之一，因為它的前端略呈弧形的彎度，如此少量的油或調味料可置其內，烹調非常方便。

4. 鐵杓：可用於攪拌鍋中食物並舀取菜湯，以及做為計量匙用，使用方便。

5. 漏杓：用於撈取油炸食物或菜。

6. 網杓：用於撈取麵條、餛飩、餃子，也可撈取油炸食物。

7. 蒸籠：籠屜和蓋子都用竹條編成，使得蒸氣上升均勻，也不會有水氣滴落，用於蒸饅頭、包子、燒賣及雞、鴨、魚、肉等。

8. 點心蒸籠：形狀與蒸籠相同，但其直徑約十五公分，點心蒸好後，可連屜一起上桌。

9. 砧板：以烏心木質質料最佳，一般以直徑十二吋至十五吋，高約四至八吋為適合。

10. 捍麵杖：以較硬質料木材製成，做麵皮、餃子皮最適用。

11. 盤、碗：質料多以磁製為佳，花色、式樣及大小，均可隨意選擇，但要求美觀大方、大小適度、圓形或橢圓形也須做適當的選用。俗語說：「美食不如美器。」可見美器的重要。試想一道精美的菜，放在一個粗陋的盤碗內，是否太煞風景了。

烹飪材料的選配及處理

壹、選配材料

　　菜餚的原料，種類非常非常的多，如果概括地分類，有：雞、鴨、鴿等禽類；豬、牛、羊等畜類；魚、貝、蝦等海鮮類，心、腰、肝、肫、腸、卵、舌等內臟類；還有蛋及豆製品類；乾鮮、乾素等南北貨類；葉菜、莖菜、種子、蕈、花菜類等蔬菜類，如果要再仔細地去知道它詳細的名目，數目有數百種之多。甚至於同種類之間，也會受產地之不同、不同品種、成熟度、季節性，甚至於肥料土壤之厚薄、運送貯存之過程的影響，而致使它的質量呈現另一種不一樣的風味，都是可能的。

　　因此，如何去鑑別好的材料，應先對其來源和特點有所認識，並懂得上市的時節作適當的選擇與搭配，並且應避免材料的重複過多，如果有時因菜式太多的情況下無法避免，可選取每類兩種以上，利用不同的烹調方法來調配，使呈現另一種不一樣吃的感覺！

　　以下將概略地介紹，如何去選別及利用好的材料：如蔬菜的清淡口味可以中和葷食的油膩感覺，而且其鮮明亮麗的多種色彩，可給予餐飲視覺上的豐富變化，除了注意為菜餚配色外，同時也要注意季節的變化，購買季節盛產的新鮮蔬菜，具可口性且營養好、品質性，這包括顏色正常，質地脆嫩、外形豐潤結實、大小劃一、較無斑點，枯萎、腐爛的現象，而且價格低廉。比如綠葉蔬菜，我們在挑選上會以顏色愈濃綠愈好，並且葉脈明顯，葉子呈現綠油油的感覺，才是新鮮。像蘿蔔、茄子等，表皮要呈現光滑不起皺且沈重者為佳，但如果是小黃瓜、苦瓜卻要挑外皮刺或疙瘩多的。而長在土裡的塊根、莖類，如果附有泥土，最能保存新鮮。蕈類久置

外觀潮濕變黑，則不宜選購食用。最後，像蘆筍、韭菜、豆芽之類的莖菜，最好是看起來越脆愈易折斷者，則顯示其愈鮮嫩。

魚類的挑選和蔬菜一樣，也是需要注意季節性的，新鮮的魚，一年四季都有，並以春、秋兩季最為肥嫩、且沒有泥土味，如鱒魚以立夏至端午這一段時期最肥。而魚的挑選，較為容易，當然是活的最好，但如果你沒辦法買到新鮮的活魚，可以從它的鱗片是否完整，不容易剝落，鰓是否鮮紅完整；魚的眼睛是否明亮、黑白分明，不會顯得呆滯等方面去做判斷。

現今市面上所售的雞肉，幾乎都是所謂的肉雞或半土雞，這是為食用而特別以飼料餵養的雞，肉質比土雞更加清淡柔嫩，容易消化，價格也較便宜。而根據食用的經驗，最理想的雞，特點是羽毛豐滿，皮色白淨發亮，毛細孔均勻，黃嘴黃腳，兩眼有神，肉質肥嫩，以這樣的雞作為材料，無論用什麼方法烹飪，都很相宜。雖然現市面上都是宰殺好的雞，但我們也可以利用它不同的部位，做出好的菜來，如腿肉為整隻雞活動量最大的部位，肉厚而富彈性的深色肉，適合連骨炸烤或切丁、切塊蒸煮，胸肉嫩而無筋顏色淺，適合切片、切絲或剁茸，快炒或涼拌冷食。一般都不從翅膀取肉，整付滷、炸、燒、煮等較適宜；其他如雞爪可做香菇鳳爪湯、豆豉鳳爪等；內臟如雞肫、肝、心、胰等可做下水湯或炒、燴、滷等。

豬肉以短腳、直腰、黑毛、細皮、白色的沙豬才算上品，肉色是最常被用於判定肉之品質、貯存時間及可接受性的標準，正常的色澤變化為當肉切開時所見到的肉色是紫紅色，但當它置於氧氣中，與空氣接觸時間愈久，色澤越暗，表示它愈不新鮮。而肉類是鐵質和磷質的良好來源，一般顏色較深的肉，鐵含量越高，如牛肉比禽肉、魚肉鐵質多，這也可以是我們挑選肉類的考慮因素之一，考慮到它的營養價值。同一隻豬的各部分，各有其用途，腿肉宜切成丁、絲、條、片，用以炸、溜、爆、燴；排骨最好是煎、溜；里肌肉宜火爆、溯炒、軟炸，以保持其鮮嫩；五花肉脂肪多，筋腱少，適合各種烹調方法，如回鍋肉、滷肉……等等，也可以斬碎做釀心或獅子頭；肋條和蹄爪宜於燒、烤、悶、煨；腰肉只能作配料，藉

以增加油分。不論挑選的材料是什麼？只要用之得宜，就能盡善盡美。

貳、材料的處理

有了好的原料，如果沒有好好利用和處理，仍無法做出好的菜餚出來。關於原料的處理方法，除一般所熟知的宰殺、去毛、洗滌、醃漬等外，比較特殊而且帶有技術性的，還有去皮、抽筋、出骨、漲發、上漿、刻花等方法。

所謂洗菜並非是單指洗菜就能完畢的，在洗菜前必須做，諸如殺剪、刨削、招摘、泡發等過程。雞鴨魚蝦要殺剪，根蔬、莖蔬要刨要削，葉蔬要招要摘，乾鮮、乾素要泡要發等工作。等以上這些初步工作完成後，才算是真正的洗菜，但此時我們還要注意：雞鴨身上的隱毛及絨毛、魚的殘鱗與殘鰓、蝦的腸泥、蔬菜可能殘留的農藥及小蟲等清理是否乾淨，以避免吃菜的時刻才道後果。

去皮的技巧性不大，但要用得當。通常作為斬茸[註]，做釀心或切丁、切絲的原料，都必須去皮，而川菜回鍋肉中所用的肉片帶皮，則屬例外情形。斬茸時以去下的肉皮墊底，避免沾上砧板的木屑。而如果是要帶骨斬塊的，一般都是不去皮的。裡子雞初長的新雞，炒肉時，是不可以連皮下去炒的。

所講的切菜，只不過是一個籠統的說法罷了。事實上它應該包括有：切、斬、剁、刨、拍等動作，就是要將所有烹調用的材料由大改小，從原來的形狀變成各種不同的式樣，除非是整隻雞、整條魚、整隻鴨或整條蝦外，大多數的菜餚都會經過「切」這個過程。而它的大小、長短、寬窄、厚薄，必須要均勻，在在都對菜的美觀、火候、味道、數量有莫大的關係。像牛、羊、豬肉類切片或切絲時宜橫切，這樣的話，在吃的時候，比

[註] 茸：把雞、鴨、魚、肉等材料出骨去皮後用刀背斬成肉泥，稱為「茸」，也稱為「絨」。

較容易嚼爛；切成薄片時份量看起來也會顯得比較多；而如炒腰花，這樣一道搶火菜，必須在切成腰片前，先橫豎上都切上幾個半刀（片的一半深），這樣炒出來就會嫩而脆香，否則會使得外老內生，味道全失。總之求得適用、整齊、大方與美觀為切菜技術的原則。

為什麼會在某些材料上，做抽筋的這一個動作？因為抽筋的作用是在保持原料的鮮嫩，在炒菜原料中，雞胸肉和牛肉都屬於質地嫩者，但是在雞肉內臟有一條暗筋，而牛肉中也有不少縱橫的筋絡，因此我們一定要先將肉剖開，把筋抽出來或挑斷它，才能保證其細嫩，否則入口雖嫩，但吃到最後，仍會嚼出餘渣來。

將動物中禽鳥與肉食品類材料出骨、脫殼後再行烹調，吃的時候會覺得方便。而出骨通常有生出及熟出二種。熟出的話比較容易，並且能節約材料，但它的用途並不廣。生出的技巧要求比較高，特別如鳳吞花菇、八寶鴨等菜餚，必須是全脫或者半脫（整隻鴨保持原有形狀，僅在背部開一縫，把全身骨骼剔出稱為全脫，如保留腿骨部分即稱為半脫）出骨手續非常地複雜，須要在背部頸根與兩翼之間開一長三至四寸的縫口，將皮肉分開，拉出頸骨將斬斷，再將翼與皮肉相連的筋絡割斷，一根根的細骨也要斬，然後肘上半部翻轉，仔細地將胸骨及背骨挖出，直到前半身骨骼全部都脫盡，最後才再抽除腿骨，這樣才算全部完成。經過全脫或半脫的處理後，在它的腹內填塞一些珍貴的佐料，使它的風味更好更佳。

我們在處理山珍海味這一類名貴原料的必須手續，就是漲發，如魚翅、熊掌、海參、鮑魚、魚肋等都需漲發。方法有水發和油發兩種方式。質地較堅硬，含泥沙較少的則用水發，所需的時間視材料質地的不同有所長短，如魚翅中最名貴的名宋黃，必須經過四、五次水煮，刮沙和六、七天的漂浸才能發透，馬爾賽統日、六港棉裙、日本鳥鉤等排翅，漲發的時間可縮短二天，水煮的次數也可以減少。老鉤、皮刀等散翅的漲發時間還能縮短些。而在我們做漲發前，應先將有愕齒的邊緣用剪刀剪去二分左右，然後才將魚翅下鍋煮軟，並連同沸水倒入內缸浸燜，待水溫涼了後將翅取出，換清水漂洗一下，再用藤筋與小刀刮去泥沙，洗乾淨之後再下鍋

煮二小時，撈出來再漂，就這樣反覆地做四、五次就可以做菜了。

　　油發則比較適合於像魚肚、蹄筋等，手續則顯得簡便多了。只要將原料投入油鍋，用溫火窩過後，再用旺火發透，取出來淋乾，浸泡在熱水中，讓它變軟，擠出油質，最後再用清水漂洗一下即可。

　　上漿則是為了保持菜餚的鮮嫩、原味和增加菜餚色澤光彩的最好辦法。上漿是由雞蛋和生粉﹝註﹞調製而成的，可以單獨使用，也可以摻和後應用。炒菜想保持原色，我們可以先用蛋清成以蛋清和生粉，打透後上漿。油炸的原料則可用整粒蛋調勻後上漿，這樣的話，炸出來的菜餚則會呈現金黃色，並且鬆脆可口。

　　而刻花是一種裝飾的手法，為了使菜餚的形式看起來更加美觀，而它的做法有二種：一種是材料堆砌而成的。如鳳凰桂魚、仙鶴哺蛋等。而另外一種則是在菜餚外皮上鏤刻成各種不同圖樣或字畫，如什景冬瓜盅等。

烹飪、刀工和火候

　　之前，曾提到刀工和火候是烹調食物時必不可或缺的兩大過程，可見刀工和火候間的關係，也是非常密切相聯的。不講究刀工，就無法掌握火候；切的時候，塊粒的大小、厚薄、粗細不勻等，都可能影響到下鍋後，有的可能先熟，有的比較慢，將會產生老、嫩、生、熟不一的情形，而且樣式也不美觀，因此刀工與火候應該是相互配合並且值得下功夫研究的。

壹、刀工

　　刀工簡單的來講，就是切配原料的各種操作方法。就一般的材料來

﹝註﹞生粉：是將山芋粉、菱粉、豆粉、馬蹄（荸薺）粉之總稱，在菜餚中作者膩用。

看，可切成片、塊、條、丁、絲、球、末、茸等各種形狀，當然這每一種形狀又包括許多種的樣式。比如有菱形塊、旋刀塊、三角塊、骨排塊等塊狀；而片則有秋葉片、柳葉片、長方片、指甲片、厚片、薄片等。不管你想使用哪種刀法，切成什麼樣的形狀，都必須先根據你所有材料的質地和烹調方法才來決定。雖然之前曾提過廚房至少要備有厚、薄刀各一，但通常一位在菜館的砧燉師傅，還會再加上一把骨刀。有這三種用處不同的刀，使材料更能顯得整齊、美觀、均勻一致的情況。

在這之前，曾簡略地介紹過薄刀及厚刀，但在這裡，再做一詳細的介紹。

薄刀又稱為片刀，是最基本的工具之一，切丁、絲、條、片等都用得到它。但它的刀法變化很大，如我們在切肉絲，必須先把刀口橫過來向塊肉的側面一層層的切進去，等到切成片後，再把這些肉片都壓成梯狀，再直切成絲。而切魚片則必須把刀口對準魚腹斜切進去，到底時再直刀切斷，這樣才會厚薄均勻，下鍋後自然能捲翹成元寶形。而至於切像豬腰、鴨肫、肚尖等質地堅韌的材料時，必須用花刀，正反兩面都打花，下刀要有一定的深度，不能切斷，刀距平均，橫直一致，使材料表面成為若干的十字叉形，下油鍋後也會捲曲成球狀。總之，刀深刀距都要相等，才不致於破壞美感，而使材料的各部分感受熱度不均，發生半生半老或外脆裡不脆的現象。

厚刀主要是用於剁肉的，適用於斬茸、斬末等動作。而不論刀背、刀口都有其用處，像斬茸就是用刀背剁的，才會斬得細。而斬末一般都用於熟料，考究的細末則不用刀斬，而是切出來的。

骨刀用在斬剖帶骨的材料，一般有斬、劈、推、拖等用法；如剖魚，則是先將魚頭劈掉，將魚豎立起來，背脊向上，一刀下去時，要對半分開，然後再用刀向前後輕輕地推拉，而魚則從頭到尾裂成二片。再如剖雞，先將雞頭以下約一寸左右的頸骨斬斷，然後算頭至尾用刀剖開。拆骨的時候，再將刀後兩旁骨肉連接處挖進去，而骨架則自然的與肉分離了。

刀法應根據不同材料來運用。切魚和切肉是不同的，切牛肉和切豬肉

也是不相同，牛肉的纖維組織中筋絡絲縷很多，切絲切片都要掌握住它的特點，不能照它的紋路切，而豬肉則相反，必須照著它的紋路切，否則做成菜後，牛肉就會太老，而豬肉則顯得斷斷續續，零亂不堪的樣子。而主料與配料的份量和形狀上也要相稱，配料的形狀必須配合主料的形狀。如果彼此不相稱的話，會破壞美觀，也會有「喧賓奪主」的情況。

貳、火候

　　成功的烹調，兼具刀工、火候、調味、盤飾等功夫，缺一不可。其中，火候的運用，如果方法運用不當，看火的技術不佳，儘管是最好的材料，經過精工處理，刀弦也合於標準，但還是達不到色、香、味俱佳的要求。可以以希望達成的食物質地，例如：嫩、熟、軟爛、乾酥脆等為標準，來選擇不同的熱能，分別說明如下：

　　1. 微火：又稱為弱火，火曲很低、火力很弱的狀況下，適合做烘春捲皮、煎蛋皮等。

　　2. 小火：又稱為文火，比微弱的火力稍大，用於煎蛋、燜熬、煨煮、燉、保溫等，使食物有著質味濃的效果。

　　3. 中火：中等火力，一般家庭較常使用，習慣的，如燒、烤、炸、煮等。

　　4. 大火：比中等火力大，炒菜、川燙、蒸物、煎肉時用之。

　　5. 猛火：亦稱為武火，是最大的一種火力，火焰高漲，熱能大，大部分的餐館多用之。爆炒、燒湯、質地脆嫩，如清炒蝦片、炒鱔糊等。

　　然而，這些火候又會因油的多寡，投料的先後，操作的快慢，不同器具的處理，而有炸、爆、煎、貼、炒、蒸、溜、燜、羹、風、涮、煨、凍、燻、烘、窩、扣、醉、糟、泡、醬、炔、炆、拌、糸、燴、燙、拼、烤等烹調方法。烹調的技術除表現在各種基本動作的掌握外，還要看他能不能在各種火候中，根據菜餚的顏色、型態等所引起的變化而判定烹調是否成功了。在下節中，將詳細地介紹中菜的烹調方法。

中　菜　烹　飪　的　方　法

　　大家都知道中國菜不僅僅種類很多，而其烹調方法更是不勝枚舉，在上節中已稍微為大家細列了幾個方法，總共烹調的方法約有三十餘種之多。而因地區的不同，有如江浙菜、湖南菜、福建菜、廣東菜、四川菜、北平菜……等，依其各種菜式和烹飪的方法，使得各地區有其獨特的風味。有人曾形容中國的烹飪藝術與方法，就如同寫文章一般，同一文章的內容，因技法的不同而有不同的格調；又好像是變戲法，即所謂「戲法人人會變，各有巧妙不同」。

　　下面將介紹各種烹調方法及其所用的火候的區別：

壹、烹調方法

　　1. 炸：油量一定要多，俗稱大油鍋，要旺火熱油（在物料下鍋時，有爆炸的聲音）。因為這樣，能將食物中的水分除去，油脂逼出，造成特殊香味及脆酥效果。材料要同時下鍋，同時起鍋，這樣炸出來品質程度才會一致，且最好是炸兩次，因為回炸一次，可使多餘的油脂逼出。通常食物包層裹如：芡粉、麵糊、麵包屑，使得食物外脆內軟，含汁液更為香甜，而依裹衣材料不同，可分為乾炸、軟炸、酥炸。

　　2. 煎：用少量油，中火，把正反兩面煎成「兩面黃」，再放入調味料，翻幾下之後即出鍋。一般皆使用平底鍋。「貼」與煎其實類似，但貼只煎一面，使一面焦香，另一面鬆軟，如鍋貼則是。

　　3. 炒：將食物放於炒菜鍋內，大火翻攪至熟的方法。炒是屬於速熟的方法，也是烹調中最常見的一種方法。如果菜料有很多種時，則必須分次炒完，再拌合之。如咕嚕香肉，必先將豬肉炒至金黃色後取起，再炒蕃茄

及加入糖醋拌勻成糊狀，再將炒好的肉倒入拌勻，就可盛碟上桌了。炒菜有個要注意的事，就是以少加水或不加水為宜。

4. 蒸：利用沸騰的水蒸氣對流作用，將食物蒸熟，通常都是用碗盤盛菜料，置於蒸鍋、蒸籠內，蓋緊鍋蓋，以滾水、旺火蒸之。常用於蒸爛熟後而食用的菜，這樣才能保持蒸物的原味，以及湯汁之清甜。如蔥油雞、清蒸海鮮、粉蒸排骨等。

5. 燉：可分為兩種作法，一以雙層鍋，內鍋放入食物及湯汁，加蓋，置外鍋內。而外鍋則放水或利用電熱，以中、小火長時間烹煮之，藉外鍋內沸水之熱力傳導及蒸氣對流，將食物煮爛，而使出來的湯汁澄清，並保持食物濃郁的原味和湯汁鮮美。而用這種做法就是不用內鍋，而將菜料配以佐料，加湯汁或水，直接燉之，如燉牛肉、燉蹄筋等。燉的目的在使菜味香醇，不加醬油者曰清燉，加醬油曰紅燉。而燉與蒸之主要區別是火候的不同，蒸用大火，燉則用中小火。

6. 燒：有兩種方法，一是用火直接將菜燒熟，如燒茄子，就是將茄子直接放於火上燒熟，再扯絲加以適當佐料的食用之。另一則有點類似「燜」，材料經炒、煎後，入鍋中加水或高湯，以中小火長時間燜煮，使湯汁濃縮，味質透爛之方法。而燒有紅燒、白燒、乾燒之分，紅燒主要以醬油、糖煮出褐色；白燒則不放醬油、糖；乾燒則是串菜的特色，我們先將豆瓣醬、酒釀、蒜泥、薑末等放進菜餚內炒香，再放少許的鮮湯、鹽等，等湯汁快吸乾時，再加入糖、醋、蔥花，最後勾芡而成，如乾燒明蝦、紅燒元蹄、栗子雞等。

7. 滷：利用各種香辛料、調味料、醬油、水等煮成滷汁，再將菜料浸入大量滷汁中加熟烹調後，浸泡使入味。滷汁可以一再循環使用，但每次使用時，再添加一些調味料和香料，會越久味道更醇厚。但容易發酸的食物，最好掐出滷汁另鍋滷，才可以使滷汁保存更久，如豆製品。

8. 汆：與燙、川、煮類似，都是將食物放入滾水中，約十秒至半分鐘短時間內，湯水已經滾時撈起，淋上調味料，又稱「白杓」。「煮」則是放入冷水或滾水中，用較長的時間煮熟，如麵條、餃子等沸水放入，要求

脆嫩的，則是熱水放入，如白杓蝦、蒜泥白肉。而至於氽，除了和上述類似做法外，還有就是用沸湯把菜氽入，待再沸後，加以佐料，即可連湯食用，如肉丸子氽湯、桂魚丁氽湯、菠菜豬肝湯等。

9. 溜：此法適用於易熟、汁少、軟骨之材料。是將已經經過煎炸或燙好的菜料，加入湯汁，調味料（多用太白粉、糖、醋），以芡粉勾芡成稠狀或酒糟，用烈火快速炒拌而成，當菜餚上桌時，滑嫩可口。如溜青魚、醋溜丸子、廣東燴飯、紅燴錦等，而其汁液則有茄子、白汁、奶汁、糖醋汁等。溜與「燴」相似，但燴的湯汁較多。

10. 拌：生吃的蔬菜、素食或已煮熟的葷食，加入各種的調味料拌勻，冷熱食皆可，如拌海蜇皮、涼拌三絲、麻辣肚絲等。

11. 燻：將糖、茶葉、香料等調味放入鍋內，和生的或熟的菜料，一起置於鐵架上，放於煙上燻，四週罩蓋，僅加熱使煙與熱力，使其著色入味。通常燻煙都用木屑、松枝茂葉、茶葉、蔗葉等為燃料。如燻雞鴨、蘇式燻魚。

12. 烤：是指用火將食物烤乾、烤熟的做法。一種是用普通的火爐（最好是用木炭做燃料），可烤豬、牛、羊肉、烤魷魚等；另一種則是用封閉式的烤爐或烤箱，適合烤較大件或整體的食物，如叉燒肉、烤雞、烤鴨等。明爐是傳統的方法，需要時間較長，唯烤出菜餚品質佳；燜爐是現代方法，適合大量製作，品質較不如明爐。但不管是用哪一種烤法，都是藉著烤爐的熱力的輻射作用，把食物炙熟，可使食物的油脂流出，保持食物原味和香脆感。烤的方法大多用於洋式菜餚上，在中菜則見於北平烤鴨、廣東的叉燒、烤白菜等。

13. 凍：將食物與膠原或豬皮、雞爪等筋腱部分烹調煮熟後，盛於碗內或置於盤中或貯存於模型內，再存放於低溫處或冰箱內，等冷卻後自然凍結，再切片冷食之。冷凍菜爽涼可口，沁澈脾腹，最宜下酒。如水晶雞凍、鎮江肴肉、凍年糕、肉皮凍、羊羹等。

14. 涮：一般多用牛、羊肉，但只要有關肉類、魚類、臟類均可涮食。通常我們將肉類食物披成大薄片，用筷子夾生肉片在沸水鍋中涮之。涮好

沾以佐料各自取食。肉片越薄愈好。涮鍋是冬令名菜，吃的時候配以菠菜、大白菜、粉絲、凍豆腐等配料。用以佐酒或吃麻辣醬燒餅，都是上好的吃法。涮後的湯汁也很鮮美。如涮羊肉火鍋。

15.扣：將食物材料處理過後，排列在碗內，放入蒸籠蒸入味，要吃的時候，倒扣在大碗盤內，趁熱進食，美觀大方。如扣三絲、甜八寶飯。

16.羹：用高湯煮材料。最後再以芡粉勾成濃稠狀，或稱糊或濃湯，如黃魚羹、魚翅羹。

17.煨：用慢火將食物慢慢煨熟，長期熬到軟爛，如叫化雞，將雞先醃味後，以紙包裹並塗以一層厚泥漿，埋入土灰，利用火的餘熱，慢慢使雞熟透，等黃泥乾了，肉取出來食用，此方法亦稱煨。

18.熗：這是食用者自己做自己吃的做法，其方法就是把活蝦、活蟹洗乾淨後，置於碗或盤中，調味濃而帶刺激的作料，如酒、醋、薑、蒜、芥末等，使蝦、蟹醉暈，就可以取而剝食，如有名的醉蝦、熗蟹等。

19.煲：把全部的材料放入鍋中，湯的份量要超過原料的三、四倍方可，用小火將其燒至酥爛湯濃為止。

20.焗：這是從西菜中吸收過來的一種烹調方法。首先將材料用旺火滾油炸至七分熟，加入調味品，然後放在西式的爐灶內培熟；而另一種做法則是將油炸過的材料，連同調味料加入少許鮮湯放入鍋中，將材料兩面翻動，用溫火燒至湯汁收乾為止。

21.浸：浸有湯浸和油浸兩種，火候都是先旺火後再小火。湯浸是先將鮮湯在旺火上燒滾，湯的份量約為材料的一倍，將菜料下鍋後再將鍋移至慢火上燒熟；油浸是先用旺火將油燒熱，灰後移至一旁，油的溫度便逐漸下降，當它只有五、六分成熟時，把物料入鍋，讓它在油中浸熱，皮既不會焦，反而嫩滑異常。

22.炔：在砂鍋裡放些油，用旺火燒熱，投入些葱、薑爆一下，再將材料放入鍋中燒黃，然後再放入調味和湯汁，移到小火上燜二十分鐘左右，材料先起鍋，湯汁用少許生粉著膩，澆在材料上。

23.炊：是將材料斬塊後放入鍋中，用旺火熱油，加調味一同炒，再放

入少量湯汁，移至小火上燜，到燜熟為止。用少許生粉著膩。

24.烘：烹飪時不用鍋子而用鐵絲夾，夾住菜料在小火上反覆地烘熟。

貳、調味與配色

烹飪時除了火候與方法不同之外，還要善用各種佐料做調味品，菜裡有了佐料，既可解除某些材料之腥味，也可增加一些香味、色彩，增添了菜餚之美感。

廣東菜有酸、甜、苦、辣、鹹、鮮、鬆、香、臭、肥、濃。在川菜有七味，即酸、甜、苦、辣、鹹、麻、香。所以中國菜之變化無窮。一般用來調味的佐料有油、鹽、醬、醋、糖、酒、蔥、薑、大蒜、豆腐乳、豆豉、米糟、茶葉、胡椒、辣椒、花椒、八角、芥末、咖哩、酒釀、蕃茄、檸檬，以及中藥材中的甘草、杏仁、桔皮、茴香、陳皮、丁香、准山、杞子等。以下是較有名的調味和配色的方法。

1.糖醋：將糖醋汁調配好，酌加食鹽用油熬成，澆在油炸後的菜餚，吃時香脆而酸中帶甜。

2.五香：包含桂皮、茴香、甘草、丁香、八角，用以烹調菜餚，不僅可解原料腥味，且能增加香味。

3.陳皮：即藥材中的橘皮，紅燒和燉湯，酌量加少許陳皮，開胃沁脾，菜中也滲透著陳皮香味。

4.咖哩：咖哩粉本身有濃厚的香辣味，起油鍋時，將洋蔥炸一下，再放咖哩粉，香味就更突出，菜餚顏色也更亮麗。

5.茄汁：蕃茄醬酸中帶甜、顏色鮮艷，但酸味較重，加一些糖就能減低酸味，增加鮮味。

6.醬爆：麵醬甜中帶鮮，不油膩，用以製採，香甜可口並能保持原料之鮮嫩。

7.魚香：是用酒、醋、糖、泡、辣椒、蒜泥、豆瓣醬等調味料來烹飪菜餚，有酸、辣、麻、香之味道。

西菜烹飪方法

　　一般而言，西菜烹飪方法較中菜簡單，烹飪方法也沒有那麼多，約十種之多，不過西菜烹飪較講究營養價值保存，且較尊重食物原始風味的保留，並根據食物特性，來決定烹調方式。以下是西菜烹飪的方法。

　　1. 清煮（*Blanching*）：一種殺青的方法，可用來保持蔬菜青翠顏色，以及去除肉類、骨頭之腥味，其特色是短時間的煮沸，同時也有預煮功效，可以減少真正烹飪之時間，採用清煮主要目的是要抑止氧化酵素作用，以延遲其褐變的速度，所以在煮沸過程中要加點鹽，以增進材料味道及其顏色鮮艷，當起鍋就須立即用流動冷水加以冷卻，且倒掉煮液。

　　2. 滾煮（*Boiling*）：一種煮到沸騰的液體，淹過食物材料煮至熟的烹飪方法，煮滾時間不能太長，否則食物品質會遭破壞，肉類蛋白質會遭受破裂，食物變成乾粗無味，通常滾煮食物有米麵類、鈴薯類以及脫水食物。

　　3. 蒸（*Steaming*）：一種利用水煮沸而生出之水蒸氣來加熱食物材料至熟的方法，此烹飪方式，能持續供應攝氏 100° 的熱度，能比水煮更快煮熟食物，蒸的方法沒有水的滾動，故比水煮更不會損害到食物形狀、味道以及顏色，是一種利於保持食物形狀、營養、味道、顏色的烹飪方法。

　　4. 慢煮（*Poaching*）：一種以慢火來慢煮的一種烹飪方法，煮魚與家禽時，大都採用此種方法，以少量高湯，淹蓋到食物一半高而已，不像水煮，水一定要淹蓋過食物。

　　5. 油炸（*Frying*）：分為深油炸（*Deep Frying*）和淺油炸（*Pan Frying*）兩種，深油炸是利用足夠完全淹蓋過食物的油量，加熱至攝氏 160 度至 180 度，然後放食物進入熱油中去炸至熟透的烹飪方法。淺油炸是一種油只淹蓋到食物的一半高的炸法。

6. 煎炒（ *Saute* ）：一種只用少許油，在平底鍋中加熱至攝氏 160 度至 240 度後，再將材料放入鍋中加熱至熟的烹鍋方法。煎炒的烹飪法對於少量食物是快速而有效的，所煎炒皆以切薄片為主，只要十五分鐘左右時間即可完成製備工作。

7. 烤（ *Grilling* ）：一種不用油，等平底鍋燒熱後，僅在平底鍋撒一層薄鹽，然後就直接把食物材料放入鍋中乾燒的方法。一採用燒烤的方法以牛排最常見，烤牛排有各種程度的熟度如很生（ *Very Rare* ）、生（ *Rare* ）、三分熟（ *Medium Rare* ）、五分熟（ *Medium Well* ）及全熟（ *Well Done* ）等五種。

8. 焗（ *Gratineing* ）：一種用很高溫度，攝氏 200 度至 300 度來烤，以便在菜餚上面烤出一層焦黃皮的方法。

9. 烘焙（ *Baking* ）：一種利用烤箱以密封乾熱空氣來烤熟食物的方法。習慣上用烤箱來烤西點麵包、比薩和蛋糕的方法皆叫烘焙。烤箱亦可烹飪魚類和蔬菜類，而其烹飪方法稱為烘焙。所以基本上烘焙和烘烤是相同的。

10. 烤（ *Roasting* ）：把食物放入烤爐內，食物的四周之烤爐熱力藉著輻射作用，炙熱食物，此方法可使食物油脂流出，保持食物原味和脆感。明爐是傳統方法，所需時間較長，唯烤出菜餚品質較佳，燜爐是現代方法，適合大量製備，品質不如明爐。

11. 燜（ *Braising* ）：其烹飪法最適用於肉質較硬，須經長時間加熱才能軟化的材料。但是肉嫩品質好的材料亦可採用之。

12. 微波爐：微波的撞擊速度極快，食品受熱時間平均只須傳統烹調的四分之一，甚至冷凍食品由解凍至煮熟只須幾分鐘即可，由於微波烹調時間很短，相對使用能源及燃料費很節省，而且食物可裝在盤子、玻璃杯或冷凍包裝袋內直接加熱，省卻換鍋的麻煩。因加熱時間短，所以微波烹調能保持食物之原味、色澤、形狀，尤其再加熱剩菜之效果佳，並且營養成分可保留較多，特別是容易被破壞的維他命 C，可保留 90％以上，一般僅可保留 60％。

《問題與討論》

1. 中式菜餚之烹飪器皿為何？

2. 菜餚材料可分為那幾類？

3. 菜餚材料之處理技術為何？

4. 何謂刀工？

5. 烹飪火候之種類為何？

6. 請敘述中式烹調方法十種？

7. 何謂調味與配色？

8. 中式菜餚常見調味與配色方法有哪些？

9. 請敘述西式烹調方法五種？

10. 請敘述微波烹飪之特色？

《註釋》

1. 韓傑，1994，餐飲經營學，前程出版社，十版，高雄，pp.188-189

2. 陳堯帝，1994，餐飲實務，桂夏有限公司出版，初版，台北，p.178, p.182,
   p.184, p.188

3. 陳淑瑾，1992，食物製備原理與應用，永美印刷公司出版，四版，屏東，
   p.18, p.20

4. 徐玉如，1995，南台工商觀光科，協助整理本章之資料

第8章　餐飲服務

服務方式
壹、美式服務

貳、法式服務

參、俄式服務

肆、英式服務

伍、中式服務

餐廳服務種類
壹、咖啡廳的服務

貳、高級美食餐廳的服務

參、宴會廳服務

肆、客房服務

伍、速食餐廳服務

餐廳用品
壹、西餐餐具

貳、中餐餐具

參、布巾類

肆、著名餐具的廠牌

餐飲服務流程
壹、營業前的準備工作

貳、中餐服務流程

參、西餐服務流程

肆、飲料服務流程

　　今天的餐飲事業，已不再是昔日那種僅供客人溫飽的飲食業而已，今天的餐廳，無論是外表的造形，或是內部的裝潢設計均充滿著文化藝術氣息，甚至有些餐廳的陳列品盡是古色古香的文化，乍看酷似小型博物館，由於餐飲事業不斷地在蛻變，使得它成為今日觀光事業之母。

　　「餐飲」不但是門學問，也是一種藝術，今日的餐廳不再是昔日僅供餐飲給客人賴以為生的「吃」的場所，它已逐漸成為人們社交宴會的交誼廳，整個餐飲市場由原來基本單純的供食，進而為講究氣氛、情調之精神享受。為調適此市場的需求，於是餐飲業不斷更新最現代化的餐飲設備，更不惜鉅資聘請專家裝潢，刻意設計，注重菜餚的特色與菜單設計；強調員工服裝，重視服務品質，除此之外，在餐廳之造型與內部設計裝潢如燈光、音響、顏色、材料、設備及員工服裝等方面均力求同一系列之搭配，每個餐廳均各有各的特色，代表著當地文化色彩，因此產生了近代所謂的「餐飲文化」。

　　近年來，由於國民所得激增，教育文化水準提高，人們思想也隨之轉變，對飲食之需求由昔日但求溫飽之「量」進而為追求享受的「質」；另方面由於社會結構之改變，從農業社會邁向工商業社會，人們對時間之價值觀也不同，由閒置時間轉為珍惜時間，基於上述種種因素，導致今天餐飲市場之蛻變。目前餐飲發展趨勢為下：

＊餐飲經營方式由家族式獨立經營逐漸為企業化連鎖性之經營。

＊速簡餐廳與豪華餐廳形成未來餐飲業之兩大主流。

＊大型餐廳重視宴會設備。

＊餐廳種類繁多，且有不同名稱，其內部裝飾、傢俱、餐具、燈光、音樂、餐食及服務員服裝等均用同系列配合，充分表現出多彩多姿的餐飲文化氣息。

＊供食方式改變，開放式廚房、手推車服務、自助餐供食已逐漸為業者所重視，且甚受客人喜愛。

＊餐廳造型與內部裝潢設計，均能力求突破傳統，逐漸偏向當地鄉土

　　文化色彩。

＊提高服務水準，重視服務品質。

＊注重菜餚特色，精研各式食譜。

　　而餐飲服務是餐廳外場的主要工作，要作好餐飲服務，務必要了解各種不同的服務方式，餐廳市場定位與種類，餐具、器皿和各種不同酒杯的種類與擺設，最重要則要了解餐飲服務作業流程。

　　餐飲服務方式有美式服務、法式服務、英式服務、俄式服務和中式服務，每一種服務方式各有其特色和優缺點。其次，要清楚餐廳的市場定位與種類，因為餐廳種類眾多，不同餐廳有不同的餐飲服務型態。例如：速食店與高級美食餐廳之服務型態就截然不同，了解自己餐廳屬性有助於營運上的成功。餐具、器皿和酒杯是餐廳基本備品，認識清楚之後，才能做好餐飲服務工作。

　　具備前面所提的餐飲專業知識之後，才能有足夠條件提供順暢的餐飲服務流程，餐飲服務從迎賓、問候至結帳有一連串服務步驟，整個服務流程必須靠餐廳外場全體工作人員一起完成。其中包括餐廳經理、領班、領檯、服務人員及餐廳出納等。有了順暢服務流程可以讓顧客感覺到專業的高品質服務，同時也可使餐廳營運順利，提高團隊士氣，一舉兩得。

服 務 方 式

壹、美式服務（*American Service*）

　　美國是個重效率的國家，歐洲餐飲界所採用的服務方式對美國人而言太浪費人力和時間，且餐具（銀盤）的投資也比較大，服務人員更須經過

嚴格的訓練才行。美式服務大約興起於十九世紀初，那時美洲大陸興起一股移民風潮，世界各地的大批移民，紛紛成羣結隊地湧至美國大陸，當時各大港埠餐館林立，這些餐廳的經營者大部分來自歐洲大陸等地，因此餐館供應食物，服務方式也有所不同。有法式、瑞典式、英式及俄式等多種服務方式，後來美國實施移民管制之後，就找不到足夠的歐洲餐飲專業人員來從事服務工作，只好就地取材，加以訓練，但是由於時間的催化，使得這些供食逐漸演變成一種混合的服務，也就是今日的「美式服務」。

一、美式餐桌佈置

1.美式餐桌桌面通常鋪層毛毯或橡皮桌墊，藉以防止餐具與桌面碰撞之響聲。

2.在桌墊上再鋪一條桌巾，桌巾邊緣從桌邊垂下約十二吋，剛好在座椅上面。有些餐廳還在桌布上以對角方式另鋪一條小餐桌巾（*Top Cloth*），當客人餐畢離去更換檯面時，僅更換上面小桌布即可。

3.每兩位客人應擺糖盅、鹽瓶、胡椒瓶及煙灰缸各一個，若安排六席次時，則每三個人一套即可。

4.將疊好之餐巾置於餐桌座位之正中央，其末端距桌緣約一公分。

5.餐巾之左側放置餐叉二支，叉齒向上，叉柄距桌緣一公分。

6.餐刀一把及湯匙一支均置餐桌右側，刀口向左側，依餐刀、湯匙的順序排列，距桌緣約一公分。

7.奶油刀置於麵包碟上端，使之與桌面平行。

8.玻璃杯，置於餐刀刀尖右前方。

二、美式服務的要領

1.當客人進入餐廳後，即由領檯人員引導入座，並將水杯杯口朝上擺好。

2.將冰水倒入杯子，以右手自客人右側倒冰水。

3.遞上菜單，並請示客人是否需要餐前酒。

4.接受點菜，並須逐項複誦一遍，確定無誤再致謝離去。

5.所有湯道或菜餚，均須以托盤自廚房端出，從客人左後方供食。

6.上菜時，除飲料以右手自客人右方供應外，其餘均以左手自客人左後方供應。

7.若客人有點叫前菜，則前菜叉或匙須事前擺在餐桌，或是隨前菜一併端送出來，將它放於前菜底盤右側。

8.客人吃完主菜時，應注意客人是否還需要其他服務，並遞上甜點菜單，記下客人所點之甜點及飲料。

9.收拾餐具與桌面盤碟時，一律由客人右側收拾。

10.送上甜點之後，再送上咖啡或紅茶。

11.準備結帳，將帳單備妥，並查驗是否有錯誤，若無錯誤，再將帳單面朝下置於客人左側之桌緣。

美式服務的特性是簡便快速、省時省力、成本較低、價格合理且服務員一人可服侍 3 ～ 4 桌。是目前頗流行之服務方式之一。

貳、法式服務（*French Service*）

在歐洲之高級餐廳，其內部裝潢十分富麗堂皇，所使用的餐具均以銀器為主，由受過專業訓練的服務員與服務生在手推車或服務桌現場烹調，再將調理好之食物分盛於熱食盤服侍客人，這種餐廳之服務方式即所謂「法式服務」。

一、法式餐桌的佈置

一般而言，在正餐中供應二道主菜之情形並不多，通常所謂「一餐」，包括一道湯、前菜、主菜、甜點及飲料，至於餐具擺設之方式則不

能隨心所欲，因為法式餐飲服務之餐具擺設均有一定的規定，何種餐食須附何種餐具，而這些餐具擺設方式也均有一定位置而不可隨便亂放。謹分別敘述如下：

1. 前菜盤一個置於檯面座位之正中央，其盤緣距桌邊不超過一吋。

2. 前菜盤上放一條折疊好的餐巾。

3. 餐叉置於餐盤之左側，叉尖朝上，叉柄末端與餐盤平行成一直線。

4. 餐刀置於前菜盤的右側，刀口朝左，刀柄末端與餐叉平行。

5. 叉與叉、刀與刀間之距離要相等，不宜太大。

6. 奶油碟置於餐刀上方，杯口在營業時間要朝上。

7. 在前菜盤的上端置點心叉及甜點匙，供客人吃點心用。

8. 飲料杯、酒杯置餐刀上方，杯口在營業時間要朝上，此點與美式擺設不同，若杯子有兩個以上時，則右斜下方式排列之。

9. 若要供應咖啡，應在點心上桌之後，咖啡匙係置於咖啡杯之右側底盤上。

二、法式服務之方式

法式服務係由正服務員將客人所點的菜單，交給助理服務生送至廚房，然後由廚房將菜餚裝盛於精緻漂亮的大銀盤中端進餐廳，然後將菜餚在手推車上再加熱烹調，由正服務員在客人面前現場烹飪、切割及銀盤裝盛。

當正服務員準備盛菜給客人時，應視客人之需要而供應，以免因餐食太多而減低客人食慾且造成浪費。當餐盤分盛好時，助理服務員即以右手端盤，從客人右側供應。在法式服務之餐廳，除了麵包、奶油、沙拉及其他特殊菜餚必須由客人左側供應外，其餘食品均一律從客人右側供應，至於餐後收拾也是自客人右側收拾。注意事項：

1. 收拾餐盤時須等所有客人吃完後，否則會使客人感覺有種催促之感，且勿使餐具發出刺耳聲響。

2.刀、叉、盤分開收拾,避免在客人面前堆疊餐碟。

3.舉凡需要客人以手取食之菜餚、如龍蝦、水果等等,其下面均附有底盤,盅通常設置一小片花瓣或檸檬,除美觀外,尚有除腥味之功能。此外,每餐後還要再供應洗手盅,並附上一條餐巾供客人擦拭用。

三、法式服務的特性

法式服務是先將菜餚在廚房中略加烹調後,再現場烹調或加熱。現場烹飪手推車的高度大約與餐桌同高,以便操作服務,而其佈置華麗、推車上鋪有桌布,內設保溫爐、煎板、烤爐、烤架、調味料架、砧板、刀具、餐盤等器皿。

其最大特性是有二名服務員,即正式服務員與助理服務員,須接受正規教育,嚴格地訓練由實習至正式合格服務員至少四年以上。其職責分別為:

1.正式服務員的工作:

(1)代領班安置客人入席。

(2)記錄客人點菜。

(3)供應飲料。

(4)餐食端入餐廳後,在客人面前完成最後烹飪。

(5)送帳單及收帳款。

2.助理服務員:

(1)將正服務員交下的訂單傳送給廚房。

(2)由廚房將餐食放於托盤、端進餐廳,放在手推車上。

(3)將正服務員烹調好的餐食端送給客人。

最專業的服務人員,可提供高雅親切的客人服務,使賓客有備受重視之感覺,此外餐具種類最多,質料也最好,如餐刀、餐叉、龍蝦叉、田螺夾、蠔叉、洗手盅等均是少見的高級瓷器。

但它也有缺點,其服務人員須相當訓練與經驗者才可勝任,同時餐廳

以手推車及邊桌服務，因此餐廳可擺設座次相對減少，增加營運成本，服務速度慢、供食時間較長，平均需要三小時，因此消費額居高不下，平均每人消費在 2000 元左右。

　　目前國際觀光飯店裡有附設法國西餐廳的有台北亞都飯店、台北來來飯店、台北圓山飯店和台北力霸飯店等，而傳統法式西餐廳在台灣有逐漸沒落的趨勢。

參、俄式服務（*Russian Or Platter Service*）

　　俄式服務是另外一種服務的方式，在美國很多高級美食餐廳、國際觀光旅館及一些食物供應店是採用此種服務方式，尤其是宴會廳的服務。

　　當俄式服務被提供時，廚師在必須的情況下，通常事先準備並在廚房裡將食物切割好，然後將食物放在服務盤上並裝飾得精緻可口，再送至餐廳。一般而言，服務人員是一組行動，一位服務生端送主菜，另一位端送蔬菜。在適當的時機裡，服務人員先在廚房排成一列，再整齊地走進用餐區。

　　食物展示給客人看之後，服務生將菜餚放在身旁的桌上保溫，並逐一在客人前面放置一個熱空盤。服務生將大盤菜端在左手上，用右手操作叉匙來挾菜餚給客人，而服務生有個重要的職責是確定餐盤的菜餚能保持吸引力直到最後一位客人。在使用銀盤服務的用餐，當客人點湯時，服務生有一種服務方式分述於下：服務生在客人之前放置個熱湯碗在桌上，服務生先將湯餡放進服務湯碗，然後再將湯舀進客人的湯碗裡。

　　服務生應該提供多少食物量給客人呢？典型地來說，服務生可依自己的判斷決定給客人足夠的一次份量，當然，重要的是必須確定最後一位客人有適當的份量，在很多地方，服務是需要兩次，而剩下的食物則必須丟掉。

　　俄式服務和傳統的法式服務一樣優雅，但是俄式服務較實在，因為它是較快速且較少花費的。俄式服務能提供客人一個特別的接觸，那就是所

謂的分菜服務。餐廳經理考慮使用俄式服務應該知道須投資大量的資金在服務銀盤上，因為在同一時段裡，客人點多樣的食物，則服務時就需要很多不同的銀盤，此時問題就可能發生，針對此原因，一些地方使用俄式服務只應用在宴會服務，因為所有的客人被服務同樣菜單的食物，使用分菜服務也較能控制。

有很多的慣例已變成法式與俄式服務的風格，例如，在法式服務裡，服務生幾乎都是用右手端盤子，從客人右邊為其服務，除非服務生是左撇子或是送附餐時，譬如麵包、奶油或沙拉，這些是從客人的左邊服務。但在俄式服務裡，服務生用左手端服務盤並從客人左邊服務，所以服務生右手可拿叉匙來分食物給客人，此服務是以反時針方向進繞桌子為客人提供分菜服務，分叉匙服務是俄式服務的特色。

這些規則被使用是因為對服務生而言是容易的，對客人是便利的。不過餐廳經營者若決定採用俄式服務，則必須提供服務人員必要的設備和訓練。

當俄式服務被使用，服務人員熟練的技巧和經驗是必須的，因為在歐洲服務生必須完成三年徒弟的身分。所以並非一朝一夕就能訓練出一位技術熟練的服務人員。

肆、英式服務（*Family or Butler Service*）

英式餐飲服務開始起源於早期英國貴族家庭，英國人平時在家用餐時，一般都由家長分菜給同桌的所有人食用，而在貴族家庭裡，則由服務生來代替家長的分菜工作。後來流傳到歐洲大陸，並為歐洲的貴族與知名餐廳所採用，因此稱為英式服務（*English Service*）。目前流行英式服務，不提供分菜服務。

英式服務是家庭式服務，也是用餐服務中第四種類型，這種用餐服務的主要特徵是服務生將食物裝於服務盤或服務碗裡，然後送到餐桌上，服務生先呈送食物給主客看，主客滿意後，再繞場給所有客人看。客人依自

己的胃口自己動手取用所需份量，英式服務對服務生而言不需要有很好的技術，故較容易完成。事實上，他們通常較努力於清潔桌面勝過提供服務遞送，英式服務要求較少的用餐空間及特殊設備。服務時間和翻桌率也較快速。

　　英式服務的優點是快速，不需要提供分菜服務，完全由顧客自己動手幫助自己，相對減少許多人事成本，同時服務人員也不需要經過訓練，人力資源較不匱乏。其缺點是沒有提供分菜服務，易造成顧客抱怨，中高價位餐廳不適合採用英式服務。目前時下流行之自助餐服務（ *Buffet* ），是綜合美式與英式服務，選擇兩者之優點而提供之服務方式。

伍、中式服務

　　時下較流行之中式服務皆採用中菜西吃法，這可能受西餐服務的影響，然而傳統中式服務是指將大盤菜放在餐桌的中央，由用餐者自行取食。中國人的居家飲食習慣，是將所有菜餚一次上桌，用餐者可使用筷子隨意挾食之。

　　現在的中餐廳服務方式已融入西方的飲食習慣，在中餐廳通常會預先發給客人一個「骨盤」，原本功用是放骨頭或魚刺，但現在是用來放分菜，而較講究的中餐廳甚至每出一道菜就換一次骨盤。基於衛生理由，故使用公筷母匙（相當於西餐的服務叉匙），即將合菜先分到骨盤上後再食用的作法已漸漸地受到重視，並會愈來愈普遍。關於公筷母匙，一般認為較不便利，還是西餐中的分叉匙服務較適合，因為筷子太輕易滑落，以餐叉代之較易服務。

　　目前國內一般高級中餐廳裡，服務員端菜上桌後，還要為每位用餐者分菜，此作法即是西餐廳服務延用，目前，國際觀光大飯店附設各類型之中餐廳的小吃或宴會，皆採用分菜服務。久而久之一般的客人覺得能替客人服務才算有服務的存在，此稱為「貴賓服務」。

　　中餐的貴賓服務已有定型的趨勢，客人陸續到達後，服務員須立即奉

表 8-1　中餐餐桌基本擺設

項次	流程步驟	要　點　說　明	備註／理由
1	擺 設 骨 盤	1.骨盤離桌緣一指幅。 2.飯店標示（Logo）或花紋正面朝上。	
2	擺設湯匙底座、湯匙及味碟	1.湯匙底座及湯匙置於骨盤左上方。 2.味碟置於骨盤右上方。 3.湯匙置於湯匙底座上，面朝上，湯匙柄朝正左方。 4.湯匙底座與味碟緊鄰在一起，兩者中間空隙處正落於骨盤正中央。	
3	擺設紹興酒杯	※置於味碟上方面中央處一指幅	
4	擺 設 水 杯	1.置於湯匙底座上方正中中央一指幅處。 2.水杯下緣與紹興酒杯下緣對齊。	
5	擺 設 筷 架	※緊鄰於味碟右側中央處	
6	擺 設 筷 子	1.置於筷架正中央。 2.筷套之「中信大飯店」字樣在上。	
7	擺 設 毛 巾 碟	1.置於緊鄰骨盤左側。 2.下緣與骨盤下緣對齊。	
8	擺 設 餐 巾	※置於骨盤正中央。	
9	擺 設 煙 灰 缸	1.每三個人間置放煙灰缸一個。 2.煙灰缸置放於筷架右上方。 3.原則上乃客人要求再提供。	
10	擺 設 花 卉	※置於轉盤正中央。	

資料來源：中信大飯店

上熱茶，主人點完菜時（或菜單已事先決定），服務員須詢問主人何時開始用餐及何時結束用餐，以控制出菜的速度。客人就座後，酒與飲料必須在菜未上桌前已先倒好，以便分好菜時，客人能夠馬上舉杯敬酒。服務員送菜一般皆由主人的左側上菜，並至於轉盤上，等主人過目後，服務生向全體客人報出菜名，然後再至備餐檯分菜或直接在餐桌上分菜。

在餐桌分菜之順序須從主賓開始，服務員大都以右手挾菜服侍客人，並由主賓右側服務，並由主賓處以順時鐘方向前進，每次只服務一人。中途越過主人，等所有客人皆服務完後再服務主人。但現今多數的中餐廳為了加快服務的速度，都同時服務完左右兩位之後才移位，而客人有重要程度之分，故必先服務右側客人，再服務左側客人。

分菜時須預計一下每位客人的份量，寧可少分一點以免不夠分配；分完第一次菜後，若菜餚仍有剩餘，須將剩菜稍作整理，然後留下服務叉匙在盤上，服務員不在時客人才能自行取用。而服務員作第二次分菜時，不必問客人是否還要一些，當他不要時，他會自動拒絕。

魚翅的服務是需要一點技巧的，魚翅絕不可打散，經驗不足者可分二階段分之，先分配菜於碗底再置魚翅於上，儘可能少量地分，等到經驗豐富時，即可杓上一次完成配料與魚翅的分配。

另一種是魚的服務，通常整條魚上桌時，魚頭須向左，魚腹向桌緣，先以大餐刀切斷魚頭再切斷魚尾，接著沿魚背與魚腹之最外側從頭到尾切開其皮與鰭骨，將腹肉往下攤開，再將整條魚取出，將背肉與腹肉再翻回原位成為一條無骨的魚，並依照所需的份數切塊，即可依序將魚分給客人。

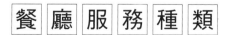

餐廳種類繁多，不同之餐廳有不同服務方式，一般而言，服務方式有

自助式、半自助式及完全服務式三種,餐廳之業主或經理人要根據自己餐廳之屬性來規劃出一套適合自己餐廳之服務方式。

通常咖啡廳服務採用半自助式或是完全服務方式居多,要視菜餚種類而定,一價吃到飽的自助餐(Buffet)則是採用半自助式的。高級美食餐廳之服務方式則採用完全服務式宴會廳餐飲服務和客房餐飲服務也都是以完全服務為主。至於速食餐廳,則採用自助式服務方式。本節將針對各類型餐廳之服務做一探討。

壹、咖啡廳的服務

咖啡廳服務特性:不論是半自助式或完全服務式的服務,菜單所列的食物,在營業的時間內都要提供給客人,菜單的內容須包括廣泛,但製備方法較不講求精緻。咖啡廳最大的特色是它的營業時間相當長,通常能供應早、中、晚三餐,部分咖啡廳,亦有二十四小時都營業的,轉檯快,必須提供快速的服務是咖啡廳的特色之一,而且客人的層次包羅較廣,所以在咖啡廳服務必須熟練而圓滑,速度要快而安全,同時要考慮客人在快速服務中還能獲得應有的服務。

像咖啡廳的氣氛及服務人員讓顧客有在家用餐的溫馨感覺,其菜色為一般的家常菜,菜單經常推陳出新,是屬於經濟實惠型的大眾化餐廳,一般來講咖啡的特色如下:

1. 餐飲內容的多樣化:豐富而多樣的菜單內容,可吸引每一年齡層的顧客,使每一個人都可以在菜單上找到自己喜歡的食物。

2. 價格平實:基本上咖啡廳的單人消費大約是高級美食餐廳的一半,而是速食店的一倍。而每一單項的餐品幾乎都降到了成本邊緣,必須綜合起來販賣才有利潤,也就是所謂貼近水面的經營。

3. 溫馨的氣氛:咖啡廳希望吸引各個年齡層的客人,並努力成為人們用餐的理想去處,因此在裝潢上設計講求溫馨、舒適、明亮,此外,咖啡廳亦注重「有人情味」的服務方式,一般大都是半自助式,但也有一些是

完全服務式的，咖啡廳的服務通常是相當快速的，由於服務的速度快因此才能吸引各行各業的上班族，在目前咖啡廳可說是大部分在經營此類餐廳，順應社會上的潮流，咖啡廳的服務雖然是快速但也沒有忽略了服務的品質，因此咖啡廳的服務方式是快速而且實在的。

貳、高級美食餐廳的服務

美食餐廳（*Gaurmet Restaurant Or Fine Dining Room*）：英文中所謂的 *Dining Room* 是指較正式的餐廳，供應傳統的菜餚為準，菜色種類不是很多，但精緻、有特色，且注重食物的品質。此類高級餐廳均以高水準服務取勝，並刻意營造高雅的用餐氣氛。

在強調高水準的前提下，人員的訓練管理成為美食餐廳經營上的一大要點，不但餐廳的員工較多且分工較細，工作分配上也須特別留意工作的時間及流程。由於這種餐廳通常以老顧客為主，因此客人的要求較多，對於每位老顧客的特殊喜好，服務人員最好能牢牢記住。美食餐廳的廚師或服務人員甚至可以在客人面前做一些現場表演，這樣不僅可展現專業技巧，更可增加客人倍受重視的滿意感。

高級美食餐廳，中餐廳是以港式餐廳、中菜西吃之餐廳居多，菜餚則以生猛海鮮、魚翅、鮑魚以及燕窩等高級名貴之材料為主，其售價可分為單點、套餐和宴席等三種，單點則根據每一項菜餚之訂價而定，套餐則由廚師調配，其售價可能每人在 NT$1,000 ～ 2,500，宴席菜單也是由廚師調配，其售價可能每桌在 NT＄10,000 ～ 15,000，價格並不便宜，頗具盛名的台南擔仔麵餐廳，就是高級美食餐廳之代表，美國運通卡在電視上用此餐廳來促銷其信用卡，可見此餐廳在餐飲界居一席之地。台南擔仔麵餐廳，全桌宴席最低售價 NT＄10,000 起，而顧客所使用的餐具、餐桌、餐椅以及相關附帶設施，則超過新台幣 60 萬元，其餐具皆從英國進口而來，餐桌、椅亦皆是從國外進口。除此之外，餐廳之裝潢、燈光及氣氛也塑造相當高雅亮麗。所以高級美食餐廳除了備有高級美食佳餚之外，

餐廳之備品和設備亦是高品質,其服務方式皆採用中菜西吃法,服務人員提供分菜、分湯和分魚的餐中服務。

而西餐之高級美食餐廳,則以法國餐廳為代表,其餘歐美各國菜餐廳是否可成為高級美食餐廳,視餐廳經營者之規劃和經營理念而定。西餐高級美食餐廳提供了視覺、品味、美食佳餚裝盤擺飾、表演性桌邊烹調、手推車展示服務、葡萄美酒、親切個人化的服務,以及溫馨柔和用餐氣氛;如鮮花、燭檯和燈光的佈置等。不論中西高級美食餐廳,其菜餚品質皆是上選之材,餐具質地亦是精挑細選,服務親切亦不在話下,當然其售價也是不貲。

參、宴會廳服務（*Banquet*）

旅館營收比例,因新台幣升值、國際經濟不景氣,客房與餐飲營收比例由過去六比四,變為四比六,其中餐飲營收中,六成之來源可以說是來自宴會,可見宴會在旅館營收中占有舉足輕重的地位。

宴會是以餐飲為中心的餐會為主,要經過訂席、多數人共聚一堂用餐、同一菜單、相同飲料等,目前宴會廳除喜慶宴會、聚餐之外,諸如會議、演講會、研討會、時裝表演、商品說明會、商品展示會及記者招待會等,都可能是宴會廳之服務範圍。

一、宴會服務之流程

一般而言,宴會部門可分「業務」和「執行」兩大功能,業務單位主要招徠客人,而執行單位負責把客人所要求的服務具體化出來。兩者對宴會而言皆是相當重要,不可偏廢。宴會之服務流程可分為:(1)詢問;(2)預約;(3)確認與簽約;(4)場地規劃;(5)發布集會單;(6)再確認;(7)工作計畫;(8)場地佈置;(9)服務執行;(10)結清帳單;(11)追蹤;(12)存檔。

二、宴會服務

根據宴會種類，採取適宜之服務方式，基本上，喜慶宴會之服務方式，因菜色、飲料相同，中餐之宴席，則採用所謂俄式服務，為客人分菜、分湯，此種服務方式亦被稱為中餐貴賓服務，至於西餐之宴會則根據出菜順序，如湯、沙拉、主菜及甜點，一道道地服務客人，所以西餐宴席，採用美式服務方式，亦即所謂餐盤服務。若是客人選擇雞尾酒會或是 *Buffet*，其服務方式，則採用半自助式的服務方式，僅為客人收拾使用過的餐盤和餐中服務，如加水、換煙灰缸。若是客人僅是會議或是演講而不用餐，此時之服務，則只提供茶水服務，其他如研討會、時裝表演、商品說明會，其服務重點則在場地佈置燈光、音響及服務之動線，而無餐飲服務，除非會議過程中包含用餐，若有包含用餐，服務人員則會根據其用餐方式，提供各種不同之服務方式。所以宴會服務是全方位的，而不是一成不變。

肆、客房服務（*Room Service*）

客房服務單位是旅館餐飲中的一環，是屬於餐飲部，而非房務部，許多初學者皆認為是屬於客房單位。客房服務之定義乃是旅客因各種需要或為求方便，而要求客房服務單位，將餐飲送至客房供旅客食用而稱之。

在旅館中，客房服務之廚房，大部分與咖啡廳廚房共用，如此將可節省空間，同時也可增加工作效率，節省人力資源。至於客房服務人員，則專屬於客房服務單位，而不與咖啡廳共用服務人員。基本上，客房服務流程有其專業知識、技術和態度，非經專業訓練則無法勝任。一般而言，客房服務流程可分為：準備工作、接受點菜、進單、服務及收拾。

一、準備工作

在旅客尚未點菜之前，客房服務人員必須先做好準備工作，如餐具、托盤、餐車、備品及調味料等，如此，將可提高工作效率並可迅速將餐飲送至客房供顧客使用，保持餐飲之新鮮度和提高服務品質。

二、接受點菜

點菜方式有早餐訂餐卡和電話點菜兩種，早餐訂餐卡則以美式早餐和歐式早餐為主，餐卡上有點菜內容、房號、日期及用餐時間。如果客人以電話點菜，接聽員就須聽清楚並複誦無誤後，才開出點菜單，並要記載清楚客人之房號，用餐時間以及特別需求之事項等。

三、進單

客房服務人員拿到點菜單後立即交給廚房，然後開始準備托盤或餐車，所需要的餐具擺設皆同於餐廳服務。等所有的菜都到齊了以後，視客人所點菜餚之多寡，端托盤或推餐車經過出納領帳單，待客人確認。

四、服務

客房服務人員搭乘專用電梯至客房前，敲門待客人回應開門後，將菜餚送入客房並詢問客人欲擺放之位置。一切安排就緒後，請客人在帳單上簽字確認，離開客房之前，祝福客人用餐愉快。

五、收拾

三十分鐘以後，客房服務人員須上樓收拾自己所服務過的托盤或餐

車。收拾回配膳室後，餐盤餐具送洗，其他備品擦拭後回歸原位。

伍、速食餐廳服務（ *Fast Food Service* ）

近年來由於工商業之發達，人們工作繁忙，生活日益緊張，飲食習慣也因而改變，難以再將時間耗於餐桌上品味佳餚，尤其是午餐，他們所講究的是衛生、營養的速食品，所以速簡餐廳乃應運而生，且如雨後春筍般不斷成長。近年來如麥當勞、肯德基等速食店之設立，在國內餐飲業引起相當大的震憾，紛紛起而仿效。而美國各大速食店也爭相來華投資設店，展望未來、前程似錦。

一、速簡餐廳之所以能成長之因素

目前速簡餐廳之所以能快速之成長，其主要因素可歸納為二點：消費市場之需求及業者之經營理念。

1. 消費市場之需求：

(1)社會型態之改變，時間就是金錢，人們沒有多餘時間等候用餐。

(2)飲食習慣改變，希望有迅速、衛生、安全、舒適、美觀且價廉之餐食供應。

(3)家庭主婦烹調時所花費金額和時間，遠比在速食餐廳消費為高，所以家庭外至速食餐廳用餐之機會增加。

(4)社會結構改變，人們價值觀念不同於過去，所以單身貴族增加，在外用餐機會也增加。

2. 業者之經營理念：

(1)由於菜單簡單製作容易，採購方便，成本易掌握，又符合時代潮流，且可節省人工成本，所以一時之下，成為業者最愛。

(2)其次速食餐廳不需花費昂貴的華麗裝潢及廚房設備，開店成本可大幅減少，如果經營得當，還可自創品牌，開設連鎖餐廳。

二、速食餐廳之特性

　　速食餐廳主要銷售食品是以簡單、快速、方便為主。菜餚種類又以漢堡、薯條、炸雞、三明治及快餐為主。所以要特別注重地點選擇與餐廳作業動機之安排，如此，才可以將速食餐廳經營成功，一般而言，地點選擇以市區、車站、機場、夜市及交通便利之要道為主，餐廳之招牌要設置醒目，易被人看到，內部與外面之視野最好採用透明玻璃隔離，燈光要明亮，顏色要有強烈對比。

　　美式速食餐廳如麥當勞，為了吸引小孩子光臨，所以在每一定分店皆有兒童遊樂場，同時在銷售過程之中，也會贈送玩具，小朋友更可以在餐廳裡慶生，有些時候，也會舉辦兒童作文、寫生及繪畫比賽來促銷餐廳，故基本上速食餐廳之顧客羣、消費型態和菜單內容是一般速食餐廳之經營瓶頸，若是有效突破，經營速食餐廳之利益回收將是指是可待。

　　有關餐廳用品可分為西餐餐具、中餐餐具及布巾類三項來討論。

壹、西餐餐具

　　西餐餐具可分為：銀器（ *Silverware* ）、瓷器（ *Chinaware* ）和玻璃器（ *Glassware* ）三種。

一、銀器類

　　過去所謂銀器是真的銀器或是電鍍銀器，目前採用不鏽鋼製品亦稱為

銀器，所以銀器是指金屬製的餐具。可分為「扁平銀器」（*Flatware*）專指刀叉匙等銀器，其餘者稱為「中凹銀器」（*Hollowware*）。

1. 扁平銀器：

(1)大湯匙（*Table Spoon*）：主要功用在於吃湯和服務叉匙（*Service Spoon*），吃湯盤的湯才使用這種大湯匙。其形狀是圓形，又稱大圓湯匙。

(2)小湯匙（*Soup Spoon*）：主要功用是吃喝用的，其尺寸較大湯匙為小。吃湯杯的湯，則使用此種小湯匙，其形狀是圓形，又稱小圓湯匙。

(3)餐刀（*Table Knife*）：通常與餐叉一起使用切割食物後才入口。主要用於主菜，傳統餐刀並沒有鋸狀刀刃，目前常見餐刀是通用型的，足以取代鋸狀很尖的牛排刀。除了餐刀、牛排刀之外，還有魚刀。

(4)餐叉（*Table Fork*）：有四支叉尖，除與餐刀共同共於主菜外，亦可單獨使用於蔬菜或以蛋為主的菜，也可以和大湯匙共同使用於麵食。

(5)奶油刀（*Butter Knife*）：主要用於吃麵包時，使用奶油，其形狀為扁平、刀刃不會很鋒利。

(6)點心叉（*Dessert Fork*）：有四支叉尖，主要用於水果、起士與某些點心。

(7)點心匙（*Dessert Spoon*）：主要用於湯杯與點心，以及與點心叉合用為點心餐具。若沒有點心匙的話，皆以茶匙（*Tea Spoon*）來代用之。

(8)茶匙（*Tea Spoon*）：除了用於服務紅茶之外，亦可用於服務杯、湯、咖啡、可可亞以及用冰淇淋杯裝的點心。

(9)長茶匙（*Long Drink Spoon*）：一種柄很細長的茶匙，其主要目的是用來攪拌須使用深杯來裝冰紅茶，故匙面很小。

2. 中凹銀器：

(1)茶壺與熱水壺（ *Tea Pot and Hot Water Pot* ）：非隨餐附送的茶都以一人份茶壺服務之，另付同樣大小之熱水壺使客人可隨意沖淡茶水，或喝完原茶水後，可再沖泡一次。

(2)咖啡壺（ *Coffee Pot* ）：非隨餐附送的咖啡亦以一人份咖啡壺服務之。另有較大型之咖啡壺可用於服務隨餐附送的咖啡或茶。

(3)銀盤（ *Platter* ）：俄式服務展示之銀盤，其有盤蓋可保溫熱食。

(4)銀湯鍋（ *Tureen* ）：銀器服務時用以盛湯的深而大有蓋的銀鍋。

(5)保溫鍋（ *Chafing Dish* ）：是一種附有鍋蓋的雙層鍋，低層裝熱水，上層用以裝菜，形狀有方有圓、有大有小，是自助餐必備器具。

(6)水壺（ *Water Pitcher* ）：是一種較大銀器水壺可以用來服務冰水，也有玻璃製的大水壺。

(7)冰酒桶（ *Wine Buchet* ）：用以裝水與冰塊，以冷卻或保持白葡萄酒與香檳酒等應有的冷度。

二、瓷器類

瓷器類是泛指所有的碗盤類，用其他材料所製成之碗盤亦應包括在其中，可分為盤類（ *Plate* ）與杯類（ *Cup* ）兩種。

1. 盤類：

(1)湯盤（ *Soup Plate* ）：為 9 吋的深盤，用以服務濃湯及其他湯液較多的菜。

(2)主菜盤（ *Entree Plate* ）：為 10 ～ 11 吋的淺盤，用以服務主菜。 9 吋盤可用於前菜與副主菜。

(3)點心盤（ *Dessert Plate* ）：為 8 ～ 8.5 吋的淺盤，用以服務點心。

(4)麵包奶油盤（ *Bread and Butter Plate* ）：為 6 吋的淺盤，用於服務麵包。

(5)沙拉盤（ *Saled Plate* ）：一種 6 吋比湯盤還深一點的深盤，用於服

務沙拉。

(6)展示盤用於高級餐廳，一般餐廳不常見，這種盤只用來當裝飾品，並不用於盛菜。有銀器展示盤、木製展示盤及有花樣的 11 吋瓷器展示盤。

2. 杯類：

(1)湯杯（ *Soup Cup* ）：10 盎司的寬口淺杯子，有一對杯耳，專用於服務清湯。

(2)咖啡茶（ *Coffee Cup* ）：約 5 盎司，是最常見的咖啡杯，用於服務茶或咖啡。

(3)半杯（ *Demi-Tasse* ）：約 2.5 盎司，是普通咖啡杯的一半，歐洲人都以這種杯來喝咖啡。

3. 玻璃類：一般玻璃類器皿有水杯、葡萄酒杯、香檳杯、雞尾酒杯、雪利杯、白蘭地杯、老式酒杯、果汁杯等。第九章飲料概論有詳細介紹各類酒杯之功用。

貳、中餐餐具

一、銀器類

中餐之銀器以廣東菜最講究，所以用廣東菜所使用之銀器為例來說明。

1. 湯匙：形如西餐之圓頭大湯匙，可是使用圓頭大湯匙來喝湯的確不方便，大部分的中餐廳都另備小號的瓷湯匙，所以銀器湯匙形同虛設。

2. 小龍頭架：即湯匙與筷子的擱放架。

3. 骨盤架：為 6.25 吋直徑，上面可放 6 吋的瓷器骨盤，每次只更換新骨盤即可。

4. 魚翅碗：碗口 4 吋，是中餐銀器中的湯碗，雖然以服務魚翅為主，用於其他湯類亦可，大部分的餐廳都用它來當湯碗架，把瓷器、小湯碗套

237

放其上，每次只換瓷器、小湯碗即可。

5. 乳豬盤：22吋的橢圓形盤，整隻烤乳豬可放於其上，並在客人面前切割之。

6. 鮑魚架：13吋的圓狀架，可放入特製的玻璃（或瓷）深盤以服務鮑魚。

7. 冷盤架：18吋直徑的圓盤架，可放置16吋瓷盤雖稱冷盤架，其他使用16吋盤的菜式皆可用之。

8. 小圓盤架：9.5吋直徑的圓盤架，含有盤蓋，可用以服務前菜。

9. 大圓盤架：24吋直徑的圓盤架，可用以服務大龍蝦。

10. 魚托架：中空橢圓形的托架，一邊為18吋，另一邊為16吋，可互換使用，放置18吋及16吋的瓷盤。也有較小的魚托盤，一邊16吋，另一邊14吋。

11. 魚盤蓋：18吋的橢圓形蓋子，為魚托架的專用，蓋小者為16吋。

12. 冬瓜盅：中央可放入整顆冬瓜以服務冬瓜湯，含盅蓋。

13. 椰子盅：中央可放入整顆椰子以服務椰子湯，含盅蓋。

14. 圓湯架：10吋直徑的圓湯架，可放9.5吋的瓷器大湯碗。

15. 大湯杓：分湯用。

16. 大龍頭架：即大湯杓的擱放架。

17. 點心盤台：13吋直徑圓盤，下有單腳支柱，可放12吋的瓷圓盤。

18. 調味架：3.5吋小圓盤，下有單腳支柱，其上可放置調味料的3吋小瓷碟。

19. 銀酒壺：裝酒用，也可裝熱茶。

20. 銀酒杯：1盎司高腳小酒杯。

21. 銀水杯：有不同的大小與形狀，以服務冰水。

22. 毛巾籃：用以服務冷熱小毛巾，含夾子。

23. 冰桶：用以服務冰塊。

二、瓷器類

1. 湯匙：為配合小湯碗，最好採用 5 吋小號湯匙。

2. 小湯碗：碗口 3.8 吋直徑。

3. 骨盤：習慣皆用西餐所用之 6 吋盤。

4. 飯碗：碗口 4.5 吋直徑，僅用於盛白飯。

5. 醬油碟：直徑 2.8 吋的小圓碟，每人一碟。

6. 調味料碟：直徑 3 吋的小圓碟，放於餐桌轉盤上。

7. 茶杯：常見者有小圓筒杯及小碗蓋杯。

8. 茶壺：瓷茶壺較不易保管，故常以金屬製茶壺代用之。

9. 大圓盤：出菜用，常見者有 9 吋、10 吋、12 吋、14 吋及 16 吋的直徑，更大者亦有之。

10. 大長盤：即橢圓形盤，出菜用，其大小最常見者有 9 吋、10 吋、12 吋及 16 吋的長度。

11. 大湯碗：出菜用，其大小最常見者有 8.5 吋和 9.5 吋的直徑。

三、玻璃類

1. 紹興酒杯：一盎司的小杯。

2. 分酒杯：因大酒瓶倒酒入小紹興酒杯很不容易，故一般皆以普通的玻璃杯為分酒杯，可是普通的玻璃杯倒酒時都會滴落酒液，於是就有了開一突出缺口的分酒專用杯。

3. 醬醋瓶：比較講究的則用銀器或瓷器製之者。

四、其他

筷子：有不同的材料，餐廳中最常用者是仿象牙的美耐皿筷子，最近流行竹製的免洗筷子，但高級美食餐廳不適合用竹製免洗筷子。

參、布巾類

布巾類英文稱為 *Linen*，泛指一切用布料所製成的備品，所以用布巾類譯之。主要布巾類可分：安靜墊（*Silence Pad*）、檯布（*Table Cloth*）、頂檯布（*Top Cloth*）、口布（*Napkin*）、服務巾（*Service Cloth*）及桌裙（*Table Skirting*）等六種。

一、安靜墊

是一種可以蓋住桌面，並且下墜幾吋的厚毛呢布料，其用途是保護檯布減輕其磨損，避免檯布滑動，減輕放餐具在餐桌上時的聲響、客人手臂靠在餐桌邊時比較有柔軟感，以及能吸收翻倒在桌上的湯或水。

二、檯布

檯布的長度以下墜至椅面為準，下墜之長度為 30 公分左右。檯布向以白色為主，後來由於一些所謂有主題的特殊菜之餐廳興起，於是流行採用各種顏色與花樣之檯布，使餐廳之色彩更有變化。

三、頂檯布

一種舖在普通檯布上，只比桌面大一點的小檯布。餐廳若採用頂檯布，每次只換較小的頂檯布即可，頂檯布之洗濯費可節省 60％。歐洲餐飲業者就是基於這種經濟算盤才使用頂檯布，通常大檯布可繼續留在桌面上使用一星期左右。

四、口布

目前口布尺寸的大小比較講究的都依用餐時間而不同,早餐或午茶用12吋(30 公分)四方,午餐用 18 吋(45 公分)四方,晚餐用 20 吋(50公分)至 24 吋(60 公分)四方。口布向來都與檯布相同的色調,故也向以白色為主,不過目前也有人採用不同於檯布色彩的口布,以增加餐廳氣氛變化。在早餐或一些大眾化的餐廳,也可以採用紙巾,尤其是酒吧,都採用 9 吋紙巾,午餐則須採用 12 吋或更大的紙巾。

五、服務巾

服務員在服務餐點時需要服務巾來防熱或防髒,拿熱盤時以服務巾墊之,托托盤時以服務巾護著袖口,不用時則掛在左腕上。服務酒類時也需要服務巾,須經冰涼的白葡萄酒就須以服務巾包裹後才服務之。為了衛生理由,不可以用口布(尤其是客人用過的口布)來當服務巾,故服務巾的形狀與顏色最好能與口布不同。

六、桌裙

桌裙是餐桌的圍裙,高度可略短於桌高,離地面二吋之處,長度則依所要包圍餐桌的長度而定,通常採用百葉裙似的百葉褶法來縫製,桌裙可採用完全不同於檯布的顏色與布料,最好能襯托出餐廳之裝潢或氣氛。

肆、著名餐具的廠牌

以餐具來說,過去二、三十年完全是國產瓷器的市場,但是自從享譽國際已久之餐具引進之後,立即受到講究生活品質的中上收入者的注意,這些歐洲日本之餐具,不僅在餐廳受歡迎,也日漸成為本地家庭之新寵。

目前比較有名的餐具在日本有 *Narumi, Noritake* 和 *Nikko* 三家廠牌，在英國瓷餐具舉世聞名的有 *Wedgwood* 和 *Royal Doulton* 兩大廠，西德則以 *Rosenthal* 廠牌著名。

一、日本著名之餐具廠牌

1. *Narumi*：其餐具來自日本名古屋附近的瓷器產地——鳴海，因而得名，在日本骨瓷製造業間，*Narumi* 掘起的時間最晚，約在西元 1978 年，鳴海地陶瓷業者開始延用西方骨瓷製造技法，在瓷骨中加入動物骨粉，而增加骨粉比例，以高溫燒窯的歷煉，創造出屬於自己風格的骨瓷產品，使之更接近象牙的白色，硬度是普通瓷器的 2～3.5 倍，表面光滑無雜質，使用後自有一種特殊的清潔感。由於這些特色，使 *Narumi* 瓷器在國內頗受餐飲業者歡迎，例如希爾頓、麗晶和凱悅等飯店，都是 *Narumi* 的愛好者，當然價格上比歐洲餐具來得便宜，這也是受業者喜愛的原因之一。

2. *Noritake*：是日本製業學習歐洲，這是日本學到青出於藍的代表。名古屋從西元十一世紀開始就是日本製瓷的搖籃，它是日本最著名的古老窯區。*Noritake* 創立於 1904 年，一開始就以鑲了明亮奪目的純白瓷器一鳴驚人，1932 年，創先引進英國製造骨瓷製造商之林。鑲有閃亮金邊是 *Noritake* 使用了八十多年的獨家標幟，它的產品眾多，其中尤以 *Diamond Collection*（鑲金瓷器）是最具特色的彩飾代表。無論是象牙白、孔雀藍或是檸檬黃、貓眼綠的底色，皆能顯現出彩繪特性外，有如靜黑中絢爛的寶石，豔麗咄人。除了彩繪特性外，昭和八年（西元 1932 年）*Noritake* 首創日本陶瓷業造骨瓷的先鋒，引進西方技術，在黏土中加入動物的骨灰，便稱為這是 *Noritake* 逐漸成為精緻品質的代表，而 *Noritake* 的瓷器之美，也就在這些彩繪及透明性且光潔優雅的質感上，還有那一圈圈閃爍光芒的金邊。

3. *Nikko*：在台灣的名氣不比 *Narumi* 和 *Noritake* 響亮，但因其行銷的

方式較保守，幾乎完全走向餐飲業的路線。 *Nikko* 公司成立於 1908 年，最早以硬質陶器產品聞名，引進歐洲技術生產骨瓷餐具，不過二十年的歷史。 *Nikko* 骨瓷餐具的動物骨粉含量是所有骨瓷廠牌中最高，達 50% 左右，幾乎是英國骨瓷餐具的兩倍。因此在硬度方面，它堅硬無匹，相當適合餐飲業使用。用手指輕輕敲邊緣的時候會發出輕脆的聲響。

二、歐洲著名餐具之廠牌

1. *Wedgwood*：1754 年由英國人 *Josiah Wedgwood* 所創立。由於他能燒製像珍珠一樣聖白的瓷器，從 1765 年便被選為皇室御用餐具（ *Fine Bone China* ），是 *Wedgwood* 的主力產品。台北新同樂餐廳便使用此一廠牌的餐具。而台南擔仔麵所使用的 *Wedgwood* 佛羅倫斯手繪藝術瓷，則是高級的產品。五年前，這個在世界餐飲業名聞遐邇的品牌，經由國內某進口商的努力耕耘，於是發揚光大到台灣，開始時， *Wedgwood* 只是在百貨公司的賣場設立專櫃，可是由於受到消費者的肯定與支持，所以一年前，他們在敦化南路與仁愛路上，建立了自己的門市店。在 *Wedgwood* 的廣場裡，除了擺賣 *Wedgwood* 的瓷器用品外，亦設有餐廳，供顧客享用。而在餐廳裡，顧客用餐的餐具或是用茶的茶具，全都是 *Wedgwood* 的產品。

2. *Royal Doulton*：於 1815 年由 *John Doulton* 所創立， 1901 年，該公司產品因受英皇愛德華七世所喜愛，特准冠上「 *Royal* 」的稱號（英國所有 *Royal* 的稱號的商品均需經皇室御准，代表高級品 ）。台北市西華飯店一樓 *Toscana* 義大利餐廳便採用此種餐具。

3. *Rosentnal*：於西元 1880 年，由一位 *Philippe Rosenthal* 在德國所創立的。新創意加上原有的藝術理念，造就了它優雅精緻的口碑，這便是往後 *Rosenthal* 餐飲器皿的特色──從生活中出發，兼具實用性與藝術性的雙重特性。每年， *Rosenthal* 都不斷地向世界知名的藝術家、建築師、設計家約稿，再按設計稿限套成形。因此 *Rosenthal* 每項產品都有它的名字，而名字代表每一位創作者製作該作品的中心理念，這也是 *Rosenthal*

餐飲器皿的另一項特色。

餐 飲 服 務 流 程

　　服務流程的優劣攸關顧客用餐的第一印象。無論中餐廳或西餐廳，也不管採用那一種餐桌服務方式，餐廳的服務作業的流程大致可分為：(1)迎接；(2)領檯；(3)點菜；(4)送點菜單；(5)上菜服務；(6)餐中服務；(7)結帳；(8)歡送及(9)重新擺設等，然而各步驟的細節或表現的方式會因餐廳的格調及其服務水準的高低而有很大的差別。如速食餐廳強調預先大量貯備立可出菜的食物，人員就可以比較精簡，外場的服務也就可簡化一些。若是美食餐廳則因強調可依客人的需要隨時製備，所以大都在客人來了以後才製備食物，人員就需多些，外場的服務為與廚房作業相稱，水準必須較高才行。所以，不管是哪一種餐館都必須要有最基本的服務，也就是要有一套標準而又親切慇勤的服務以及食物的烹調好手藝、衛生等。

　　餐飲服務的方式由於各地的風俗習慣不同，食物製備的方法不一，以及菜單的種類各異，發展出各式型態獨立的服務方式，常見的有餐桌服務（*Table Service*）、自助服務（*Self Service*）、櫃檯服務（*Counter Service*）及外帶服務（*Take-Out Service*）等，其中最複雜的要屬餐桌服務。而標準服務作業流程方式以傳統法國菜執餐飲界之牛耳，所以最早流行的供餐方式是法國式，早期法國貴族的宴會以三梯次出菜，但每梯次都同時上很多盤菜。第一梯次是在餐桌上擺出酒類、大塊肉與魚類、菜、各種開胃菜，由客人自助而食之。第二梯次擺出大塊肉類、禽類或爐烤菜、沙拉、蔬菜。第三梯次上水果、點心。自十七世紀末俄國首創每觀賞一道菜分食後再出下一道菜，這種俄國式的服務方式不但符合了美食的要求，也逐漸取代法國式而成為目前大家認為理所當然的西餐服務方式。但國內西餐館大都採用由服務員端至餐廳立即上桌的美國式服務。

壹、營業前的準備工作

1. 打開冷氣、燈光，並且將冷氣調到最小、燈光調低。

2. 檢查工作檯的備品，並依安全存量標準補齊。

3. 依工作分配，清理樓層公共區域——走道、牆面、玻璃等。

4. 檢查所有桌面的備品、菜單、水壺等是否均在定位。

5. 負責人應檢視地面是否徹底清潔，絕不可有污物留置地上，地板未舖設地毯，應即拖洗清潔。

6. 餐桌椅的準備，要用清潔的布揩抹乾淨，不僅是表面，橫檔亦須擦拭，並且檢查邊緣是否破損，坐椅有無彈簧突出以免傷及顧客或損壞顧客的衣服。餐桌如有用桌布，則破損污穢均不宜舖上。

7. 調味品的瓶子，特別是瓶頸周圍及蓋子。瓶內的調味品應每日加滿，注意鹽瓶及胡椒瓶，不可將胡椒誤裝於鹽瓶內。

8. 餐具必須清潔光亮，刀叉匙及盤碟，上面均不得有水漬污痕，應仔細檢查，將邊緣粗糙或彎曲的餐具，先行剔除。

9. 擺在餐桌上的花卉，其花瓶應擦乾淨，瓶中每日更換清水，如使用人造花，更不可令其表面積眾多的灰塵。

10. 準備清潔衛生的毛巾供應，未經消毒或消毒不完全的毛巾，絕不可讓顧客使用，必要時亦可以免洗的涇紙巾代替使用。

11. 燈光照明及冷氣溫度要注意之外，另外還要確定的有：

(1)足夠的顧客帳單，以適當的數字順序排列。

(2)兩支狀況良好的鉛筆或原子筆。

(3)乾淨且摺疊好的備餐巾。

(4)火柴，最好是本餐館訂製的火柴。

貳、中餐服務流程

一、迎賓與帶位

當餐廳服務的事前準備工作都已全部就緒，餐廳內的所有服務員皆須各就各位於其所負責之區域，站於服務桌附近，不可倚檯靠壁，所有談論皆須停止，以便隨時迎接顧客的光臨。若另有任何交待，應低聲進行，或僅以手勢或眼色示意。餐廳除了須保持清潔以外也須保持寧靜才行，環境的清潔與寧靜，以及服務員的親切、有節制與有效率，是創造餐廳舒適氣氛的要件，所以在整個服務作業的過程中，都須儘量避免製造聲響，包括不聚眾聊天、不跑步，也包括須小心操作餐具以及注意廚房出入門的開關聲。在嘈雜的地方用餐是件很不愉快的事，所以服務員的一切服務作業，皆須在迅速而不失其安靜的動作中進行，絕對不可以打擾到客人。

迎賓（ *Greet Guests* ）工作是客人到達第一站的接觸，在餐廳一向極為重視且指定專人負責，經常由領班或女帶位員擔任其事，有禮貌地迎接及恭送顧客，往往使顧客產生不可磨滅的良好印象，使陌生的客人漸而成為本餐廳的常客。

一位客人到達餐廳，是期望很快的就得到招待，有經驗的迎賓員，是不會讓客人在餐廳門口久等而無人接待的，迎接中對初見面的客人，即趨前以懇摯的態度去接觸，使他（她）們感受到重視與歡迎；對熟客人的面孔要能熟記。當其光臨時，即以微笑的態度神情，主動上前招呼，先以目光迎接客人與客人約三步距離時，跨前半步以適當的聲音寒暄問候。如：「×先生（小姐），您好！歡迎光臨，好久不見（熟客）」，若為常來之客人則可直稱職稱；或「先生（小姐），您好！歡迎光臨（第一次光臨之顧客），早安（或晚安），請走這邊。」假如客人是帶帽及穿外套的，應儘可能協助妥為保管。同時在帶位之前要從容而鎮定地詢問有否訂位，瞭解客人的人數，然後決定方向引導客人入座。遇營業忙碌時，座位未滿，

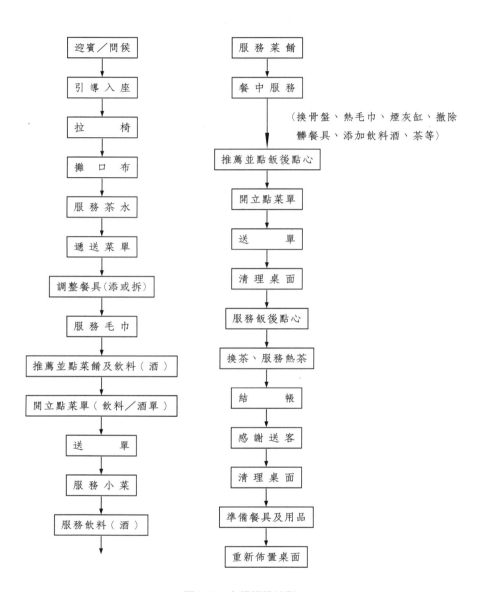

圖 8-1　中餐服務流程

資料來源：中信大飯店。

對前來之顧客，必須要有照拂，並從速安排他們入座，假使客人到達時真已無空席或無適當的餐桌可以接待，可帶領客人先到酒吧小酌等候，或安排在等候區稍坐一下。

通常領檯員引導客人入席時，必須配合客人走路的速度，走在客人二、三步之前帶路，並以手勢（手指併攏、掌心朝天）禮貌地做方向指引。途中若有台階或特殊地面，應先預告客人，以免發生跌倒的意外，走道上如有障礙物或人群，應迅速示意處理，好讓客人安全順利通過。行進間不時用眼睛餘光注意客人是否有跟上，腳步輕盈，但不可以過快。而在帶位途中可以對客人表示適當的關懷。到達預定餐桌時，立即介紹負責該餐桌的領班或服務員給客人，被介紹的領班或服務員仍須主動微笑打招呼。客人就坐時，除領檯或接待人員外，責任區內之服務人員，也應立即協助客人就座，切記女士、年長者或小孩優先。協助就座的動作不可太大。在拉出椅子的同時，應說：「××先生（小姐），您請坐。」有時，僅作一個親切的手勢或樣子就已足夠表現出殷勤的誠意。

領檯員的工作最主要在於適當地安排餐桌給客人，若僅依迎接者所提示的桌號來領檯，那就很容易完成此一任務。若客人忽然出現，必須由領檯員立即帶位的話，則須要一些經驗和費一點心思才能圓滿達成任務。接待員安排客人座位，帶位的要領可列舉如下：

1.帶位者首要注意客人的人數以及到來之先後次序，如果先來的客人等在一旁，看到後來的客人受到招待，將使他們非常氣惱的。

2.帶領客人至一個座位時，除非客人另作選擇，千萬不可改變主意，更不要猶疑不定，變換桌座，在餐廳中往返找尋座位，使客人無所適從，是最尷尬而不恭的事。

3.帶位時以不併桌為原則，即不同組或互不認識的客人不安排共桌而食。

4.剛開始營業時，須先安排餐廳前段比較顯明之處，使得餐廳不會顯得冷清。

5.其次平均分配帶位，勿將客人集中安排在同一服務區域，除非客人

有意見，儘量將不同的客人分散安排，以平均服務員的工作量，使客人能夠得到較週到的服務。

6. 帶位者同時要顧慮到顧客心理影響，以決定其座位，如常客往往對曾坐過的位子，有感情上的偏愛。

7. 安排穿著華麗的客人坐於餐廳中央位置，尤其是女性客人，對於餐廳的氣氛會有很大的幫助。不過若出現兩組衣著相互競豔的客人，不可安排在緊鄰著的餐桌，必須略有距離，以免當事人分心而食不知味。

8. 內角不礙通道之座位，可安排攜帶有能走動的孩童之顧客入座，以免孩童之活動奔走，妨礙服務工作，及打擾其他的客人。

9. 出入口隱蔽處，適於較年長及行動不便之顧客入座；年長之顧客，以便利其行動；身體殘缺者，以方便而又隱蔽為宜。

10.安排服裝或態度不能令人苟同的客人於較不顯明之處，以減少導致其他客人的反感。像可能會大聲吵鬧的餐會，儘可能給予個別室，或是餐廳的內部角落，以免吵到其他的客人。

11.年輕的情侶儘量安排於安靜的牆角餐桌，他們不喜歡太受注目。

12.單獨用餐的客人儘量給予較不顯眼的座位，使他不會自覺孤單。

13.勿安排大餐桌給少數人，除可增加餐桌的利用率，亦可使客人免於有失落感。

14.無論安排於何處，儘量幫助女士就座於面向餐廳中央的座位（避免面對牆壁），除非她們有意見，因為她們喜歡看人也喜歡被欣賞。

15.若訂席者不多，工作量的分配也不成問題時，儘量讓客人選擇自己喜歡的座位。不過有經驗的領檯員可以從客人的容貌、表情與視線來判斷他所喜歡的位置，不經指示即能給予滿意的座位。

16.同組客人的座位安排有時須遵從一般國際禮儀，服務時也應以其席順為服務的順序，是故餐廳服務員皆須熟悉這些禮儀才行。

二、攤口布

　　客人坐定之後，服務員應站在客人右側，用右手輕輕取下桌面口布並注意不可碰到客人之身體，並說：「對不起為您攤口布。」將身體移至客人右後方輕輕用雙手攤開口布，雙手儘量只接觸口布邊（兩邊），勿沾污口布。攤口布時，取其「開口」或有商標、飯店名稱之面朝向餐桌。側身靠桌移動右手，右手在前由外往內，輕輕舖在客人膝上，舖時手不可碰到客人身體。其順序由女士及長者優先服務，再依順時針為客人依序服務。

三、服務冰水

　　服務冰水的時候，應該先檢查水壺是否乾淨及有無破損。水壺中的水量是否足夠（壺裝八分滿，不可過多或太少不足），溫度是否適當，左手拿摺成長方形的清潔服務巾捧住水壺底部，右手握住水壺的耳，此時應注意的是，壺蓋是否已蓋好。而在行進的時候，水壺不可搖晃過大，以免從壺嘴溢出，而噴灑到客人，而且倒水之前，應先告訴客人說：「抱歉，幫你們倒水。」

　　倒水的時候必須注意不可拿起水杯，如果為了方便倒水的話，可在桌面移動水杯到適當的位置再倒，杯水與壺口距離約為一公分，但不可碰及杯口，每杯以八分滿為原則。每倒完一位客人，應用水壺墊布或服務巾擦拭乾水壺上之水滴，避免在傾倒冰水時，將水滴滴到客人。如因倒水而致使客人有不便之處的時候，應先道歉，並請客人原諒。全部倒完水後，向後退一步。稍作停留後，觀察並確定工作已完成，並告訴客人：「謝謝！請用冰水。」再轉身離去。

四、服務毛巾

　　待服務完冰水之後，就是服務毛巾，通常夏季用冰毛巾，冬季用熱毛

巾。用毛巾夾依客數夾放等量之毛巾，整齊放置於大毛巾碟上，並確認毛巾無破損、污垢或變色等情形，而毛巾應保持在扭轉時不會滴水的程度，在此可預先捲好毛巾，放於電熱箱或冰箱內，保持適當溫度。

而等客人就座後，應即服務毛巾，左手托持毛巾碟，右手以毛巾夾由左側逐一將毛巾放於每一位客人之小毛巾碟上，而服務毛巾以女士及長輩優先，再依順時針方向服務，並告訴客人：「先生（小姐）請用毛巾。」在此切忌直接用手拿毛巾給客人。

五、點飲料／酒

點單員站立在客人右後方，以女士及長者優先服務，然後依順時針方向，詢問是否需要點飲料或酒，也可以主動推銷，並依客人習性或餐廳特別推薦飲料優先。而詢問時的標準用語如下：「××先生（小姐），您好！請問要喝點啤酒或果汁（夏天時詢問）」；「請問先喝點酒暖和身體還是喝點啤酒或果汁（冬天時詢問）？」「××先生（小姐）今天是不是一樣來××酒或飲料（熟識客人習性時的詢問）」；這是飲料及酒單請參考一下。

再來要客人確認所需點酒水之配料（檸檬、話梅、冰塊）及酒溫。而等一切詢問及確認完畢之後，就可填寫點酒或飲料單，將桌號、人數、日期及填寫人簽名、品名、數量、單價等詳細填寫，如果客人有特別要求時，須同時詳細註明於單上，也可以製作簡單座次平面圖可註明男女、老少或只要易懂明瞭的標誌皆可，只要作給看單人懂就可以。最後將所登記之資料完整向客人複誦，複誦時若有任何修改，必重複一次給客人，表示已依客人之要求修改且登記。複誦之動作一定要在客人的面前完成且務必要做，而在複誦時口齒一定要清楚，再對客人說，所點馬上送來後，將酒或飲料單，一式三聯依指示送出，出納聯送至出納處打上時間、日期，並請出納員簽名，而將出納保留聯單交於出納。吧檯聯送至吧檯，進單取飲料。而第三聯，夾單置於客人桌上，待核對飲料用。

上飲料的時候，從客人右邊用右手將水杯往左上稍移，再將飲料沿水杯右下方 45° 處放置，注意應由女士優先，然後男士或老先少後（依情況），依順時針方向依序服務之，若客人使用完時，應趨前詢問客人是否再來一杯，若不再追加飲料時，將杯子從客人右側撤走，只留水杯。而在準備飲料或酒水的時候，用托盤盛裝杯裝飲料（酒水），將紹興酒倒入公杯八分滿，酒瓶須擦拭「乾淨」。酒水應留意其適當溫度，啤酒保持冰涼，紹興酒系列先予溫酒。飲料或酒水應與酒杯／配料配件同時準備與上桌，紹興酒系列應附話梅與檸檬片並盛裝在小碟上。在這有幾點要注意的是，倒酒時直接倒進桌上的酒杯，不要另一手舉杯。倒滿杯中⅔時，把酒瓶轉一下使其最後一滴留在瓶口邊緣不使其滴下弄髒桌布。

六、遞送菜單

在遞送出菜單前，應檢視一下菜單是否有污損，才送至客人面前。面帶微笑，打開菜單之第一頁，雙手由客人的右手遞送，客人如果不想立即點菜則向客人示意暫離去，順眼檢視餐位擺設是否齊全，原則上每位客人一份菜單，小孩可免，除非他們父母特別要求。

七、添加飲料／酒水

詢問客人是否有添加飲料、酒水之意願，杯中飲料、酒水剩 1/3 時即予添加。此時右手持壺一瓶，左手備餐巾，由客人右側添加飲料，飲料添加至七分滿。若罐裝飲料，如已冰涼而出水，應於服務前先擦乾，先前加冰塊之飲料，添加後，亦應再予添加冰塊。

八、點菜

點菜時站立於客人右側 15° ～ 20° 之側面稍傾，語氣清晰自然的詢問

客人要點些什麼，勿有催促客人之意，應集中注意力在客人身上，不可左顧右盼或顯得不耐煩。要充分對本身商品有所認識並熟記之，可適時向客人推薦本廳之特餐或主廚推薦之菜餚。當客人對菜單有所不懂、不了解時，須詳細解釋其內容、烹調方法……等，如無法回答應請示廚房或上司正確回答。而客人有特殊要求事項，應詳細問明記載，而對於比較需費時烹調之菜餚，應向客人示意先行送單，送進廚房。最後，面向點菜之客人，依顧客所點之菜餚複誦，切勿學習客人之語調複誦，在複誦無任何錯誤之後，確認米飯的客數，請問那幾位用飯／粥？再來輕收回菜單，不可從客人手中搶走。而發現客人用桌有空位時，應將多餘的餐具或不用的餐具收走。

九、上佐料

擺設佐料之分量需與客數或菜餚搭配，並擺置於相關之菜餚旁邊。介紹佐料之名稱與用法時，應以手勢示意，讓客人了解所指，並可說這道菜法這種佐料，味道更好，請趁熱食用。

十、分菜／湯

依客數備妥等量乾淨之小碗與一套服務用具於托盤上後預擺於餐桌上，並確信所有器皿均乾淨而無損壞。用雙手展示菜餚，讓客人過目之同時，介紹菜名與佐料，而在介紹菜餚時，應靠近餐桌，避免立於遠處作朗讀式之宣讀，這時服務用語為：「對不起！上菜。這一道菜是×××，我們在桌旁為您作分菜服務。」將菜餚放於餐桌上後以右手拿匙，左手拿叉（分湯時右手拿一套服務匙／叉，左手拿分匙）；進行分菜服務。服務中時，應避免手肘碰撞客人，而分菜的順序，應先分好配菜，配好 4 ～ 6 小碗，應先行上桌，防菜餚冷卻，而失掉其風味。分菜時雙手分持叉匙，夾起餐食後稍作停頓，再以叉輕畫匙底以防湯汁或菜屑滴落桌面，然後將菜

料分入小碗中後再以分匙加湯。而尚未分完之菜餚，應留在餐桌上，待後，隨時幫客人添加。

十一、分魚

　　和分菜一樣，應依客數備妥等量乾淨之骨盤與一套服務用具，預擺於餐桌上，確定均乾淨而無損壞，並展示菜餚，介紹菜名與佐料，放置魚盤時，魚頭朝左，魚尾朝右。開始分魚，左手拿叉，刀尖向下，以彎曲之叉身輕按魚頭，右手拿匙，以匙尖沿魚頭與魚身接處來回輕畫直到匙尖見骨，而和上述相同做法，由左而右，在魚身中線將匙尖置入魚肉與魚骨接處來回輕畫直到魚肉與魚骨完全分開。將二半片之魚肉各向上下輕推成八字型，而左手持叉，刀尖向上，經按尾部魚骨右手拿匙，自魚尾下方將魚骨挑起置魚盤上緣，用匙尖將上下二片魚肉各均分成六等份後，再分置於骨盤內，另一骨盤則裝置魚頭。而分魚，魚應隨時澆熱湯汁，在分魚時動作應輕巧以避免將魚肉撕碎，而分魚速度要快，以免魚肉變涼，有失原味。而服務魚頭時，應先詢問客人，哪位喜歡吃魚頭的，再將魚附魚尾服務客人。

十二、對菜

　　查看點菜單，巡查各桌所點之菜餚是否已於適當之時間內上桌，巡查各桌所點菜餚之品名、烹調方式與份量等是否正確，隨時留意客人所點菜餚上菜情況，並隨時調配出菜時間，以免因出菜太快而將菜餚暫放於備餐檯，而當客人所點的菜全部上後，應予核對並詢問用餐情形，適時再推薦甜點或水果。

十三、更換骨盤

　　應依客數備妥等量，乾淨之骨盤放置於托盤上之單側，並將骨盤朝向

身體，而在托盤上放骨盤時，須注意重心交替之平衡。在當骨盤上之殘食超過 1/4 時，即予更換新盤，但骨盤上尚留有菜餚，更換前需先徵得客人之同意。在收髒盤時，應側身靠桌，由客人右側收走，放置於托盤上，再由托盤上拿取乾淨骨盤逐位的更換，更換骨盤時，如盤子留有湯匙或筷子，則應先放新盤，再將湯匙或筷子移置其後再收髒盤，在更換骨盤的同時，如餐桌髒亂，應略予擦拭收理，再予離開。

十四、更換毛巾

在收回髒毛巾之後，更換新毛巾服務流程和服務毛巾的作業流程一樣。而在這邊要注意的幾點是，須將毛巾捲好，排列整齊；用餐時間較長或有小孩之餐桌，須特別注意更換毛巾。

十五、更換煙灰缸

當煙灰缸內有三支煙蒂以上需更換，手掌必須擦乾以防煙灰缸滑落。假如煙灰缸上有點燃之香煙，應在更換之時，有禮的告知客人：對不起，是否可將您的香煙拿起以便更換。而在放置新的煙灰缸，應輕放於桌上，而髒的煙灰缸應放於內處，以防煙灰缸因空調飛向客人，而至於用過的火柴，勿再擺設，以維持服務品質。

十六、收拾餐具

吃空的盤子，中途如果要收下，必須請示客人後，在得到客人同意後才可以收下，而在收餐時，儘量不要打擾到客人的談話，而由客人右側用右手撤盤，如果餐具在客人左邊，以方便為主，則可由客人左邊撤盤。切勿在客人面前堆疊餐盤、餐具，應在客人後方將盤碟上之剩菜撥到托盤上的小盤子上，再依盤碟大小依序堆疊，而毛巾、杯子及其他餐具分開堆

疊，但不可堆放太高，餐中收拾餐具應隨時整理桌面的凌亂，如果桌面過大，可兩人一起收理，以爭取時效。

十七、添加茶水

詢問客人加茶意願，用右手持壺，左手備服務巾，由客人右側加茶，加至七分滿，並同時可注意其他各桌的服務狀況。

十八、餐後甜點、茶、水果之服務

站立客人右後方，微笑，並詢問客人，是否需要點飯後餐點，如果客人有需要，則記錄下客人所點之甜點，若客人點甜點、水果，則必把握甜食先上的原則。同時並可將客人不用之飲料及使用過的殘餘物全部收下。

十九、幫助客人結帳（買單）

當我們發現客人用餐完很久，且東張西望，或者手持帳單東張西望的時候，我們就可以前往並站在主人右側以 15°～ 20° 側面傾斜、正視、微笑、語氣輕柔詢問：「請問還有需要為您服務的地方嗎？請問您今天的餐用得還滿意嗎？請問您現在要結帳嗎？」詢問結帳，不可正面詢問，以免客人誤會，你是不是要趕他走的意思。如果客人有酒要退回的，我們要盤點退酒類別及數量，並填寫「退酒單」，至吧檯退酒，而退酒單附於飲料單。查看客人所用過之菜與點菜單是否相符合，確認開立發票是「個人」或「公司」、「統一編號」等。如要統一編號時，應寫在「點菜單」內。再將客人之帳單送至櫃檯結算金額，至出納處取單。將結帳單由櫃檯取回放還於帳夾內，雙手給客人或置客人餐位右側並解釋說明，取回客人所付帳款後至櫃檯找零，如果客人要簽帳的話，應先徵得幹部核准或請幹部處理。至櫃檯處，取回找回之零錢及發票（如果有的話），並將找回給客人

之零錢置於帳夾內送至客桌。在確定發票抬頭，編號均正確後，將它交給客人，並表達謝意。客人如要給小費，應向客人誠懇道謝，並將小費投入櫃檯小費箱內。

二十、送客

客人結帳後，隨時留意於其離桌時，應幫忙拉座椅，而客人欲離開時，主管（服務）員應站立於出口處，歡送客人。門口謝客以不超過二人為原則，而站立的位置，不可影響客人之通過。而客人如有寄放衣物須立刻取衣物歸還客人。

二十一、重新佈置及擺設餐桌

檢查顧客是否遺忘物品，如果有檢到客人遺留物，請交至櫃檯登記保存。整理桌面時，如有任何髒東西，要掃到地面上且應用托盤接著，而椅面如有餘雜物應輕拍乾淨，並檢視桌位附近地面是否乾淨，桌椅要歸位排放整齊。等一切清理乾淨之後，而桌面一切擺設也完成，就可準備迎接下一位客人的到來。

以上就是中餐之服務流程，適用於高級中餐美食餐廳，至於中等級之中餐廳之服務流程，可依此服務流程做適當的調整，以符合自己餐廳之作業流程。

參、西餐服務流程

西餐服務流程種類繁多，包括法式、俄式及美式服務流程，由於目前西餐服務流程皆以美式為主，所以本文之西餐服務流程，以美式服務為例來說明。本文之西餐服務類似中式服務，僅在服務過程中，沒有分菜、分魚及分湯之俄式服務，中餐分菜服務來自於俄式服務，同時也沒有法式推

車服務和桌邊烹調等。完全是以美式之餐盤服務（*Plate Service*）為基準。

一、迎賓、問候

迎賓工作是客人到達第一站的接觸，在餐廳一向極為重視並指定專人負責，經常由領班或女帶位員擔任其事，有禮貌地迎接及恭送顧客，往往使顧客產生不可磨滅的良好印象，使陌生的客人漸而成為本餐廳的常客。

在迎賓方面，餐廳內的所有服務員皆須各就各位於其責任區域，站在服務桌附近，不可倚櫃靠壁，所有談話都應該停止，以便隨時迎接客人的光臨，若另外有任何事要交待，應低聲進行，或僅以手勢或眼色示意。

客人到達餐廳，是期望很快的就得到招待，有經驗的迎賓員，是不會讓客人在餐廳門口久等而無人接待的，服務人員須以微笑和愉快的態度主動上前迎接顧客，面帶微笑正眼注視著客人的眼睛，並微微點頭表示敬意，稱呼客人的榮銜，和善地和他打招呼，音量要適中，不要使他佇立等候或有所猶豫不安，才不致令他因誤會不被重視而產生反感。

在詢問時用詞儘量簡短有力以免讓客人覺得厭煩及等候太久，特別要注意用詞的婉轉及語氣的溫和，如果客人沒有訂席，還須詢問共有幾位，以便尋找適合的餐桌給他們，因為用餐者不一定會同時到達，不能以眼見到的人數為安排座位的依據，所以即使來的顧客只有一人也必須問以「請問有幾位」為最佳。

假使客人到達時已經沒有空的位置或適當的餐桌可以接待，絕對不可以告訴來客餐廳已客滿，可帶領客人先到酒吧小酌等候，態度必須要恭敬，特別是在客滿的時候，如果客人無法等待，可請他們與其他陌生人同坐，但必須先徵得雙方同意，取其諒解，不時與客人示意，表示正在留意中。

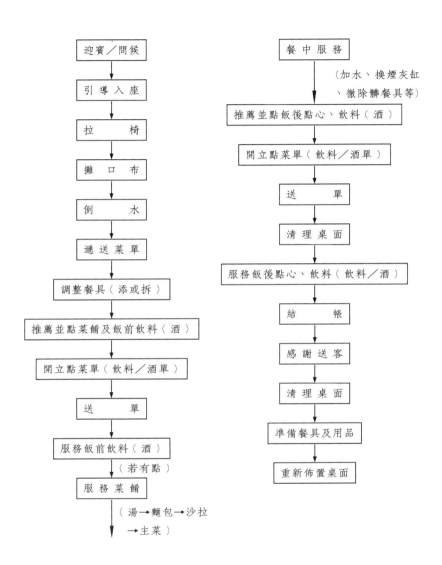

圖 8-2　西餐服務流程

資料來源：中信大飯店。

二、引導入座

帶位人員引導客人入席時，必須配合客人走路的速度，與客人保持一、二步的距離，並走在其前方帶路，以手勢禮貌地往欲帶位之方向指引。

行進間不時用眼睛餘光注意客人是否有跟上，腳步輕盈，但不可以過快，帶位途中可對客人表示適當的關懷，若有台階或特殊地面，應先預告客人，以免發生跌倒的意外，走道上如有障礙物或人羣，應儘速示意處理，好讓客人安全順利通過。如果有老弱婦孺則主動過去攙扶上、下階梯，帶位同時要顧慮到顧客的心理影響，以決定其座位，如常來店裡的客人，則儘量安排引導其到習慣性桌位，除非有人占用。

三、拉椅

服務員幫助客人就座時，切記女士、年長者及小孩優先，協助就座的動作不可太過火，大致替客人拉出座椅以利客人入座的程度即可，有時僅作一個親切手勢或樣子就足夠表現出殷勤的誠意，離開前再向客人打一次招呼。

如有小孩在場，必須提供高椅供小孩使用，並協助其入座，如果客人有隨身物品或大衣，須協助交付並代為保管；協助脫外衣時，手儘量不要碰到客人的身體，脫下的外衣，以手提衣領，並問明客人衣中是否有貴重物品，且告訴客人衣服及物品所放置的地方。

四、舖口布

舖口布的流程步驟：

1. 取下桌面口布：從客人之右側輕輕取下桌面口布，切記不可碰到客人的身體。

2. 攤開口布：取下口布後，移至客人之右後方輕輕用雙手 將口布攤開。

3. 舖口布：移動右手，由外往內輕輕地將口布舖在客人膝上，舖時須注意手不可碰到客人的身體。舖口布的順序以女士及長者為優先服務，再依順時針之方向為客人依序服務。

五、倒水

倒水時所須準備及注意事項：

1. 檢查水壺：水壺必須保持乾淨及無破損，檢查水壺中的水量是否夠，水溫是否適中，若水溫過高則可加冰塊以維持水之冰冷，一般視公司之規定，夏季可服務冰水，冬季服務溫水。

2. 擦拭水壺上之水滴：以服務巾或是水壺墊布將水壺上的水滴拭去，此步驟之目的為避免在倒茶水時將水滴滴到客人身上。

3. 拿取水壺：左手拿著摺成長方形的清潔口布捧住水壺底部，右手握住水壺的耳，壺蓋必須蓋好。行進間，須注意水壺不可搖晃過大，以免茶水從壺嘴溢出而噴灑到客人。

4. 倒水：加水時，服務員應站立於顧客右後方，由右側為其服務，以老先於少、女先於男的服務原則，再依順時針之方向依序倒，將水壺舉至客人杯口，距離杯口很近，但不可以碰到杯水，緩緩將水加入杯中。

每倒完一位客人後，應用墊在壺下的口布拭乾，再接著為第二位客人倒水，若因倒水使客人不便之處，應致歉意，並請客人原諒，等全部倒完水後，向後退一步，稍頓，確定工作已完成，再轉身離去。

六、遞送菜單

服務人員在客人來臨時，一定要先立即倒上冰水，然後面帶微笑的遞上菜單，不過美國人喜歡喝餐前酒，所以不先遞送菜單而先問客人要不要

來杯雞尾酒，但國內大多會問客人要不要來杯飲料，也有人先遞送菜單再點雞尾酒，這樣可使客人有充分的時間去研究菜單。在歐美，點菜時的習慣上都由請客的主人為所有人點菜，所以先遞送菜單給主人。主人也可以請其客人各自點菜，所以必須準備足夠的菜單才可以上前點菜，原則上每一位客人皆須給一份菜單，如果不夠應先給女賓或長者，如果是十四歲以下的孩童就由同桌之成人代替點菜，故可不必給予菜單，但若有特別為孩童所設計之餐點，就不在此限了。

首先先打開菜單放在客人的前面，由女士或年長者優先遞給，左邊或右邊遞上皆無所謂，但是必須是以前進的方向順序遞給的。若由右側遞送，則成順時鐘方向前進。遞給菜單之後，如有特別值得推薦的菜餚，可以再補充說明，然後退回兩步之外，應立即向前協助說明，點菜的順序應以遞送菜單的順序相同，若四人桌以上的團體，可以只站在主賓旁邊，原地接受所有人的點菜即可。

七、調整餐具

當客人坐定後，視其人數，檢視桌面上擺設之餐具及所需追加或撤換之餐具，然後準備托盤，依客人所需追加或撤換的餐具，一一放置於托盤上。托盤也必須清潔，並墊有乾淨的口布，然後將所追加之餐具帶到客桌，約站在客人的右後一步服務，排列餐具應注意整齊劃一。此時的標準用語為「××先生（小姐）對不起！為您排餐具，謝謝！請稍候為您點菜。」然後客人若是要撤餐具，也須迅速將其所撤之餐具放在托盤上到工作檯，此時標準用語為：「對不起！××先生（小姐）為您撤餐具！請稍候馬上為您上菜。」

八、推薦並點菜餚及飲料

當服務員遞送完菜單準備開始點菜時，服務員應準備點菜單，站立在

主客右側後方 15°～ 20° 詢問，將點菜單拿在手心，若有服務巾，則可摺成點菜單之大小墊於其下，絕不可放在桌上，然後語氣清晰自然的用標準用語說：「××先生（小姐）！可以幫您點菜了嗎？」若客人尚未決定，請他再慢慢研究，然後退回原位或告訴他待會馬上為您點菜，勿有催促客人之意。

在點菜時，應把注意力集中在客人身上，不可左顧右盼或顯得不耐煩，依女士先男士後，長老或主人先，再依順時針方向依序點菜，若客人拿不定主意，則要適時向客人推薦本餐廳之特別餐或主廚推薦菜餚，要有誠意而儘量避免讓客人有強迫被推銷的感覺，在推薦時必須先找出客人口味的要求，並試著估計他願意花多少錢。如年紀較大之客人推薦較清嫩之菜餚，若是很節儉的客人則要推薦便宜一點的菜餚。

若客人對菜單上的菜有不明瞭時，要把菜的材料、烹調方法及特色口味告訴客人。對於沒有標價之項目，客人特別要求的菜，應先把價格說清楚。建議餐飲時，不宜推薦太多菜餚，要讓客人感覺在替他們著想。在推薦飲料時，必須一次點完，才不致於需來回重複追加，浪費服務時間。

九、開立點菜單

當客人確定其所要點的菜時，服務人員可以用簡單平面座次圖表示之，並再複誦一次，以免點錯菜引起顧客不悅。

十、送單

顧客點菜後，確定無誤，則將點菜單拿到出納處打上時間、日期，並請出納人員簽名，再將出納保留單第二聯交給出納，第一聯單送交給廚房，第三聯夾單置於客人桌上，待核對菜餚及預備客人買單。

十一、服務餐前飲料

從客人右邊用右手將水杯往左上稍移，再將飲料沿水杯右下方 45 度處放置，注意由女士優先然後男士或先老少後，依順時針方向依序服務。若客人點葡萄酒，服務員必須前往吧檯依規定領酒，領出的酒必須立即展示給客人查驗，讓他確認。紅葡萄酒展示時從點酒客人的右側趨前，左手托著瓶端，右手托著瓶口的一端，酒籤正面對客人，向客人說明酒名，好酒必須確認年份，等客人點頭認可後，才算完成驗酒的步驟。若客人點白葡萄酒或其它酒，右手以服務巾拿瓶，左手從下托著拿回餐桌即可。客人驗完酒，就必須再準備冰桶來保冷，冰桶內約放入⅔的冰塊來加速冷卻。紅酒必須先開瓶，除掉其可能的苦味。

酒開好後，將酒倒入事先已為客人所準備的酒杯當中，讓客人試，倒酒時須把標籤面向客人，讓客人完全看到酒籤的手勢來倒。此時的標準用語為：「對不起！××先生（小姐）為您倒酒，謝謝。」其順序為主賓或女士開始而止於客人，大約倒½杯即可。如所有客人皆已倒過，酒瓶內還有酒，香檳酒與玫瑰紅酒必須再放回冰桶，並在瓶頸上掛上長條服務巾。若客人的酒已喝光，即可重新服務，如酒瓶與原先相同，可由服務員代為試飲後立即服務之；若再點的酒為不同的酒，那麼就必須重複前述全部的過程。

十二、服務菜餚

西餐服務菜餚的程序，以十道菜為例應是：

1. 餐前酒
2. 冷開胃菜
3. 熱開胃菜
4. 湯、麵包
5. 生菜沙拉

6. 主菜：主菜上菜次序又因其種類不同而有先後次序：

(1)魚類；(2)海鮮類；(3)白色肉類；(4)紅色肉類。

7. 水果

8. 甜點

9. 咖啡、紅茶

10.餐後酒

以上為舉例的菜餚，但可作為服務一整套順序的參考。服務順序仍需依客人所點的菜，依序上菜，並非每一道都要上菜。

取菜要注意的事情：

至廚房取菜給客人時，必須先檢查看看，其要點有：

1. 避免造成錯誤，必先確定上菜為客人所點之菜餚。

2. 檢查器皿是否乾淨，有無破損。

3. 菜餚所附之餐具及附屬物品是否備齊。

4. 熱食用熱盤，冷食用冷盤，溫度是否適中。

5. 菜餚裝飾是否依標準擺飾的美觀整齊。

6. 上菜順序是否正確。

7. 其餘客人的菜是否備妥。

將菜餚放在托盤應注意到較大較重的菜餚放在中間，較輕較小的菜餚放在旁邊，冷食先取來放，熱食後取，冷、熱食物要分開放。雖然只是個取菜動作，但一不仔細小心可能會遭到客人的抱怨，且可能會使人受傷，並且會延遲整個服務流程。仔細的檢查會提高工作效率，使工作井然有序，自己工作輕鬆客人也會滿意。上菜時必須注意的事項：

1. 上菜前應先看清座次平面，勿再向客人詢問。

2. 手執菜盤邊緣，站在客人左方。

3. 由客人左方輕輕將菜置於客人前方正中央。

4. 放置時需先調整餐盤方向，使標誌正面對著客人。

5. 上菜順序須依序上，且一上一下，不可同時上兩道菜或匆忙上下菜。

6.男女同桌，由女性、長者或小孩先送。然後依順時針方向依序上菜。

7.服務醬料（*Sauce*）或沙拉醬（*Dressing*）等調味醬，由客人左邊上並先解釋名稱，徵求客人同意後，則給予適量。此時標準用語可說：「××先生（小姐），是否要來一點其它調味料，夠不夠呢？」

8.服務每一道菜餚之前，將客人桌上不必要的餐具撤掉，以保持桌面乾淨。撤盤前要問明客人是否不用了。如「××先生（小姐），對不起！還用嗎？」

9.上菜時要出聲說：「××先生（小姐），對不起，讓您久等了。這是您的××，請慢用。」好讓客人得知要上菜了。

服務時應注意到：

1.服務菜餚時，左上左下，除麵包外。

2.注意所上每道菜的溫度，熱菜要熱且用熱盤器皿裝盛，冷菜用冷盤。

3.上菜時切勿由客人頭上經過，以防食物或酒潑到客人。

4.先女後男，先老後少的服務。

5.主人招待客人的情形，先服務客人，給主人最後服務。

6.同桌的菜必須一起上，不可先上一位客人，過後再上其他人的菜。

7.食物由客人左方服務時，服務生需用左手供應。而飲料則由右方以右手服務。移走時亦同。

8.不可在客人面前擦刮盤子。

9.任何時候均需面帶微笑。

以上這些並非是絕對一定的原則，但是有些卻是大家所共同的認可。而一些像右上右下、左上左下，還有時可視公司的規定而有所不同，且有為避免打擾客人和客人聊天可能會做出些許變通都是可以的。畢竟規則是因人而訂的也可因人而變通，只要是對客人有好處的即可善加變通。

服務菜餚／開胃菜

在供應開胃菜前，所需用到的器具先擺放在正確位置上。乾淨扁平餐具必須放在乾淨的餐盤及餐巾上，並將之帶至桌上放著。開胃菜刀叉放在正餐叉之旁邊。如果有以酒搭配開胃菜，它必須在食物之前供應。若客人沒點餐前酒，直接將開胃菜由客人左方服務。

開胃菜的好壞，將為整頓飯樹立起風格，且客人對食物有良好的第一印象，可彌補進餐中產生的各種問題。當所有客人吃完後，將髒盤及與開胃菜相伴供應的東西一併端走。好擺放下道菜要用的器具。

服務菜餚／麵包及湯

在上主菜之前先上湯、麵包，首先將烤好的麵包和湯置於拖盤內，且湯和麵包應保持應有的溫度。服務時應站在客人左側，用服務叉匙或夾子夾起麵包再由右側上湯，置於客人桌位中間。在上湯前服務員要將適當的湯匙擺放在正餐餐刀的旁邊。在幫客人服務時要說：「××先生（小姐），幫您上湯及麵包。」讓客人得知你要上菜了，若是稍微慢了些時必須跟客人說：「對不起！讓您久等了。」最後要離開時說聲：「請慢用。」使客人有賓至如歸的感覺。

服務菜餚／生菜沙拉

與供應開胃菜及湯、麵包一樣，必須的餐具要在供應生菜沙拉前擺好。沙拉叉放正餐叉左邊，若需用刀子則放在正餐刀右邊。沙拉由客人左邊服務。沙拉吃完後，開始準備主菜所用的餐具。在吃沙拉時用過的盤子、扁平餐具及玻璃器皿都要移走，一般底盤是在此時移走，尤其是使用昂貴底盤的餐廳，有時在上開胃菜之前即端走了。那昂貴底盤純粹是裝飾用的。

服務菜餚／主菜

主菜是一餐中的精髓，會花費較多的時間來享用品嚐。若有酒來搭配主菜，應在此時斟出。在主菜端出前要將所需的餐具和一些特別器具（如龍蝦叉）先擺好。食物應以易於讓人吃及切割的方式擺放於盤子上，不可讓客人因切割主菜，傷及配菜。所以主菜應放在中央稍低的地方，或配菜放在各別的盤子裡。在客人開始進食後，服務生應適時的以口頭方式徵詢客人是否滿意，將可充分的發現問題加以改進。且要時時注意是否需要添加麵包和倒酒。吃完後，與先前幾道菜同，將不需要、弄髒的餐具端走。然後供應水果，可幫助消化，水果需新鮮、成熟的。

十三、餐中服務

餐中服務的項目有很多，如加水、換煙灰缸、刷清桌面、撤除餐具等，這些動作主要是為了維護桌面清潔使客人感到舒服，且使客人有足夠的水可喝或足夠的空間可使用，讓客人沒有受限制的感覺。

客人用餐中間會喝水，所以必須隨時注意客人水杯的水量，若低於五分滿時，應馬上去為客人加至八分滿的高度。倘若餐廳可讓客人吸煙（吸煙區），則需要隨時地更換煙灰缸。其更換步驟及注意項目如下：

1. 準備：

(1)將托盤托在左手，應使用乾淨的托盤。

(2)打開餐櫃門，從中取出煙灰缸，關上餐櫃門。破損的煙灰缸應挑出，並告知主管填寫物品銷單。

(3)把煙灰缸放在托盤上，要保持平穩重心。

檢視桌面：檢視桌面煙灰缸是否有不潔或破損，且以三支煙蒂以上需要更換為原則。

2. 更換：

(1)以右手拿起托盤上之煙灰缸，握住煙灰缸底部使之朝下。手掌必須

擦乾，以防煙灰缸滑落。

(2)以乾淨的煙灰缸覆蓋在桌上髒的煙灰缸，將兩個煙灰缸一起至托盤上。留下髒的放在托盤上。假如煙灰缸上有點燃之香煙，應在更換時有禮貌的告知客人將其拿起。可對客人說：對不起！是否可將您的香煙拿起以便更換。

(3)再將乾淨的一個放在桌上煙灰缸之固定位置。須輕輕放，五指要抓牢以防掉落。

(4)髒的煙灰缸放於內處，以防煙灰因空調吹向客人。

(5)煙灰缸距離桌邊緣約二十公分以免掉落。

(6)火柴用過者，勿再擺設以維持餐廳之提供品質。

3. 撤除餐具：在客人進餐中，若有髒了的餐盤，應立即收拾、撤走，給客人更多的空間吃東西。若餐盤上還有東西，但客人不用了，則應立即收走，此時標準用語：「××先生（小姐）！對不起！請問您還用嗎？」若客人不使用，則將餐盤收走。

十四、推薦並點飯後點心、飲料（酒）

此時服務生可詢問客人是否要點飯後點心、飲料，若是客人不知道要點什麼，可以將餐廳今天特別的點心推薦給客人。並可將甜點的菜單陳示給客人看並加以解釋是以什麼做的、口味如何、特別之處，讓客人對甜點的想像奇特而想點它。當客人點了甜點之後，亦可推薦客人可搭配飲料或酒，通常甜點會搭配葡萄酒或香檳。或者看看客人要不要來杯香濃的咖啡或茶、果汁等飲料。

在完美的一餐結束前，來點出色的甜點、飲料（酒）享用，讓整餐更加的完滿結束，使整套餐從頭至尾都令人有個美好回憶，而且甜點是餐廳最易賺取利益的。

十五、開立點菜單（飲料／酒單）

若客人接受了服務員的推薦而點了甜點或飲料、酒，那麼服務員必須開立點菜單。通常為三聯式：第一聯給出納結帳用，第二聯給吧檯，讓吧檯人員製作東西用，第三聯置於客人桌上好拿去櫃檯或叫服務員買單用的。客人點完後，必須複誦一次，確定無誤之後，對客人說請稍候，馬上來；開立點菜單時，切記要標明清楚，以便到時服務飲料給客人時好分辨，誰是點什麼。這就有賴服務員做好座次圖（ *Table Plan* ）。

十六、送單

開完單子之後，服務員先至出納處打上時間、日期，並請出納員簽字，且將出納保留聯單給出納，再把一聯交給廚房（吧檯），告知師傅數量和商品名稱，最後一聯夾在帳夾上放在客人桌上備查有無錯誤。

十七、清理桌面

在送上餐後甜點、飲料時，必須先清理桌面，將所有不需要的器皿都收走，並且將髒了的口布換過。清理時可使用托盤將東西收走，或者可使用餐車，收拾時，一定要整齊且小心的輕輕收。基本上在吃一道菜完之後，必須將不必要的餐具撤走。全部清理好後，將飯後點心、飲料等所需的餐具擺上，以準備上點心類。

十八、服務飯後點心、飲料（酒）

1. 詢問時要站立於客人右後方，微笑並禮貌的詢問，此時的標準用語為「××先生（小姐）！對不起！請問您飯後的餐點是要什麼？」待客人回答後，則再問「那飲料呢？咖啡或茶。」如果餐廳沒有附帶的餐點（甜

點）要提醒客人追加點叫，並且迅速的記錄下客人所點之甜點或附帶的飲料，立即送單。

2. 在服務點心、飲料前，若客人是點茶或咖啡要先準備奶水盅、糖盅及檸檬片；奶水盅及糖盅中應有八分滿，並附上檸檬夾，置於客人桌上中央，以便客人取用，若六人以上的客桌，則每二人放置一套即可。在上甜點、咖啡或飲料時，應說：「×× 先生（小姐）幫您上甜點（飲料），謝謝，請您慢用。」在服務甜點、咖啡或茶，應從客人右邊且用右手送上，放在客人中央，在送上時應讓客人知道，以免碰到，若客人是點熱的飲料，應提醒客人是熱的，以免燙到手或嘴。此時桌上之餐具應早已排好了。若有的客人要求飲料及甜點一起上，則同時服務，或是客人特別囑咐其中一樣慢點上，則要依照客人之要求服務，否則一切以標準為服務原則。

3. 在撤餐具時，要微笑並正視客人，並輕聲詢問：「×× 先（小姐）！對不起！還用嗎？」若客人已不用了，則將客人不用之飲料及使用過的殘餘物全部收下帶走，此時要說「好的，我幫您整理一下桌面。」這時我們已成功的完成了餐後點心的服務。

十九、結帳——即買單

1. 首先我們要觀察已用餐完很久的客人，看客人是否東張西望、或手持帳單觀望的，而此時，服務員必須迅速至客人右後以十五至二十度側面傾斜、正視、微笑且語氣輕柔的詢問「×× 先生（小姐）！對不起！請問還有需要為您服務的地方嗎？」此時客人會告訴你他要結帳，當我們要詢問結帳時，不可正面的詢問，以免客人誤會。

2. 查看客人所點之餐點是否與菜單相符合，完畢後則要詢問客人發票是開公司或個人，並且將客人告知的發票編號寫於帳卡下。並將帳單送至櫃檯。

3. 送單至櫃檯要告訴會計出納是第幾桌買單，待會計出納結算正確

後，將帳單及收據取回，並送回客桌。

4. 將收據送回客桌買單時要向客人解釋說明「××先生（小姐），這是找您的零錢及發票，請您點收是否無誤？謝謝您，歡迎再度光臨」，若客人給小費時，應向客人誠懇道謝，並將小費投入小費箱內。

買單時若為房客簽帳，簽帳時應先確認其身份，再將簽帳單墊好複寫紙，並準備好筆，送至客桌，此時應說「××先生（小姐）麻煩請填寫簽帳單。」若是外客簽單時，應先請問「××先生（小姐）請問貴公司寶號」，然後再請客人稍等，標準用語為「請稍候，我請主管來處理」。

當然，在我們要幫客人買單時，應早已對公司的貴賓卡、員工卡、優待券、折扣券、餐券及停車券等的使用方式瞭若指掌，並要適時的告知客人。這樣才不失為良好之服務，此也完成了這一標準服務流程。

二十、送客

門口謝客之人員以不超過二人為原則，在客人欲離開時，主管（服務員）應站立於出口處，歡送客人，此時站立的位置以不影響客人之通行為準，雙手應自然垂於小腹的位置，左手在上，右手在下，行約十五度之禮。致謝時態度要很自然且要誠懇，聲音語調要輕柔悅耳，若是客人有寄放衣物，應立刻取衣物歸還客人，謝客致意時的標準用語：「××先生（小姐），謝謝！謝謝光臨，請慢走，歡迎再度光臨。」第一印象固然重要，但最後的印象卻是服務的大關鍵，它與第一印象同等地受到重視。

二十一、清理桌面

在客人結帳，送客人出大門之後，我們必須回到原客桌去收拾餐具及桌面，首先必須拿托盤，將托盤放在桌上，將用過之餐具，水杯、咖啡杯、煙灰缸依序整齊的排放在托盤上面，若桌面上有剩餘之殘渣，也必須一併用抹布將它擦放於托盤上，餐具排時以牢固不搖晃為主，最後將已放

滿餐具之托盤以扛翠的方式拿到廚房。我們必須準備一條濕的抹布將桌面污點擦拭乾淨，再用乾抹布將桌面拭乾，整理完後，再將桌上的基本擺設擺好。

準備餐具及用品

　　一般來說重新擺設餐具之桌面所需之用品約有下列幾種，餐巾、餐刀、湯匙、餐叉、沙拉叉、麵包碟、奶油刀、水杯、糖盅、鹽、胡椒罐、煙灰缸、桌號牌等，在我們將桌面收拾乾淨後，就可至工作檯中取出這些用品及餐具準備重新佈置桌面了。

二十二、重新佈置桌面

　　1. 擺設餐巾：摺疊好，置於離桌緣約二指左右，並必須將飯店的標示面向客人。

　　2. 擺設餐刀、湯匙：餐刀置於餐巾右側，刀口向左，刀柄離桌緣約一指左右，湯匙在最外面朝上，柄望桌緣約一指幅左右，餐刀與湯匙緊接在一起。

　　3. 擺設餐叉、沙拉叉：餐叉在內，叉柄離桌緣約一指幅。沙拉叉在外，柄離桌緣一指幅左右。

　　4. 擺設麵包碟：麵包碟離桌緣一指幅左右，緊鄰於沙拉叉左側一指幅。

　　5. 擺設奶油刀：奶油刀與餐刀平行置於麵包盤右側，約在麵包盤 1/4 處。

　　6. 擺設水杯：在餐刀上緣一指幅處。

　　7. 擺設鹽、胡椒罐煙灰缸：鹽、胡椒並行放置，胡椒放入門之右，鹽放在入門之左方，鹽與胡椒罐跨中心點缺口朝門外，缺口前放煙灰缸。

　　8. 花瓶、糖盅、桌號牌：緊鄰鹽、胡椒罐後面放花瓶、糖盅，花瓶放在鹽罐之後，糖盅置於胡椒罐後面，糖盅右側放置桌號牌。

但若公司有自行規定,則依公司規定儘速排好。

肆、飲料服務流程

飲料服務流程和食物的服務一樣,飲料服務也有其流程順序,一般可分為酒精飲料服務和非酒精飲料服務兩種。酒精飲料服務含葡萄酒、香檳酒之服務,非酒精飲料則指果汁、汽水等飲料之服務。葡萄酒服務有一定步驟,服務人員必須具備開酒專業知識和技術,如此,才可成功地完成葡萄酒服務之工作。以下是飲料服務流程:

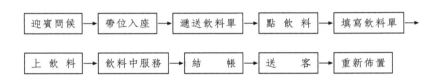

圖 8-3　飲料服務流程

資料來源:本文研究整理。

一、葡萄酒服務

葡萄酒服務是一餐飲專業知識和技術之結合,其中包括紅、白葡萄酒、玫瑰紅和香檳酒等,除了解各式葡萄酒之種類與特性外,葡萄酒服務之開瓶乃是餐飲技術之具體表現,一般服務葡萄酒之步驟有:1.接受點酒;2.展示葡萄酒;3.開瓶;4.試飲;5.服務等。

1.接受點酒:根據顧客喜好接受其點之葡萄酒,一般點酒要領為魚蝦海鮮類配濃郁的澀白酒或半澀白酒,白肉類配白酒,亦可配輕淡紅酒,紅酒一般配紅肉或獵物肉,玫瑰紅酒屬中性,可配白肉與紅肉。以上是基本概念,但最重要還是依客人之喜愛來決定,服務人員僅可針對以上基本概念推薦客人,不可標新立異,除非客人自己選擇。服務葡萄酒之前,白酒應冷藏或置於冰桶,其溫度為 45°F ～ 55°F(10℃ ～ 12℃),玫瑰紅也應

冷藏或置於冰桶，其溫度為 45°F～55°F（10℃～12℃），香檳亦需冷藏或置於冰桶，其溫度更低為 38°F～40°F（6℃～8℃），一般紅酒則置於正常狀態下不需冷藏，其溫度 60°F～75°F（12℃～14℃）。

2. 展示葡萄酒：客人選定葡萄酒之後，服務人員必須立即前往葡萄酒保管處依規定領酒。領出酒後立即展示給點酒之客人，其展示要領為將客人點的酒拿起，把底部放在左手掌心的墊布上，右手指抓瓶頸處，以標籤向客人的方式傾斜請客人確認。客人確認無誤，則準備在客人面前開瓶，此時應備妥開酒器具，以及置酒之器皿，如白酒、玫瑰紅以及香檳酒，則要有冰桶並置滿冰塊，而紅酒則要有酒籃。

3. 開瓶：若客人選紅酒，則必須提前開瓶，讓紅酒能預先呼吸一下，並散發其芬芳，減少其苦味，同時要告訴客人紅酒須要呼吸之事，以免客人誤認沒有立即讓他試飲而引起抱怨。呼吸時間的長短依酒齡而定，愈老愈短，二十五年以上的酒則不可呼吸，八年則不可超過二小時半。至於白酒則不須要呼吸，服務人員開瓶之後，馬上讓客人試飲。

開瓶皆須在客人面前行之，白酒可以在冰桶中開瓶，但也可在餐桌或服務桌上開之。紅酒可以在倒酒籃中或直立於餐桌上開瓶。以下是葡萄酒和香檳酒之開瓶步驟：

(1)葡萄酒開瓶：

①先用小刀沿著瓶唇切盡一週直透錫封套。

②從切口往瓶口方向，用刀半剝半撕，整齊地去掉錫封套蓋住瓶口部分。

③使用服務巾擦拭瓶塞之封蠟。

④使用開瓶器（Corkscrew）在酒瓶正中央略偏一點位置，用力垂直插入，並順其自然旋轉，直到開瓶器旋轉至只剩兩圈螺旋時即停止。

⑤將開瓶器上的活動側桿架在瓶口上當著力點，左手抓住瓶頸以固定酒瓶，右手將開瓶器的橫桿往上直拔，至瓶塞尚留一公分時，再將瓶塞直接輕輕拉出。

⑥拔出瓶塞後，服務人員先用鼻聞聞瓶塞，看看是否有醋味或黴味，

然後將瓶塞放在小盤上，讓客人自己聞，是否有醋味或黴味。

⑦用服務巾擦淨瓶口及四周，並用右食指墊服務巾插進瓶口內輕擦之，並確認瓶口內外皆無異物。

(2)香檳酒開瓶：

①在冰桶中，先撕掉錫泊紙再拿掉鐵絲。

②用左手保持以拇指壓住塞冠的狀態拿起酒瓶，右手用服務巾擦乾水滴，然後遠離客人一尺以外，瓶口不可對著任何客人以防意外。

③用右手輕輕地扭轉塞冠，先向左轉一下再向右轉一下，當感到瓶塞已鬆之後才一點一點扭轉拉瓶拔瓶塞而開之。

④用新的服務巾擦淨瓶口內外。

4. 試飲：原則上試飲皆由點酒之客人試之，如果點酒者為女士習慣上是可請在座男士代為試飲。試飲之主要目的為檢定葡萄酒品質、評估其價值以及說出其來源與酒齡的藝術。試飲時須使用眼鼻口三個器官，以視覺、嗅覺、味覺之順序，來評定葡萄酒之品質。試飲時首先搖一下酒杯，再舉杯觀看判斷其顏色與清澈度，越清澈明亮者品質越佳，接著再搖一下酒杯，使其散發氣味，然後以鼻聞之，辨別其芳香與氣味。最後喝一口先含酒於口中，打轉舌尖讓味蕾能充分接觸到酒液，以便能完整地判斷其味道，吞酒之時並心數「一、二、三」以測量酒刺激喉嚨時間之長短，時間愈長者愈佳。

5. 服務：服務葡萄酒之前，要先請示客人，是否在試飲之後，就可以服務或者要等菜餚端上時才飲用，此時之服務要尊重客人之意思，以免被誤認服務有所怠慢。服務時從主賓或女士開始而止於主人，其順序完全相同於服務菜餚一樣。倒白酒之酒量以⅔杯為主，倒紅酒之酒量則以½杯為好，不過通常是以½杯至⅔杯為原則即可。當服務所有客人之後，如果瓶內尚有酒，白酒、香檳和玫瑰紅酒原則須再放回冰桶中，以保持應有冷度。

二、一般飲料之服務

　　一般飲料之服務較葡萄酒服務之流程簡單，如果客人點雞尾酒，服務人員則在吧檯人員製備完成後，端上托盤準備杯墊、吸管或攪拌棒，平穩地將雞尾酒送給客人，服務雞尾酒之前宜先置妥杯墊，然後再放置雞尾酒。

　　若是客人點果汁飲料或軟性飲料如汽水、可樂，其服務流程與服務雞尾酒類似，在服務流程中，也是需要準備托盤、杯墊以及吸管，攪棒則可省略。若是客人點咖啡或紅茶，其服務流程在服務咖啡之前，服務人員一定要先確認咖啡是熱的，若是咖啡是溫的話，則不要提供給客人，否則易遭客人之反彈。當確定咖啡是熱的之後，服務咖啡時要準備托盤，咖啡杯底盤、小湯匙、奶水以及糖包，缺一不可。當客人點紅茶時，其服務流程與服務咖啡類似，唯一不同的是配料之不同，服務紅茶之前，服務人員要先詢問客人配料要奶水和糖包或是檸檬和糖包。然後根據客人之要求，提供服務。若是客人點冰咖啡或冰紅茶，其服務流程與服務果汁飲料相同。

餐具及器皿

1. 餐巾　　　2. 餐刀（大刀）　　3. 湯匙　　　4. 餐叉（大叉）　　5. 沙拉叉（小叉）

6. 麵包碟　　7. 奶油刀　　　　 8. 水杯　　　9. 花瓶　　　　　10. 糖盅

11. 鹽罐　　　12. 胡椒罐　　　　13. 煙灰缸　14. 桌號牌

圖 8-4　西餐餐桌基本擺設

資料來源：Courtesy of Chinatrust Hotels Chains

企劃執行者：蔡界勝

餐具及器皿

1.餐巾　　2.湯匙　　3.餐刀　4.餐叉　　5.麵包碟　6.奶油刀　7.咖啡底座

8.咖啡杯　9.咖啡匙　10.鹽罐　11.胡椒罐　12.煙灰缸　13.花瓶　　14.糖盅

15.桌號牌

圖 8-5　西餐單點（A La Carte）早餐基本擺設

資料來源：Courtesy of Chinatrust Hotels Chains

企劃執行者：蔡界勝

餐具及器皿

1.餐巾　2.湯匙　3.餐刀　4.餐叉　　5.咖啡底座　6.咖啡杯　7.咖啡匙

8.花瓶　9.糖盅　10.鹽罐　11.胡椒罐　12.桌號牌

圖 8-6　西餐自助早餐（Buffet）基本擺設

資料來源：Courtesy of Chinatrust Hotels Chains

企劃執行者：蔡界勝

餐具及器皿

1.餐巾　2.湯匙　3.餐刀　4.餐叉　5.水杯　6.花瓶　7.桌號牌　8.糖盅　9.鹽罐
10.胡椒罐

圖 8-7　西餐自助午餐（Buffet）基本擺設

資料來源：Courtesy of Chinatrust Hotels Chains
企劃執行者：蔡界勝

圖 8-8　中式廂房餐桌基本擺設

資料來源：Courtesy of Chinatrust Hotels Chains

企劃執行者：蔡界勝

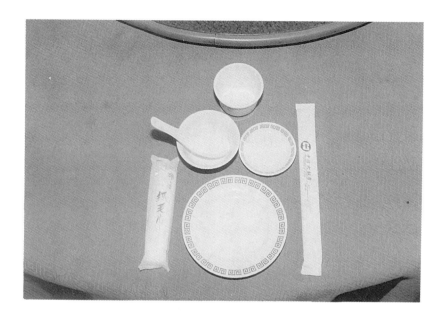

1.骨盤　2.湯碗　3.湯匙　4.味碟　5.茶杯　6.筷子　7.濕紙巾　8.調味組

擺設位置及說明

1. 骨盤(1)置於桌邊緣一指幅處，飯店標示（LOGO）或花紋正面朝上。

2. 骨盤上方緊鄰處置放湯碗(2)湯匙(3)味碟(4)。味碟置於右方，湯碗、湯匙在左方，湯匙正面朝上，湯匙柄朝正左方置於湯碗內，味碟與湯碗匙組中間空隙處正落於骨盤正中央。

3. 茶杯(5)置於味碟及湯碗正中央上方緊鄰處。

4. 緊鄰味碟右側置放筷子(6)，筷子"中信大飯店"字樣在上，且筷緣與骨盤下緣對齊。

5. 濕紙巾(7)置於離骨盤左側一指處，正面字樣朝上且下緣與骨盤下緣對齊。

圖 8-9　飲茶小吃餐桌基本擺設（大桌）

資料來源： Courtesy of Chinatrust Hotels Chains
企劃執行者：蔡界勝

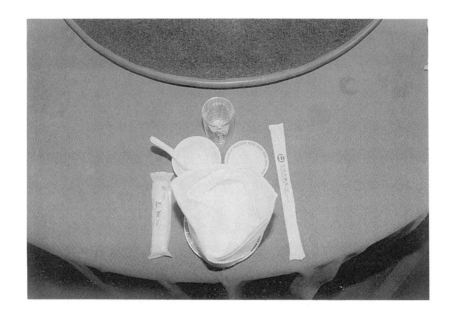

1.骨盤　2.味碟　3.湯碗　4.湯匙　5.果汁杯　6.筷子　7.濕紙巾　8.餐巾
9.紹興杯　10.公杯　11.牙籤　12.調味組

擺設位置及說明

1. 骨盤(1)置於桌緣一指幅處，飯店標示（LOGO）或花紋正面朝上。
2. 骨盤上方緊鄰處置放味碟(2)湯碗(3)湯匙(4)。湯匙置於口湯碗內，面朝上，湯匙柄朝正左方，湯碗湯匙置左邊，味碟置於右方，味碟及湯碗湯匙緊鄰且空隙處正落於骨盤正中央。
3. 果汁杯(5)置於味碟及湯匙湯碗組空隙之正上方（緊鄰）。
4. 骨盤右側置放筷子(6)，筷子"中信大飯店"字樣在上，且筷緣與骨盤下緣對齊。
5. 濕紙巾(7)置於骨盤左側一指幅處，字樣朝上且下緣與骨盤下緣對齊。
6. 餐巾置於骨盤正中央。
7. 紹興杯(9)公杯(10)及調味組(11)牙籤(12)置轉盤上，公杯及紹興杯在面對入口門右方，公杯在前，紹興杯在後。調味組及牙籤在面對入門左方。牙籤在前，調味組在後。

圖 8-10　中餐宴席餐桌基本擺設

資料來源：Courtesy of Chinatrust Hotels Chains
企劃執行者：蔡界勝

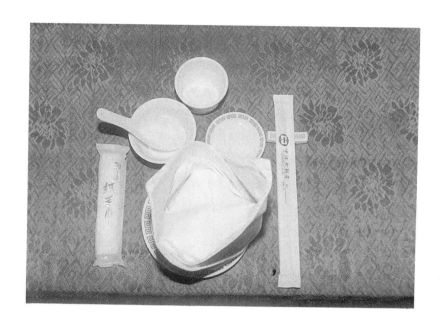

1. 骨盤　2. 口湯碗　3. 湯匙　4. 味碟　5. 茶杯　6. 筷架　7. 筷子　8. 濕紙巾
9. 餐巾　10. 煙灰缸　11. 牙籤　12. 調味組

擺設位置及説明

1. 骨盤(1)置放於桌邊緣一指幅處，飯店標示花紋正面朝上。
2. 於骨盤上方擺設口湯碗(2)、湯匙(3)及味碟(4)。湯匙平放置於口湯碗內且湯匙柄朝正左方，整組湯碗組置左邊，味碟置右方。二組器皿緊鄰且空隙處正落於置骨盤正中央處。
3. 茶杯(5)置於味碟與湯碗組正中央處（緊鄰）。
4. 緊鄰味碟右側擺設筷架(6)筷架與味碟中線及湯匙柄成一直線。筷子(7)置於筷架上，"中信大飯店"字樣在上，且筷緣與骨盤下緣對齊。
5. 濕紙巾(8)置於骨盤左側一指幅處且正面字樣朝上，下緣與骨盤下緣對齊。
6. 餐巾(9)置於骨盤正中央。
7. 煙灰缸(10)放置桌面對角面朝門外，牙籤(11)置於煙灰缸正前方且緊鄰。
8. 若為大桌則加調味組(12)置於轉盤上面，面對入門之右方。每置放煙灰缸一個，煙灰缸置放於筷架正上方。（原則上儘量不提供）。

圖 8-11　一般小吃餐桌基本擺設（大、小桌）

資料來源：Courtesy of Chinatrust Hotels Chains
企劃執行者：蔡界勝

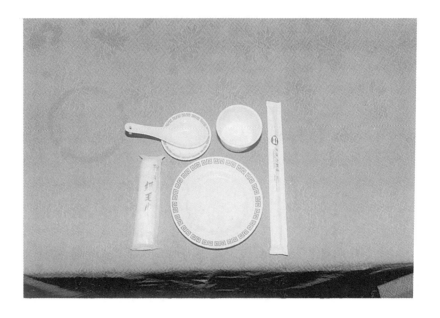

1. 骨盤　2. 味碟　3. 湯匙　4. 茶杯　5. 筷子　6. 濕紙巾　7. 煙灰缸　8. 調味組
9. 牙籤

擺設位置及說明

　1. 骨盤(1)置於桌邊緣一指幅處，飯店標示（LOGO）或花紋正面朝上。

　2. 骨盤上方緊鄰處置放味碟(2)湯匙(3)及茶杯(4)。茶杯置於右方，味碟湯匙在左方，
　　 湯匙正面朝上平放於味碟內，湯匙柄成正左方。

　3. 緊鄰茶杯右側置放筷子(5)，筷子「中信大飯店」字樣在上，且筷緣與骨盤下緣對
　　 齊。

　4. 濕紙巾(6)置於骨盤左側一指幅處，下緣與骨盤下緣對齊。

　5. 煙灰缸(7)置於靠入門之桌邊一角，煙灰缸之對角置調味組(8)及牙籤(9)牙籤置於調
　　 味組正前方。

圖 8-12　飲茶小吃餐桌基本擺設（小桌）

資料來源：Courtesy of Chinatrust Hotels Chains
企劃執行者：蔡界勝

《問題與討論》

1. 請敘述美式、法式及俄式服務之特色？

2. 請敘述咖啡廳服務。

3. 請敘述宴會廳服務。

4. 西餐餐具中銀器類之餐具有哪些？

5. 西餐餐具中瓷器類之餐具有哪些？

6. 中餐餐具中銀器類之餐具有哪些？

7. 請敘述餐廳之布巾物品。

8. 請簡述歐洲著名餐具之品牌。

9. 請簡述日本著名餐具之品牌。

10. 請敘述餐廳營業前準備工作。

11. 請簡述中餐服務作業流程。

12. 中餐之餐中服務有哪些服務流程？

13. 請簡述西餐服務作業流程。

14. 請敘述飲料服務作業流程。

15. 請敘述葡萄酒服務作業流程。

16. 請敘述一般飲料服務應注意事項。

17. 請敘述西餐基本擺設。

《註釋》

1. 薛明敏，1990，餐廳服務，明敏餐旅管理顧問公司出版，初版，台北，pp.79 ～ 103, pp.355 ～ 383

2. 高秋英，1994，餐飲管理，揚智文化事業服務股份公司出版，初版，台北，pp.246 ～ 247

第9章 飲料概論

葡萄酒
壹、影響葡萄酒的主要原因
貳、葡萄酒的種類
參、法國的葡萄酒
肆、葡萄酒的釀造
伍、葡萄酒貯存方法

烈 酒
壹、琴酒（Gin）
貳、伏加特（Vodka）
參、蘭姆酒（Rum）
肆、威士忌（Whisky）
伍、白蘭地的起源
陸、香甜酒

雞尾酒
壹、調酒器具
貳、酒杯的使用
參、調酒技術
肆、調酒的配料
伍、雞尾酒的配方

咖 啡
壹、咖啡種類
貳、咖啡的製作過程
參、咖啡的調配

茶 葉
壹、茶葉的種類
貳、茶葉的製造過程
參、茶具
肆、茶葉調配

吧檯管理
壹、酒吧型態
貳、酒吧的經營管理
參、人員組織

葡 萄 酒

　　法國的化學與細菌專家巴斯德（ *Louis Pacteur, 1822 ～ 1895* ）曾經說過：「葡萄酒是種有生命的飲料。」這就是說葡萄酒有生命周期，會由出生、生長、成熟以至死亡，其間也會生病，也可能再康復。由於葡萄酒是如此神祕而又與眾不同，酒類服務員若想成功地出售與服務葡萄酒，除了應熟悉服務的細節以外，尚須充分了解葡萄酒的一切才行。在十年前，葡萄酒仍是大酒店和高級西餐廳的附屬品，而飲用葡萄酒者，大部分是外國人或一小撮懂得享受葡萄酒的人，且可供選擇的種類並不太多。然而近幾年間，在各大酒公司不斷推廣餐酒，並且全方位的介紹和宣傳後，很多高級的中西式餐廳，如雨後春筍般的開設，並大力推銷葡萄酒，因此，開始飲用或懂得享受葡萄酒的人士，早已不斷成長。

壹、影響葡萄酒的主要因素

　　很明顯地，造成各類葡萄酒的不同品味，土壤占有很大的關係，所以要了解葡萄，地理常識是不可缺少的。先人留下的經驗，我們可以概括地說葡萄能繁殖的地域是分布於赤道南面的溫帶區。太寒冷的氣候，會摧毀樹的生長，而在熱帶的區域，太多的陽光，會使葡萄太過早熟而破壞了生長過程，在前人不斷的努力改良試種，結果發現某些葡萄種類，是適合某些土壤，再加上該區的氣候，而成為獨一的產品了。

　　1. 地理位置（ *Geographic Position* ）：也就是葡萄的生長區域，從北緯30°～ 52°及南緯 15°～ 42°，此一區域都是葡萄的生長區，我們稱之為 *Vine Belts*（ 葡萄生長帶 ）。

　　2. 土壤（ *Soil* ）：因土質所含的有機物與無機物的比例不同，所生產

出來的葡萄品質也就不同。

(1)火山兒所生產的葡萄，味道較強烈、刺激。

(2)石板兒的斜坡含有豐富的礦物質，所生產的葡萄其釀造出來的酒則較辛辣、氣味芳香。

(3)黏土形的土壤所種的葡萄釀製的酒氣味濃郁。

(4)沙地或鬆質土所產的葡萄釀製出來的酒清淡溫和。

(5)白堊岩地生長的葡萄釀製成氣味強烈的葡萄酒。

3. 氣候（ Weather ）：氣候的變化影響葡萄的生長及產量。

4. 葡萄品種（ Grapes ）：好的品種生產出好的葡萄，才能產製佳釀，所以這是非常重要的一環。

5. 製造方式（ Vinfication ）：有了以上種種好的條件，沒有優良的釀酒與調配技術仍然無法創造出天之甘露。

貳、葡萄酒的種類

一、以色澤來區分

1. 紅酒（ Red Wine ）：把紅葡萄壓碎連同皮核一起發酵，由於果皮所含的色素會滲入酒中，故成為紅葡萄酒，但依其品種不同而有紫紅、鮮紅、淡紅等色的差別。

2. 玫瑰紅酒（ Rose Wine ）：它是把紅葡萄壓碎連同皮一起發酵，發酵中途再把果皮去掉，或是把已做好的白酒用紅葡萄皮來浸就可產生桃紅色的葡萄酒。

3. 白酒（ White Wine ）：以白葡萄（黃、綠色系）為主要原料，如用紅葡萄來做也可以，但須先去皮再行發酵，顏色有無色透明、青色、淡黃色、琥珀色、黃金色等。

二、以製造方式區分

1. 不起泡的葡萄酒：一般稱為佐餐酒（ *Table Wine* ）的葡萄酒即屬於此類，色澤有紅、白、玫瑰色等三種，酒精度數以不超過 14° 為限。通常在 11°～ 12° 之間，而法國、德國、義大利等歐洲國家則大體在 10°～ 12° 左右。如果裝瓶時間極早，使得二氧化碳溶進葡萄酒中，往往會在瓶中繼續緩慢地進行後發酵，即有輕微泡沫的葡萄酒，此類酒歸於不起泡的葡萄酒處理。

2. 氣泡葡萄酒：以香檳為代表，即把發酵中的二氧化碳密閉在酒瓶中，使其具有氣泡而成。基本酒精度數量為 9°～ 14°，碳酸氣的壓力為 3～ 6 個氣壓左右。

3. 加烈葡萄酒：雪利酒、波特酒為其代表。因在發酵過程中或發酵完成後，添加了白蘭地，而使酒精度數達到 18° 左右。

4. 加味葡萄酒：以葡萄酒作為基酒，加入各種果汁所釀製成香味濃郁的葡萄酒。其中以添加白蘭地的居多。

參、法國的葡萄酒

一、法國葡萄酒等級

1. *Appellation De Origine Controllee* 簡稱 A.O.C. 級是經過地區、土壤、氣候、葡萄園、製造過程、檢驗合格的酒，品質好、價格高。

2. *Vine Delimites De Qualite Superierure Quaity* 簡稱 V.D.Q.S. 級的酒尚無法達到 A.O.C. 級的品質。主要消費在法國。

3. *Vinded Pays* 級的酒屬中等的品質是以不同出產區來評定品質，產量很少，多半是自製自銷，有少部分外銷。

4. *Vine De Table* （ *Vin Be Cepage* ）級是一種商產量，品質較低較大眾化的酒，多半是自製自銷，或供應歐洲地區的消費。

所謂 *A.O.C.* 管制法必須要合乎下列條件才可以標示：

(1)必須使用原產地的葡萄原料。

(2)必須經過裁定的各地區栽培葡萄品種。

(3)酒精度最低限制。

(4)生產量限制。

(5)葡萄栽培方法的規定。

(6)葡萄汁所含糖分限制。

二、法國葡萄酒的產區

1. *Bordeaux*：波爾多地區生產紅酒和白酒。

2. *Bourgogne*（ *Burgundy* ）：布根地區生產紅酒和白酒。

3. *Alsace*：亞爾薩斯地區大部分生產白酒和紅酒。

4. *Loire-Valley*：羅瓦爾區大部分生產白酒。

5. *Cates Du Rhone*：薩河區大部分生產紅酒。

6. *Champagne*：香檳區生產起泡酒。

肆、葡萄酒的釀造

一、紅葡萄酒的釀造法

釀造紅葡萄酒時必須採用紅或黑葡萄果粒，其釀造過程可分述如下：

1. 壓碎果粒，壓碎後連汁帶皮與果核全部倒入發酵槽。

2. 加入二氧化硫，以殺死附在果皮上的野酵母與可能有的細菌。（能殺野酵母與細菌的二氧化硫的份量竟然不致殺死釀酒用的好酵母，實在奇妙之至 ）。

3. 調整糖分。

4. 加入酵母，加入前先取一些葡萄汁來養活酵母之後才倒入發酵槽

中。

5. 葡萄汁開始發酵，每天須攪動升到表面的果皮，約三天至三週之間完成發酵。其間紅果皮中的色素會溶入酒液中，果核會析出丹寧酸，可增加酒的特色。

6. 榨汁去掉果皮與果核，只留酒液倒入新樽中。

7. 存放至第二年春天，此時樽中酒液還會發生第二次發酵，此種發酵主要是由細菌把蘋果酸轉化為乳酸和二氧化碳，其酸度可減少 40％，其間酒會被樽壁吸收，所以前一、二個月每幾天須補酒一次，裝滿樽以減少和空氣接觸的機會。

8. 最後經過過濾並澄清後，放置於攝氏十度的場所貯存 2 ～ 3 個月就可裝瓶出廠，唯好品質的酒液中的各種物質會非常慢地氧化，並且也互相化合，而形成芬芳物質。

9. 裝瓶時因與空氣接觸，會有異味，因此須貯放 6 ～ 8 週後才能出廠。

二、白葡萄酒的釀造法

釀造白葡萄酒時除可採用白葡萄外，也可採用紅葡萄果粒，因為紅白葡萄的果汁皆一樣，紅色色素僅存於果皮之中，除少數品種外，皆不溶於酒精，只要發酵前把果皮去掉，紅葡萄也一樣可以釀造白葡萄酒。白葡萄酒的釀造過程大致和紅葡萄酒相同。唯壓碎果粒後必須立即榨汁去除果皮和果核，只留純果汁倒入大酒樽放置二十四小時，等微細的固體物沈澱後，把上面澄清的果汁移入新樽中，然後才開始加二氧化硫、調整糖分、加酵母、發酵、第二次發酵、過濾澄清、貯存以及裝瓶的過程。白葡萄酒極少須成熟，因為其中少了果皮與果核中的酸性物質，所以貯存二、三個月即可裝瓶。

三、玫瑰紅葡萄酒的釀造法

玫瑰紅葡萄酒必須採用紅葡萄果粒,其釀造法有二種,其一是依紅葡萄酒的釀造法處理之,當進行發酵一至二天後,若顏色已近所要的程度立即榨汁去除果皮與果核,然後繼續其餘過程至裝瓶。其二是依白葡萄酒的釀造法處理之,但將果皮與果核置於發酵酒樽的上方,果皮發酵後會滴下紅汁混入果汁中,直至顏色合乎要求才移去果皮與果核,然後繼續其餘過程至裝瓶。

四、氣泡葡萄酒的釀造法

氣泡葡萄酒的釀造法可分三種:第一種是古典的「香檳法」,二氧化碳在瓶內產生,手續最繁瑣。第二種是「閉槽法」,二氧化碳在密閉的酒槽內產生,製法比香檳法有效率,味道也不差。第三種是「灌氣法」,酒內的二氧化碳並非發酵產生,而是在裝瓶時才直接將化學的二氧化碳加壓灌入葡萄酒內,方法最簡便經濟。

伍、葡萄酒貯存方法

1. 最理想的儲酒處自然是地窖或地下室,因其氣溫常年穩定不變。理想的儲酒溫度是攝氏 $14 \sim 15$ 度。氣溫上下變化會使酒質受損。

2. 假如沒有適當的地窖儲酒,可選擇陰涼的處所;假如可能,應避免在朝西方的房間儲酒,以免落日自窗戶射入或西曬於牆上。

3. 避免儲酒接近具有難聞氣味之物品,諸如汽油、柴酒、溶劑、油漆及工業用油劑等等。

4. 噪音、光線與高溫易傷害儲酒。

5. 儲酒處,照明儘可能使用柔和的燈光、避免日光照射。

6. 酒瓶須經常橫置使瓶塞保持溫潤,否則瓶塞會乾燥而致空氣侵入使

酒氧化。

　　白酒：45℉～ 55℉（7.2℃至 12.8℃），理想溫度是 48℉（8.9℃）

　　紅酒：60℉～ 75℉（15.6℃至 23.9℃），理想溫度是 68℉（20℃）

　　玫瑰紅酒：45℉至 55℉（7.2℃至 12.8℃），理想溫度是 45℉（7.2℃）

　　香檳酒：38℉至 42℉（3.3℃至 5.5℃），理想溫度是 40℉（4.4℃）

｜烈｜　｜酒｜

壹、琴酒（ Gin ）

一、琴酒的來源

　　琴酒的故鄉在荷蘭，是 1660 年來登（ Leuden ）大學醫師希維爾斯（ Srlvius ）博士作為藥酒開發成功的。注意到扁柏科常綠樹木──杜松，其果實具有利尿作用，因此採用高酒精濃度的蒸餾酒把有效成分抽取提煉出來，製造利尿劑。雖然藥效消失得快，但由於美味可口，所以人們爭相取用，並取名為 Geniver（ 法語杜松之意 ），荷蘭人稱 Genvever，後來由英國人縮寫為 Gin。

二、琴酒的介紹

　　現在琴酒的主流是 Dry Gin。原料是玉米、小麥、粿麥等。將這些原料以連續式蒸餾機製造出 95° 以上的蒸餾酒，加進植物性成分，再用單式蒸餾機蒸餾，以溶合出各種成分的香味。植物性成分中除杜松子外，還使

用葛縷子、肉桂、當歸、桔子或檸檬皮,及各種香草藥草等。琴酒是一種無色而含有特殊清爽香味的烈酒,其酒精度為 40°～50°,是調製雞尾酒的主要原料,有雞尾酒的心臟之稱。

三、琴酒可分為下列幾種

1. 倫敦琴酒(*London Gin*):倫敦琴酒是英國最有名的酒,這種酒是先以穀物為原料,經多次蒸餾而得出高純度的酒,然後再加入杜松子等香料,再蒸餾兩次而成。最早用的是倫敦附近的廠商,他們在酒瓶上印有 *London Dry Gin*,而市面上所有的琴酒,都用了這個 *Dry* 字,瓶籤上有寫 *Dry Gin*、 *Extra Gin*、 *Very Dry Gin*……等,都說明了此種酒不甜、不帶原體味。

2. 朴利茅斯琴酒(*Plymonth Gin*):朴利茅斯琴酒只蒸餾一次,完全沒有甜味,比倫敦琴酒的質更濃、香味更重,是英國海軍飲用的傳統琴酒,它也可製成粉紅琴酒。

3. 美國琴酒(*American Gin*):美國琴酒與倫敦琴酒稍為不同,但都是可做成很好的混合飲料。另有一種 *Sloe Gin*,它的味道是由野莓蒸餾而成,是一種利口酒。

4. 荷蘭琴酒(*Dutch Gin*):荷蘭琴酒其味道是辣中帶甜,無論是喝純或加冰塊都爽口。它基本上是用麥芽作的,其味道是來自杜松梅。荷蘭是唯一有專賣琴酒酒店的國家,它冰過或加上冰塊,再加上一片檸檬,是辣馬丁尼(*Dry Martini*)酒最好的代用品。琴酒成年後,會成為淡金黃色,稱為 *Gold Gin*,若是荷蘭造的淡黃色琴酒,都是用焦糖染的。荷蘭琴酒要喝純的,在東印度羣島的人,常加若精喝,他們用普通威士忌杯子,裡面先倒些若精,再把杯子旋轉,使若精沾滿杯子,再把剩下的倒掉,最後倒入荷蘭琴酒,是一種適合快喝的酒,且具開胃效果。

5. 老湯姆琴酒(*Old Tom Gin*):老湯姆琴酒是英國十八世紀前後,以倫敦為中心,因飲用琴酒過量而發生許多悲劇,英政府加強酒類的管制

與取締，當時為了方便飲用而在琴酒中滲入砂糖，成了帶有糖味的老湯姆琴酒。這種酒最初是被用來調配雞尾酒 *Tom Collins* 的含有特殊的甜味與香味。自從 1939 年後就很少生產了。

6. 水果琴酒（ *Fruit Gin* ）：水果琴酒採用水果製成的甜琴酒，在分類上不能算是蒸餾酒，而是屬於利口酒，其中最有名的要算 *Sole Gin*，雖然名稱上以琴酒著稱，但原料並不使用杜松果。

貳、伏特加（ *Vodka* ）

一、伏特加的起源

伏特加這個名稱據說是由俄文的生命之水一詞當中「水」的發音演變而來。生命之水是煉金術士對蒸餾的特別稱呼，由此可知，伏特加的產生確實受惠於煉金術士。至於伏特加這個字出現於文獻則始於十六世紀。

伏特加是一種酒精度高的酒，是用木炭或其他東西蒸餾，以重複蒸餾的方法，把酒精含量提高到 95°，裝瓶的時候則稀釋 40°～45°，是一種無色無味的烈性酒，常被用來調配雞尾酒，以蘇聯所產的最負盛名，目前我國所銷售為美國及英國所生產的伏特加較多。據稱伏特加是用馬鈴薯製的，但在蘇聯和其他地方是用穀類製造。最好的伏特加是用多種穀物蒸餾而成的，其中最好的是玉米。歐洲的伏特加酒帶有穀類風味。而美國伏特加具有中性風味，故其原料種類不受限。伏特加最適合加冰塊純飲，或是冰後享用更回味無窮。製造伏特加有兩項特殊程序：

1. 蒸餾出的酒流入收集器時，要經木炭過濾，每加侖至少要用一磅半的木炭，連續過濾的時間不得少於八小時，在四十小時後，至少 10% 的木炭要換新的。

2. 一百加侖的酒，用機器使與至少六磅的新木炭不斷接觸，事實上伏特加可用精鍊的方法製用，不必用上述的方法。

伏特加如由香料、葉子、草、種子或水果等得到香味則稱為加味伏特

加（*Flavored Vodko*），這些酒也都加了顏色和甜度。

二、以伏特加為基酒的飲料如下：

1. *Zubrowla*：它是一種草，加在伏特加裡可使酒成為淡黃色及帶有香味，通常冰過後才喝且純喝，酒精純度 70°～80°。

2. *Straka*：指陳年，在特製橡木桶裡約陳十年，呈琥珀色，可加葡萄酒，好喝白蘭地的人也喜歡這種酒，酒精純度 86°。也稱 *Jubilee Vodka* 含有白蘭地、蜂蜜和其他物質，酒精純度約九十度。

3. *Pertsovka*：是一種黑褐色的蘇聯胡椒伏特加，味道好但特別烈，是用胡椒和辣椒浸泡而成，酒精純度 70°。

4. *Okhotniehya* 或 *Hunters Vodka*：它的香味來自多種香草，並加了蜂蜜，酒精純度 90°。

伏特加調雞尾酒，最普通是 *Vodka Martini*，用伏特加代替琴酒，加蕃茄調出 *Bloody Mary*，加柳橙汁調出 *Screw Driver*，另有 *Vodka Tonic* 等。*Smirnoff* 是美國很多年來，所製的唯一伏特加。

它與威士忌相似，但威士忌在蒸餾時，酒精純度低，以保存能使酒香純的某種微量元素，而伏特加則以高酒精度及其他處理過程而獲得此元素。而在某些方面來說，伏特加又像琴酒，但只有一點不同，琴酒在蒸餾時會加上香料，而伏特加不加任何香料，但當中加了一種植物 *Buffalo Grass*，使其散發出香味。最重要的一點是，琴酒與伏特加酒都不須陳年。

伴隨著全世界喜愛清型口味的趨勢，伏特加酒也逐漸取代琴酒，成為人們的新歡。

參、蘭姆酒（*Rum*）

一、蘭姆酒的起源

　　蘭姆酒是用甘蔗製成的。由於甘蔗中含有糖分，所以不須像穀類那般，用麥芽的糖化素將澱粉轉為糖。在製造過程中有殘渣剩下，這種副產品就稱為糖蜜，再加以蒸餾就成為高級的酒，也是蘭姆酒的起源。

二、蘭姆酒名字的起源

　　1. 比較正確的說法是拉丁字——糖（*Saccharum*）的縮寫。

　　2. 英人移民小安地列斯羣島的巴具多島，初次飲用這種酒的當地土著因酒醉而興奮（當時的英語稱 *Rumbulion*）雖然這個名詞已經不用，但字首 *Rum* 卻保留下來，成了該酒的名稱。

　　3. 1745 年英海軍船上 *Vernon* 發現士兵患了壞血病，而命令他們停止喝啤酒，改喝西印度羣島的新飲料，湊巧把壞血病治好了，這些士兵為了感謝他，稱他為 *Old Rummy*，為了紀念他，稱這酒為 *Rum*。

三、製造方法

　　通常先以榨出的甘蔗熬煮，分離出砂糖的結晶，然後將剩下的蜜糖用水稀釋，經過發酵、蒸餾而成。不過，由於採用砂糖製成蜜糖比較有利可圖，對水不影響產品本身品質，所以一般都採用糖蜜來製造之。

四、蘭姆酒區分的方法

　　1. 就顏色來分：

(1)白色蘭姆酒（ *White Rum* ）：原產於古巴、陳一年，酒味較淡。

(2)淡色蘭姆酒（ *Light Rum* ）：淡金黃色，芳香味濃，產於波多黎各等地。

(3)深色蘭姆酒（ *Dark Rum* ）：透明感的褐色酒味濃，略帶辛辣味，產於牙買加。

2.就風味來分：

(1)清淡蘭姆酒：比較新的種類，十九世紀後半古巴的巴卡迪公司所開發的產品。具有純淨的風味，多半用來調製雞尾酒。

(2)普通蘭姆酒：在木桶中經過短時間釀成的產品，主要產於著亞那、馬爾迪尼克、牙買加等地。

(3)濃烈蘭姆酒：成分不只有糖蜜，還加入甘蔗糖汁，在單式蒸餾機蒸餾後，置於木桶經數年後釀成，是蘭姆酒中最具風味的一種。

基本上酒的色澤越濃，其風味就越重，清色和黃色的蘭姆酒，都屬於淡質型，具有糖蜜味，黃色略甜、較純。至於陳年的利口蘭姆酒，都各有商標，質地淡，由於陳年顯得香醇可口，並有白蘭地之美譽。另外波多黎各也生產濃質的蘭姆酒，酒標上還標明顏色，這種酒適合調 *Punch*。

依產地而分，蘭姆酒陳年時間長短並不重要，其特色主要是看原產地而決定，由於甘蔗須在高溫、通風、豔陽下才能生產，所以西印度羣島及周圍的國家都是蘭姆酒的主要產地。

肆、威士忌（ *Whisky* ）

一、威士忌的起源

威士忌起源於十五世紀，來自蘇格蘭高地的蓋爾語。蓋爾語中（ *Usquebaugh* ）和愛爾蘭人所說的（ *Uisqebeatha* ）是一樣的。愛爾蘭古語裡（ *Uisce* ）指的是水，另一意思（ *Bethu* ）即是生命之意。這就是英語威士忌的起源，而威士忌也就被稱為是「生命之水」。

二、製造過程及原料

愛爾蘭從十二世紀開始製造，後來傳至蘇格蘭，威士忌是以穀物為原料，經過糖化、發酵、蒸餾、過濾等製造過程，成為無色透明的液體後，裝桶儲藏約 3 ～ 4 年。

威士忌依使用原料之不同可分為下列幾種：

1. 麥芽威士忌：原料（大麥芽）→發芽→攪碎→糖化→發酵→蒸餾→釀熟。

2. 穀類威士忌：原料（穀類加大麥）→蒸煮→糖化→發酵→蒸餾→釀熟→混合→再貯藏。

3. 調配威士忌：原料（大麥加穀類）→發芽→攪碎→糖化→發酵→蒸餾（加入焦糖）→陳年。

其中，麥芽威士忌又可分為純麥和單一麥威士忌：

1. 純麥威士忌：混合加了複數蒸餾所產出的麥芽威士忌。

2. 單一麥威士忌：只使用單一蒸餾所產生的麥芽威士忌。

大麥在發芽階段須用草炭、泥煤來燻。調配威士忌是以不同比例混合麥芽與穀類威士忌，依需要可加入焦糖以加深色，或加軟水稀釋以求品質之一致。

三、威士忌的產區及種類

隨著時空的轉變，現今世界各地都有生產威士忌。只要知道取得穀類的方法，有蒸餾、成熟的設備和生產技術，大家都可以製造出威士忌。但是想要製造出優良的威士忌，必須要有合適的風土、高度的化學技術、釀造者的敏銳感覺等等條件。具備這些條件，生產出優良威士忌有下列五個地方：

1. 蘇格蘭威士忌：是指英國北部蘇格蘭地方釀造的威士忌，其製造始於中世紀，釀法由愛爾蘭傳入。而蘇格蘭威士忌根據不同地區，大致又可

分為四類，其口味等級如下：

(1)斯佩河畔（淡雅、香氣沈靜）。

(2)高地地區（泥煤煙熏香氣重、爽口）。

(3)低地地區（泥煤煙熏香氣淡、穩健）。

(4)艾雷島（香氣濃烈）。

2. 愛爾蘭威士忌：一般認為，生產愛爾蘭威士忌的愛爾蘭島為威士忌的誕生地。大都以大麥芽為原料，其風味較濃厚而帶辣味，亦無草灰味道。現在的威士忌以大麥芽和未發芽的大麥為原料，將其調合後，用大型單式蒸餾機蒸餾三次，成酒稱為單式蒸餾（*Pot Still*）威士忌。

3. 美國威士忌：在美國這塊土地上開始製造蒸餾酒，是十七世紀前後的事，是由歐洲來的移民所帶來的蒸餾技術，其有三種具有代表性的類型：

(1) *Rye Whiskey*：以黑麥為其主要原料。

(2) *Bourbon Whiskey*：以玉米為主要原料。

(3) *Blended Whiskey*：用黑麥和玉米配合調製的。

4. 加拿大威士忌：在世界五大威士忌之中，它的口感最為輕快，是清淡溫和型威士忌的代表。目前加拿大威士忌的生產方法是先釀製調味威士忌和基礎威士忌兩種原酒，然後將兩者按不同比例調合起來，形成各種不同的威士忌。加拿大威士忌如果原料中粿麥的含量占51％以上的，就可在商標上註明粿麥威士忌。

5. 日本威士忌：日本產的威士忌，大多數是濃質的。原料則用大麥芽，一小部分也是用泥煤火烘乾。但較大多日產威士忌用的原料是黍子、玉米印度玉米再加少部分米或是其他穀物。根據酒稅法，日本對威士忌的定義如下：

(1)麥芽加水糖化、發酵後，不滿95°的蒸餾酒。

(2)麥芽、水和穀物糖化、發酵後，不滿95°的蒸餾酒。

(3)在前兩者加入酒精、蒸餾酒、香料、色素和水，且兩者所占比率高
　　於10％的混合物。

四、威士忌的等級

真正與酒齡相符的威士忌，在酒瓶上及包裝一定有特殊的標示。威士忌是以酒齡來分其等級的，可以分為下列幾種：

1. 標準品→五年。
2. 中級品→十二年。
3. 高級品→十五年、十七年、二十一年。

伍、白蘭地的起源

一、白蘭地的起源

干邑地區的人將葡萄酒經發酵，蒸餾出來的酒稱為 *Virbrule*。白蘭地係由英文字（*Brandewinjn*）演變而來，而 *Brande* 就是燃燒之意， *WINJN* 則指葡萄酒。很明顯的白蘭地就是燃燒蒸餾葡萄酒，而成為的一種烈酒。在當時它除了飲料用之外，還可做為醫療用。

二、白蘭地的製造方法

白蘭地最主要是以葡萄為其原料，但目前以其他水果為主要原料製成的蒸餾酒也都稱為白蘭地。在製造白蘭地的同時，還可將榨完汁的葡萄渣再進行發酵、蒸餾、所獲得的酒稱之為渣釀酒（ *Marc* ）。而白蘭地製造的方法可分為下列幾種：(1)釀造法；(2)蒸餾法；(3)木桶釀熟。

白蘭地的製造跟威士忌相同，正如威士忌將大麥蒸餾後等待熟成，白蘭地也是將其原料葡萄蒸餾後等待熟成，並儲藏至少 3 ～ 5 年，品質較好的則在橡木桶內 20 ～ 30 年，更有儲藏 50 年或 70 年以上的。

三、白蘭地的產區

法國產的白蘭地，不論是在「質」方面，或是在「量」方面，都可堪稱為世界第一大白蘭地生產國。其次是義大利、西班牙、美國及希臘等地區。

1. 法國的白蘭地：

(1)大香檳區（此區的白蘭地濃醇、口感豐富，但成熟的所需時間較長）。

(2)小香檳區（口感略微平和、成熟時間較為短些）。

(3)邊林區（此區釀的酒黏度大、口感豐醇、成熟時間更短一些）。

(4)優質林區（釀出的酒口感清新）。

(5)良質林區（此區酒質稀薄）。

(6)普通林區（一般不用於釀製高級酒，大都是調製時用的配酒）。

2. 義大利白蘭地：義大利白蘭地的歷史悠久，風味比較濃郁，故一般飲用時加冰塊或用水沖淡，在外國市場上深受大家的喜愛。

3. 西班牙白蘭地：它是採用連續式的蒸餾器生產酒，以曾經盛過 Sherry 酒的空桶來貯存，故其酒別有一種清淡芳郁的風味。

4. 美國白蘭地：美國的白蘭地已有二百多年的歷史，均採用連續式蒸餾器，以加州產的葡萄蒸餾而成的。其口味以清淡為主。

5. 希臘白蘭地：希臘所產的白蘭地，大多數都是出口。它的味道帶有甜味及香味，顏色是用焦糖染出來的。

四、白蘭地的等級

白蘭地通常是以星號分類，分一星、二星或三星，星越多越好。所有白蘭地酒廠，都用字母來分別品質。列舉如下：

1. E 代表特別好。

2. F 代表好。

3. V 代表很好。

4. O 代表老的。

5. S 代表上好的。

6. P 代表淡色而蒼老的。

7. X 代表格外的。

8. C 代表康涅克。

9. V.S 是非常好的。

10. S.F.C. 是上好的康涅克等。

白蘭地酒的六大產區與等級：

1. *LA GRANDE CHAMPAGNE*：最特優高貴的名酒。

2. *LA PETITE CHAMPAGNE*：特等的名酒。

3. *LES BORDERIES*：上等邊緣白蘭地。

4. *LES FINS BOIS*：精選用水白蘭地。

5. *LES BONS*：上好的白蘭地。

6. *LES BOIS ORDINAIRES*：一般的白蘭地。

白蘭地貯藏年度的標示：

1. 三星：五至八年。　　　　☆☆☆

2. 四星：八至十年。　　　　☆☆☆☆

3. 五星：十至十二年。　　　☆☆☆☆☆

4. V.O：十二至十五年。

5. V.V.O：十五至十八年。

6. V.S.O：十八至二十年。

7. V.S..O.P：二十至三十五年。

8. X.O：四十五年。

9. EXTRA／NEPOLEON：七十五年。

陸、香甜酒

一、香甜酒的起源

香甜酒是指在蒸餾酒中配以調味香料，所製成口味獨特的總稱。所謂香甜酒或譯作利口酒，即是一種含酒精的飲料，由中性酒如白蘭地、威士忌、蘭姆酒、伏特加或葡萄酒中加入一定的「加味材料」，經由蒸餾、浸泡、熬煮等過程，且至少含有 2.5％ 的甜漿。所以，當一瓶酒不屬任何「中性酒」時，一概稱為「香甜酒」。顧名思義香甜酒是香味成分，但其前提是蒸餾酒的存在，由此可證，香甜酒是中世紀煉金術士發現釀造蒸餾酒的技法之後，再經過演變改良而產生的。

二、香甜酒製造方法及材料

香甜酒是以其他中性酒，加入一定的加味材料，所製成的酒。而釀造方法有下列幾種：

1. 香精法：將酒、糖漿或蜂蜜、食用香精（香草味、薄荷味、可可味）混合在一起即成，既省又方便。

2. 浸泡法：就是將新鮮的草藥、花瓣、果實等，浸泡在其他中性酒中，等其味道及顏色差不多時，再取出材料，有點類似在做醉雞。

3. 滲透法：用於大部分的草藥、香料酒。有點類似煮咖啡，用一個巨無霸的蜜蜂咖啡屋煮咖啡的玻璃容器，上面的玻璃圓球放草藥、香料等，下面則放基本酒。以這種方法製造香甜酒。香甜酒所採用的「加味材料」，最常見的大抵分為三大類：

(1)植物：

①葉片——茶葉、薄荷、月桂、蒔蘿、菖蒲。

②根——薑、白芷根、鳶尾草、龍膽根、甘草。

③皮──肉桂。

④花──橘子花、玫瑰花、紫羅蘭、菊花等。

⑤種子──胡荽、大小茴香、菖蔞子、丁香。

⑥果實、果油、果仁──柑桔類、橘子油、檸檬油、杏子、杏仁、咖啡豆、可可豆、香草豆、豆蔻、香蕉等等。

(2)礦物──黃金、琥珀、礦泉水。

(3)動物──麝香。

三、香甜酒的用途

由於香甜酒含醣分極高，各種雜七雜八的草藥香料摻進去，至少有幾味是幫助消化的。其最大的用途有二：

1. 醫藥用：主治腸胃不適（如氣漲、氣悶、消化不良、腹瀉等）。傷風感冒及輕微的疼痛。

2. 烹調用：在製作蛋糕或是冰淇淋、布丁及一些甜點時，可以加入香甜酒增加其香味，使它更好吃。

雞 尾 酒

在酒裡摻入其他東西以增添飲酒時樂趣的想法，就嗜好杯中物者來說並不稀奇。實際上，這種想法其來已久，早在紀元前的埃及王國，就有人把蜂蜜放入啤酒內以增加香味和甜味；稍晚在古羅馬時代，人們把葡萄酒混合樹脂一起飲用，無非也是為了在酒裡多添幾種色彩。此類以酒為基，混合其他材料所做出之飲料，我們通常稱為混合飲料（*Mix Drinks*）。

一般人常誤以為將彩色繽紛的酒倒入雞尾酒杯裡就是所謂的雞尾酒，但事實絕非如此。真正的雞尾酒，不見得等於倒在雞尾酒杯的酒，雞尾酒

是由兩種或兩種以上的酒，摻入果汁配合調成的一種飲品。其製作簡單方便，任何人都可根據自已的愛好，調製出不同品種的雞尾酒。此外，在調製過程中，烈性酒的酒精摻和了其他飲料而被沖淡，形成了一種中性飲料。

如同上述，在酒裡添加其他材料以增加滋味的習慣可遠溯至紀元前的古埃及、羅馬時代。但是，真正出現雞尾酒（ *Cocktails* ）之名是在十八世紀中葉── 1748 年英國出版之「 *The Square Recipe* 」一書當中，專指混合飲料而言。

到了 1855 年沙卡烈所著之「 *Newcomes* 」一書當中，也出現白蘭地雞尾（ *Brandy Cocktail* ）一詞，到此時為止，雞尾酒已經相當普及。 1882 年是調酒史的重要時刻，美國紐約的酒保夏利‧莊遊將流行的雞尾酒調製方法記載於書中，其中「曼哈頓」就一直流傳至今。

值得關心的是，那時候的雞尾酒和現在人們常喝的不同，主要差別在於現代人用冰，當時人不用冰，因為製冰技術尚未發明。有無冰塊，對雞尾酒的調製與滋味影響非常之大。

製冰機的發明嚴格說來是在十九世紀。當人們能夠輕易地取得冰塊，馬上有人將之應用在雞尾酒的調製上，於是而有現代雞尾酒誕生，並迅速地向全世界擴展開來。

關於目前型態的雞尾酒是確實發生在何時、何地，儘管眾說紛紜，也仍然是個解不開的謎。有人說，雞尾酒是發源自二十世紀美國，但不知其真實性如何。

據說為雞尾酒催生的是禁酒令。美國自 1920 年頒布此一禁令以來，社會中起了不少變化，雞尾酒的大受歡迎即為其中具代表性的一項。原因是，當時私酒販賣猖獗，但是製作粗劣、味道沖鼻難以下嚥，而銷路不佳。於是，業者開始動腦筋在酒裡摻入水果訴求變化，一方面掩飾原味。不料一舉成功，從此獨領風騷數十年，至今魅力不減。

壹、調酒器具

調製雞尾酒基本必備用具：

一、搖動杯／雪克杯（*Shaker*）

針對酒與果汁予以混合、冷卻所需之器具；是調製搖混雞尾酒不可或缺的器具。多為不鏽鋼製，分 *Body*、 *Strainer*（過濾器）及 *Cap*（蓋子）三部分。

二、調酒杯（*Mixing Glass*）

是調製攪拌混合雞尾酒有刻度的大杯子，一般均使用玻璃製品，杯口附有注嘴，傾倒時較方便。

三、量杯（*Measurer*）

也可稱為 *Jigger* 用來量酒的器具，大小杯合體，兩端；一端容量為 1OZ. 30CC，另一端為 1 1/2OZ. 45CC。

四、過濾器（*Strainer*）

用於 *Mixing Glass* 上，功能在阻止冰塊，殘渣一併流入杯中。

五、吧匙（*Bar Spoon*）

主要用來攪拌，前端是叉，另一端是勺，中間呈螺旋狀。叉子是用來

叉櫻桃、橄欖。勺子部分有時亦能充當茶匙，為計量工具。

六、冰桶（ Ice Bucket ）

放冰塊的容器。底部有不鏽鋼濾網，溶化的水會往下流。有金屬製、陶製、玻璃製。

七、冰夾（ Ice Tongs ）

用來夾冰塊。

八、開瓶器（ Can Opener/ Bottle Opener ）

有拔塞、開罐以及將用剩的蘇打水瓶重新密封的功能。

九、調酒棒（ Stirer ）

乃於攪拌調和已製成的雞尾酒或搗碎杯中砂糖、水果時使用，一方面是調和，另一方面有裝飾的作用。有木製、玻璃製、塑膠製各種質材及樣式。

十、果籤（ Cocktail Spears ）

即 Toothpich 酒吧使用的果籤，主要是插水果，如櫻桃、小洋葱、橄欖等等；做為裝飾使用，以塑膠製品最佳，有時可用牙籤替代。

十一、水果刀（*Fruit Knife*）

屬輕小型的水果刀。水果切塊、削皮均可使用。

十二、榨汁器

為檸檬萊姆、柳橙等水果的榨汁器具。先將水果切半，平底朝下，用力在此器上擠壓旋轉時，就會有果汁擠出。

貳、酒杯的使用

一、雞尾酒杯（*Cocktail Glass*）

狀呈倒三角的高腳玻璃杯，容量小。為避免影響杯中酒的溫度，宜握持腳部。為短時間軟性飲料最具代表的容器，一般為 90 毫升。使用雞尾酒杯之雞尾酒有 *Martini*、*Manhattan*、*Rob Boy*、*Gimlet* 和 *Stinger*。

二、雪莉酒杯（*Sherry*）

飲用雪莉酒時所用。有腳，容量較雞尾酒杯更小，60 ～ 70 毫升。

三、利口酒杯（*Liqueur*）

乃直接飲用 *Liqueur* 時使用，普遍為 30 毫升的小酒杯。

四、老式傳統杯（*Old Fashioned Rocks*）

酒吧內，用來盛 *Whisky* 加冰塊的就是這種矮矮胖胖的杯子。容量為 150 毫升。任何加上冰塊（*On The Rock*）簡稱 *O.T.R.* 的雞尾酒皆可使用老式傳統酒杯。

五、白蘭地杯（*Brandy Snifter*）

這種酒杯主要為方便手掌溫度透過杯底傳入酒杯內而設計。杯口處跟葡萄酒杯相同稍微內縮，目的在防止香味從杯中跑出。有 150 ～ 300 毫升各種大小，但倒入白蘭地的量一般以 30 毫升為宜。

六、香檳酒杯（*Champagne*）

　　有廣口碟型與細長水果型。盛雞尾酒多半
使用前者，容量約 120 毫升，後者為傳統式的
香檳酒杯。

七、葡萄酒杯

　　葡萄酒杯有各種不同型態、款式多種，口
徑六公分的中型杯最為普遍。喝雞尾酒時，使
用的是能倒入 200 毫升的中型杯。一般紅酒杯
口較小，白酒杯口較大。

　　1. 紅酒杯 *Red Wine*

　　2. 白酒杯 *White Wine*

　　3. 玫瑰紅酒杯 *Rose Wine*

八、酸酒杯（*Sour*）

　　為喝 *Sour* 時所用的酒杯。杯身細長、腳
短，容量以 120 毫升最多。常用酸酒杯之雞尾
酒如 *Whiskey and Sour*。

九、可倫斯杯（*Collins Glass*）

乃喝長時間飲料時使用，為高筒圓形，其容量 300 毫升。常用此酒杯之雞尾酒有 *Collins*、*Fizzes*、*Cooler* 和 *Exotics*。

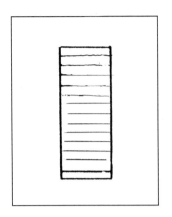

十、高球杯（*High-Ball*）

就是一般的玻璃杯，標準為 240 毫升，底部較厚。果汁雞尾酒常用高球杯，如 *Bloody Maryy*、*Screw Driver*、*Rum & Coke*。

十一、高腳酒杯（*Goblet*）

用於加冰塊飲用的雞尾酒，也常用於盛軟式飲料。此杯標準容量為 250～300 毫升，也可以裝啤酒。

參、調酒技術

製造 *Cocktail* 的基本方法：

一、直接調配法（ *Build* ）

即用酒杯直接調製，不需使用 *Shaker* 等器具，只要將材料直接倒入飲用杯，稍微攪拌即可。

1. 酒杯。
2. 放入 3 ～ 5 塊的冰塊。
3. 用量杯倒入適量的基酒。
4. 加入緩衝飲料、調味料，如果汁、汽水、苦汁……等。
5. 用吧匙稍微攪拌即可。

二、調酒杯調製及過濾法（ *Stir & Strain* ）

使用 *Mixing Glass* 的調配方法

1. 準備 *Mixing Glass*。
2. 放入 3 ～ 5 塊的冰塊。
3. 用量杯倒入適量的基酒。
4. 加入調味料。
5. 用吧匙稍微攪拌。
6. 將過濾器置放在調酒杯的杯口上，用食指及中指壓住過濾器，拇指及手心固定住調酒杯，將酒慢慢倒入酒杯即可。

三、搖動杯/雪克杯搖製法（Shaker）

Shaker 即搖動之意，利用搖動讓材料充分地混合、冷卻。較強烈的酒也可藉搖動混合，變得較易入口。

1. 將 3 ～ 5 塊冰塊放入 *Shaker* 內。
2. 用量杯倒入適量的基酒。
3. 加入調味料。
4. 蓋上過濾器及頂蓋。
5. 右手大拇指扣住頂蓋，左手中指頂住器底，其餘手指扣緊器身，以正反推的方式前後搖動 15 ～ 16 次即可。
6. 單手搖動時，用食指壓住頂蓋，拇指及其他三指扣緊器身，上下搖動 15 ～ 16 次即可。
7. 搖動後取下頂蓋，將酒倒入酒杯即成。
8. 搖動杯之調酒方式有兩種：一種是搖動和過濾（*Shaking & Strain*）；另外一種是搖動和傾倒（*Shaking & Pouring*），前者是過濾冰塊，後者是含有冰塊。

四、果機調製法（Muddling / Mixer）

使用水果調製的雞尾酒，即用果汁機將水果、碎冰予以混合攪打，做出像雪泥般的飲料。

1. 使用碎冰塊。
2. 把材料放入果汁機中攪拌。
3. 攪拌後倒入杯中即可。

五、浮動調配法（Floating）

淨動酒的調配乃為分層調配，一層一層分開慢慢倒入酒杯，倒入時沿

著玻璃杯邊緣倒入，比重大的在最下層，依序倒入。最上層比重最輕，酒精最濃。如 B−52、*Angle Kiss* ⋯⋯ 等等。

　　無論是 *Shaker*、*Stir & Strain* 或 *Build* 的調製，容器內必先加入冰塊，將基酒倒入容器之前，必先使用量酒器量過。倒酒時右手持酒，左手持量酒器，酒標向外。某些種類的雞尾酒調好後，在倒入酒杯之前要先冰杯。此外調好的雞尾酒，倒入 *Short Glass* 不得少於 1/2 杯，倒入 *Long Glass* 時必須有八分滿。

肆、調酒的配料

一、重要的配料

　　雞尾酒是以基酒為主角，而酒以外的材料，全都是配角，配角能夠烘托主角保持整體的美味，具有重要的作用，因此要選用好的品質的配料，並適材適所的加以使用，以調配出美味的雞尾酒。以下為各種配料的說明：

　　1. 冰：雞尾酒與冰有密不可分的關係，所以冰是調製雞尾酒的必要材料。雞尾酒所使用的冰，為了避免在飲用時化為水，使酒變得淡而無味，因此要使用硬冰，選用中間有氣泡的硬冰。配合各種用途，準備好大小、形狀適當的冰。依形狀的不同，冰有如下的種類：

　　2. 水：自然水具有臭味，依地區的不同，有些水的味道極差。最理想的方法是使用礦泉水，藉此能調出美味的酒來。

　　3. 碳酸飲料：在雞尾酒的材料中占有重要的地位。大致為有味道與無味道二種。

　　4. 蘇打：為最具代表的碳酸飲料，沒有味道，是含有礦物質成分的水加二氧化碳而製成的，亦稱為蘇打水。有味道的碳酸飲料包括如下數種：薑汁蘇打、湯尼水、西打、可樂、路德皮邪（指不含酒精成分，帶有啤酒味的碳酸飲料）。

5. 果汁：調製雞尾酒時經常使用的果汁，包括橘子、檸檬、鳳梨、萊姆、葡萄柚、蘋果、蕃茄、雞蛋等水果的果汁。

6. 糖漿：當成雞尾酒的甘味劑使用。

(1)原味糖漿：將白糖或砂糖用熱開水溶解，煮沸冷卻後，放入瓶中保存，亦稱膠糖蜜。

(2)石榴糖漿：精製糖漿加入石榴萃取劑製成的，具有水果香與美麗的紅色，是作雞尾酒時，不可或缺的糖漿。

另有草莓糖漿、木莓糖漿、杏仁糖漿、楓樹糖漿（以加拿大為主產地的楓樹樹液所煮成的糖漿）

7. 牛奶、乳製品：市售的牛奶、鮮奶油、煉乳等要選擇鮮度良好的製品。

8. 苦汁：在雞尾酒的處方中，被當成藥味、香味來使用，是含有較強苦味的飲料。

9. 蛋：雞尾酒所使用的蛋，是指雞蛋而言，較小則較好，有時只使用蛋白，有時則使用全蛋，分為這三種使用方式。

10. 香味：是能夠引出雞尾酒的香味之物質，如豆蔻、丁香、肉桂、指天椒、薄荷。

11. 砂糖：雞尾酒所使用的砂糖包括方糖、白糖、糖分等是最易溶解的糖。

二、裝飾品

雞尾酒是十分講求氣氛的酒，所以也要注意裝飾品，因為裝飾品能夠改變氣氛。裝飾水果時，要選擇與杯中酒內容同系列的水果。

1. 檸檬：將檸檬或橘子等切成薄片或半月形裝飾。將切口掛於杯緣，或放入酒中，此外也有將檸檬皮切成螺旋狀，放入杯中的作法，或是將檸檬切成兩半，放入酒中一起飲用。

2. 鳳梨：縱切呈長棒狀，代表棒子來使用或切片放入酒中。

3. 櫻桃：可直接用酒籤插住，沈入杯底或夾在邊緣加以裝飾。

4. 洋蔥：一般來說使用於辣性雞尾酒。

5. 橄欖：適用於辣性雞尾酒。裝飾的方法同櫻桃。

6. 小黃瓜：切成棒狀代替攪拌棒來使用，能夠增添香氣。較為特殊的是龍舌蘭酒所使用的小黃瓜。

雞尾酒的裝飾品，能夠發揮香味與色彩的重要作用。不過最為重要的還是杯中的酒，所以絕對不要存在過剩的裝飾品。

伍、雞尾酒的配方

雞尾酒的調配通常以五大基酒為主，除此之外還有以龍舌蘭 *Tequlia* 和一些利口酒 *Liqueur* 為基酒的酒類。而雞尾酒多以基酒命名，如： *Gin & Tonic*⋯⋯等等。以下介紹幾種常見雞尾酒的調製配方：

一、 *Gin & Tonic*

Dry Gin   1*oz*

Tonic Water

取一 *Highball* 杯，加入 3 ～ 5 塊冰塊，將 *Dry Gin* 倒入杯中， *Tonic Water* 加滿，用吧匙攪拌均勻，杯沿飾以 *Iime Slice* 即可。

二、馬可尼（ *Martini* ）

Dry Gin（ *Vodka* ）   2*oz*

Dry Vermouth   3 ～ 4 *Dash*

取一 *Cocktail* 杯或 *Rocks* 杯、冰杯，將材料放 *Mixing Glass* 用 *Stir & Strain* 的方式調製後，再倒入杯中完了再放入一顆用果籤穿過的醃橄欖裝飾及增加酒的風味。

321

三、新加坡司令（*Singapore Sling*）

Gin	$1oz$
Grenadine	$1/2\ oz$
Sour Mix	$2\frac{1}{2}\ oz$
Soda Water	
Cherry Brandy	

　　將 *Gin*、 *Grenadine* 及 *Sour Mix* 放入 *Shaker* 搖勻，倒入裝了冰塊的 *Collins* 杯或 *Hurricane* 杯中，倒入 *Soda Water* 八分滿，最後再加入少許的 *Cherry Brandy*，意味兩滴情人的眼淚，以 *Flag* 裝飾。

四、螺絲起子（*Screw Driver*）

Vodka	$1oz$
O.J.（柳橙汁）	

　　取一 *Highball* 一杯，加入 3 ～ 5 塊冰塊，將材料順序加入，用吧匙攪拌均勻，再附上一支調酒棒即可。

五、鹹狗（*Salty Dog*）

Vodka	$1oz$
Grapefruits J.（葡萄柚汁）	

　　取一 *Highball* 杯，做成雪杯，放入 3 ～ 5 塊冰塊備用，用 *Shaker* 將上述材料混合，將調好的酒倒入杯中即可。

六、自由古巴（*Coba Libre*）

Rum	$1oz$

Coke

　　將 3 ～ 5 塊冰塊放入 *Highball* 一杯中，加入 *Rum*，*Coke* 倒入八分滿，飾以一 *Lime Slice*。

七、 *Rum Sour*

Rum	1*oz*
Sour Mix	$1\frac{1}{2}$ *oz*
O.J.（柳橙汁）	1/2 *oz*

　　用 *Shake & Strain* 的方式混合以上材料再倒入 *Sour* 杯裡，飾以 *Flag* 即可。其他如 *Whiskey Sour* 作法如同前述，基酒改為 *Whiskey*。

八、亞力山大（*Brandy Alexander*）

Brandy	1*oz*
White Creme De Cacao	1/2 *oz*
Creme	1/2 *oz*
Nut Meg	

　　將 *Brandy*、 *White Creme De Cacao*、 *Cream* 充分 *Shake & Strain* 後，再倒入 *Cocktail* 杯中，最後在上面灑上些許的豆蔻粉 *Nut Meg* 即完成。

九、側車（*Side Car*）

Brandy	1*oz*
Cointreau	1/2 *oz*
Lemon J.（檸檬汁）	1/2 *oz*

　　將上述材料充分 *Shake & Strain* 後，倒入 *Champagne* 杯中。

十、曼哈頓（*Manhatten*）

Whiskey	2 *oz*
Sweet Vermouth	

先將 *Cocktail* 杯或 *Rocks* 杯冰杯，用 *Mixing Glass*， *Stir & Strain* 後，倒入杯中加入一顆櫻桃裝飾。

十一、老式傳統（*Old Fashioned*）

Whiskey	1*oz*
Bitters	1 *Dash*
Suger	1 *Tsp*
Soda Water	

取一 *Old Fashioned* 杯或 *Rocks* 杯，放入冰塊，將 *Whiskey*、 *Bitters*、 *Suger* 加入用吧匙攪拌均勻，再加入 *Lemon Twist* 和 *Flag*，搗碎，最後再加入 *Soda Water*。

十二、龍舌蘭日出／墨西哥日出（*Tequila Sunrise*）

Tequila	1*oz*
O.J.（柳橙汁）	
Grenadine	

取 *Highball* 杯，放入 3～5 塊冰塊，將 *Tequila* 及 *O.J.* 倒入杯中約八分滿，使用吧匙攪拌一下，最後再滴上幾滴 *Grenadine* 即可，可飾以 *Lemon*、 *Orange Twist*。

十三、瑪格麗特（*Magarita*）

Tequila	1 1/2 *oz*
Curacao	3/4 *oz*
Lemon Juice（檸檬汁）	3/4 *oz*

將 *Cocktail* 杯做成雪杯，將上述材料用 *Shake* 的方式充分混勻，在杯沿飾以 *Lemon Silce*。

十四、椰林風情（*Pina Colada*）

Light Rum	1*oz*
Pineapple J.（鳳梨汁）	3 *oz*
Coconut Cream	2 *oz*

將上述材料用 *Shaker* 充分搖勻，放入 *Cocktail* 杯中，以 *Pineapple*、*Lemon Slice* 做裝飾，此外也可以用鳳梨盅做盛裝容器，頗具熱帶南洋風情。

十五、綠色蚱蜢（*Grasshopper*）

Green Creme De Menthe	1/2 *oz*
White Creme De Menthe	1/2 *oz*
Creme	2 *oz*

以 *Shake & Strain* 或 *Blend* 方式將上述材料搖勻，倒入 *Cocktail* 或 *Champagne* 杯中，飾以 *Green Cherry* 即可。

十六、轟炸機 B−52

Coffee Liqueur（*Kaluha*）	1/3 *oz*

Bailey's IIrish Creme	*1/3 oz*
Vodka	*1/3 oz*

　　將上述材料依比重大小沿著杯沿緩緩依續倒入 *Liqueur* 杯中即成。飲用時放入裝滿 7UP 的 *Rocks* 杯中。

十七、長島冰紅茶（*Long Island Ice Tea*）

Light Rum	*1oz*
Gin	*1oz*
Vodka	*1oz*
Lemon J.（檸檬汁）	*1/4 oz*
Suger	*1 Tsp*
Coke	

　　將所有基酒及 *Lemon J.* 和 *Suger* 充分 *Shake & Strain* 後，倒入裝有 3～5 塊冰塊的 *Highball* 杯中即可，飾以 *Lemon Slice* 和 *Straw*。

十八、 *Punch* 的簡介

　　Punch 即為大型雞尾酒，其定義有四點：

　　1. 任何果汁或飲料的組合

　　2. 加上任何酒精飲料、果汁或飲料的組合

　　3. *Punch* 即為五味酒，五種味道的組合，即糖＋酸＋酒＋水＋冰

　　4. 調配 *Punch* 的公式：冰塊＋酒（發酵酒、蒸餾酒、葡萄酒）＋果汁＋碳酸飲料

　　Punch 的製作程序：

　　1. 冰塊（大小冰塊皆有）

　　2. 加入酒（酒精程度 40％ 250c.c.；20％ 500c.c.；1oz/1 人 2HR）

　　3. 加入各式果汁

4.加入碳酸飲料（客人快來了才倒，以 7UP 使用最多）

舉辦雞尾酒會所需材料：

1. 雞尾酒　　　　5. 酒塔

2. 小點心　　　　6. 花藝

3. 水果　　　　　7. 冰雕

4. 其他的飲料

$$\boxed{咖}\quad\boxed{啡}$$

　　咖啡的果實是由外皮、果肉、內果皮、銀皮，和在最裡面的種子（咖啡豆）所形成，種子位於果實中心部分，種子以外的部分幾乎沒有什麼利用價值。一般果實內有成雙成對的種子，但偶而有果實內只有一個種子的，稱之為果豆。而為表示對稱，我們便稱果實有兩雙成對種子者為女豆。

　　咖啡依其栽培地不同可分三種：高原栽培（*Arabica*）、低地栽培（*Robusta*）及最低栽培（*Liberica*）等三種。

　　由高原栽培來探討，它的產量約世界總產量的 70 ～ 80％，適合栽培地點於 500 ～ 1000 公尺傾斜地，所需氣溫條件是不適合高溫、低溫，雨量不適合多雨、少雨，樹高約 5 ～ 7 公尺，生豆形狀成橢圓扁平形，果實的外果皮較硬，內果皮也頗結實，成熟後較易剝落，其香味良好，主要產國有巴西、哥倫比亞、其他中南美諸國、伊索匹亞、安哥拉、莫三比克、坦尚尼亞、葉門、肯亞、夏威夷、菲律賓、印度、印尼、巴布亞新幾內亞等。

　　由低地栽培探討，產量約占世界產量的 20 ～ 30％，適合栽培地點高 500 公尺以下傾斜地，氣溫條件耐高溫，雨量條件是耐多雨、少雨，樹高 5 公尺，生豆形狀成較圓的短橢圓形，果實的外果皮和內果皮間極薄，果

皮表面可見經線般的十多條紋，成熟後較不易剝落，果皮表薄，故輕易與種子分離，味道有缺乏香氣之憾，苦味較強，苦味不足，主要產國有熱帶非洲各國（烏干達、馬達加斯加島、象牙海岸、多哥、安哥拉、迦納）、夏威夷、印度、印尼、千里達、托具哥、菲律賓等。

由最低栽培探討，產量除少數產國自已消費外，只有歐洲人飲用。適合栽種地點在 200 公尺以下低地或是平地，而栽培氣溫條件是耐高溫、低溫，雨量是耐多雨、少雨。樹高約 10 公尺，生豆形狀成頂端較尖，呈菱形。果實是 *Rabica* 的二倍大，果皮、內果皮、種皮等都很厚，特別是種子緊緊黏著種子，去除種皮的作業較費工夫，成熟後不易剝落。味道是香氣不佳，苦味較強，其特徵耐病性、適應性都強，常被用檢做 *Arabica*，種的砧木。主要產國有利比亞、蘇里南、蓋亞納、印度、印尼、安哥拉、象牙海岸、菲律賓等。

壹、咖啡種類

在一般市場上，我們常可以見到名稱不同的咖啡原豆，基本上，每一種咖啡都有本身特殊的風味，名稱的由來則多半以產地和品種來區分定名。事實上，現今世界飲用的咖啡幾近 90％ 為良質酸性咖啡，其餘 10％ 為非酸性。一般常見的咖啡豆有下列幾種：

一、藍山

為咖啡聖品，清香甘柔滑口，產於西印度羣島中牙買加的高山上。由於產量有限，價格不貲，一般在市面上喝到的藍山咖啡多半為仿製品。

二、牙買加

味清優雅，香甘酸醇，次於藍山，卻別具一味。

三、哥倫比亞

香醇厚實酸甘滑口，勁道足，有一種奇特的地瓜皮風味，為咖啡中之佳品，常被用來增加其他咖啡的香味。

四、摩卡

具有獨特的香味及甘酸風味，是調配綜合咖啡的理想品種。

五、曼特寧

濃香苦烈，醇度特強，單品飲用，為無上享受。

六、瓜地馬拉

甘香芳醇，為中性豆，風味極似哥倫比亞咖啡。

七、巴西聖多斯

輕香略甘，焙炒時火候必須控制得宜，才能將其特色發揮出來。

除了以上幾種咖啡，其他如克里曼佳羅、爪哇、象牙海岸、尼加拉瓜、哥斯大黎加、厄瓜多等咖啡豆，柔烈甘酸各有不同。各種咖啡豆可單品飲用亦可混合調配，通常多以三種以上咖啡豆混拌，稱為綜合咖啡，由於皆為精心混配，亦表示缺乏佳味佳品。

表 9-1　咖啡豆的種類、特性及火候控制

名　　稱	產地		特　性　說　明					火候	時　間
	國　　家	地　區	酸	甘	苦	醇	香		（秒）
藍　　山	牙買加（西印度羣島）	中美洲	弱	強		強	強	大	45
牙　買　加	牙　　買　　加	中美洲	中	中	中	強	中	中小	48
哥　倫　比　亞	哥　倫　比　亞	南美洲	中	中		強	中	中	50
摩　　卡	伊　索　匹　亞	非　洲	強	中		強	強	中	50
曼　特　寧	印尼（蘇門答臘）	亞　洲			強	強	強	大	45
瓜　地　馬　拉	瓜　地　馬　拉	中美洲	中	中		中	中	中	50
巴西聖多斯	巴　　　　　西	南美洲		弱	弱		弱	中小	45～50
克里曼佳羅	坦　尚　尼　亞	非　洲	強		弱	中	強	中	50
爪　　哇	印　　　　尼	亞　洲			強		弱	中	50
象　牙　海　岸	象　牙　海　岸	非　洲		弱	強		中	中	50
尼　加　拉　瓜	尼　加　拉　瓜	中美洲	中	中		中	弱	中	50
哥斯大黎加	哥　斯　大　黎　加	中美洲	中	弱		中	弱	大	45
厄　瓜　多	厄　　瓜　　多	南美洲		弱	弱	弱	弱	小	45～50

資料來源：現代休閒育樂百科──飲食類

貳、咖啡的製作過程

我們稱將採收來的咖啡果實，除去外皮，果肉、內果皮、種皮等，將其種子加工成有商品價值的咖啡豆之作業過程，為「精製」。由摘下到加工成咖啡豆為止的精製過程，大致可分為如下二種方法：

一、水洗式（ *Washed* ）

會因產地農園規模大小而有稍許差異，但大概是以如下程序進行的：

1. 採收作業。

2. 選別作業：將果實裝入大水槽約二十四小時。成熟的果實會往下沈，而未成熟的則會浮到水面上，利用這個方法來選別。

3. 除去果肉：讓咖啡果實伴隨著水流通過果肉除去機，種子由其中一

個出口被吐出，而外皮、果肉則由另一個出口被吐出，初步分離告完成，由咖啡石剝離下來的外皮、果肉浮在水流中被帶走。

4. 發酵：將種子引至發酵槽，貯藏半天至一天期間，讓它發酵的話，剩下的果肉也會發酵，並自咖啡豆剝離，咖啡豆的黏著物質同時也會被溶走。

5. 水洗作業：在混凝土的水洗場充分進行水洗。

6. 乾燥：進行數天陽光乾燥（還是單純用室內乾燥、乾燥機進行熱風乾燥）。到此便可稱之為「 *Parchment Coffee* 」。所謂的 *Parchment* 指的是內果肉，亦指附著內果肉的未精製咖啡。通常很多農園都是以這種狀態來加工保管的。

7. 精選：之後再交給精選業者、輸出業者，輸出時再在精選工廠過脫殼機，除去內果皮和接下來的銀皮。

8. 分級：依形狀、大小來進行分級再裝袋（ *Green Coffee* ）利用此種水洗精製法，雖需要設備和工夫，但混入雜物較少，咖啡豆也可處理得較乾淨。但由於它過程較複雜，所以有時較易在發酵時留下味道，或因乾燥過程不周，而招致異象、味道變差的情形。而保存中的品質變化上，也得充分注意。

二、非水洗式（ *Unwashed* ）

別名乾燥式、自然乾燥式（ *Dry*、 *Dry Method*、 *Natural* ）。

1. 選別：將採下來的果實送到乾燥場，再分選成浮在水上的未熟果，和沈下的成熟果實。

2. 乾燥：平鋪在乾燥場進行陽光乾燥。乾燥天數會因成熟度不同而異，黑色果實需曬 1 ～ 3 天，紅色果實則需 5 ～ 6 天，青色的未熟果實則最長需一至二個禮拜。由於乾燥期間較長，所以也得充分注意雨、夜間的溼氣。還有如果每天幫果實翻面數次，讓它平均乾燥的話，外皮、果肉等會形成黑硬的殼，附著在種子上。

3. 脫殼：讓這種乾掉的果實進脫殼機，去除果肉、銀的話，便成了 *Green Coffee*。

此種方法因不使用水洗處理，而使用自然乾，所以作業本身比較單純，只要管理得當，亦可形成圓熟的良質咖啡豆。只是它較易受天候影響，而且混入缺點豆的比率也較高。有關顆粒不一致、缺點豆、混入物等處理等多得再靠精製後的選別、檢查，所以較為費時。

參、咖啡的調配

一般而言，調理爐煮咖啡的方式有下列四種：

一、過濾式沖調法流行跟風

分成毛織布過濾袋和過濾紙兩種，沖調方法相同。同樣是採取過濾的方法，但使用後便可以丟棄的過濾紙，基本上更符合現代人的生活步調，目前在中歐和日本都相當流行。過濾紙必須和過濾器搭配使用，過濾器有塑膠和陶磁製兩種。但專家建議，若要保持注入沸水的溫度，應使用塑膠製比較好，因為塑膠製的過濾器其圓錐的底部有溝槽，更能集中過濾。過濾器和過濾紙可以依照咖啡份量來選擇大小尺寸，將濾紙折好放入過濾器內，四週不要有空隙產生。在濾紙內放入咖啡粉後，將剛煮沸的開水由過濾器的中心緩緩注入，當咖啡未完全被浸濕時，表面完全膨脹起來，隨後便開始一滴滴地過濾出汁。濾紙的沖水過程一般分為三個階段。第一段使用的水量，約只有 20％，作用只在把粉弄溼，咖啡吃水後表面全脹起來，待表面平復下去時，再進行第二次沖水，份量約 30％，沖法一樣要均勻而緩慢；最後一階段沖水，水量是 50％，沖水時切記速度不能太快，水流也不能中斷。

二、蒸餾式沖調法保留風味

蒸餾式沖調的器具，重點在玻璃製的蒸餾咖啡壺和其吸管作用，透明玻璃可以很清楚地看見沖泡咖啡的全部過程，令咖啡癡者心動不已，當然最重要的是由於全部過程在密閉的瓶內進行，能將咖啡的原始風味保留。這種在國內流行的咖啡壺，原始發明人是英國的拿比亞，這種完全手動方式的調理過程，控制上比機器的自主性更強。烹煮時咖啡粉裝在上壺，下壺則裝水，將下壺壺身充分拭乾後，再以酒精燈或瓦斯加熱，等水滾開時便直接插入裝好咖啡粉的上壺。等下壺的水全部升到上壺後，將火轉小，並輕輕攪拌咖啡粉，力量不要太大，然後移開火源。這時咖啡開始流入下壺，即可倒入杯中飲用。

三、電咖啡壺沖調法

家庭專用的電咖啡壺，最早由德國飛利浦公司發明，之後研究出多種不同類型的產品，原理上均基於過濾式模式，以達到能夠接近過濾網來沖泡咖啡。使用時，先將咖啡豆置於碾碎機內攪磨，然後加冷水於水箱，蓋上蓋子，通上電流即自動沖泡過濾。

1. 在每次使用之前先空煮一次，可以讓煮咖啡的效果更好。

2. 加在爐中的水，一定要用冷水慢慢加熱不可以貪快使用熱水，會影響煮出來的咖啡滋味。

3. 咖啡豆不可以磨得過碎，以免粉堵塞過濾網的縫隙，使咖啡變味。

4. 煮出來的咖啡最好立刻趁熱喝掉，才能保持原味，即使有保溫也不要一直加熱保存。

5. 為保持香味，避免咖啡中的酸澀味增加，不妨先讓沒喝完的咖啡冷卻，等到喝之前再快速加熱。

四、義大利咖啡機效果特異

　　義大利咖啡機類似快速的高壓原理，在短時間內萃取的咖啡既濃又稠，咖啡粉的使用量和水量控制，都與一般不同。具濃苦風味的義大利咖啡，最主要的精髓所在是咖啡豆的調配。一般調配義大利咖啡要選用 2～4 種不同咖啡豆相混合，傳統上通常由聖多士、聖多明尼哥、哥倫比亞、秘魯、哥斯大黎加等中美洲產地咖啡豆，以及部分產自非洲、印尼和馬達加斯加咖啡。由於每一種豆子的個性均不相同，因此在焙炒過程中，單品豆子先分開來焙炒，再進行混合調配工作。除了選對咖啡豆，水量也是影響風味的原因之一。一般 6～8 公克的義大利咖啡豆，只能煮出 50 c.c.的義大利咖啡，如果水量太多，滋味一定淡薄。基本上，咖啡壺內都有裝水的刻度可以參考，主要是咖啡粉用量要加以控制。以下列舉一些特調咖啡沖製方法：

　　1. 貴夫人咖啡：(1)倒入半杯沖調好的熱咖啡。

　　　　　　　　　　(2)加入半杯溫熱的牛奶。

　　　　　　　　　　(3)再加入二匙砂糖，輕輕攪拌後即可飲用。

　　2. 維也納咖啡：(1)將沖調好的咖啡倒入杯中，加糖攪拌。

　　　　　　　　　　(2)將鮮奶油充分攪打，裝入奶油袋中擠注。

　　3. 皇 家 咖 啡：(1)熱咖啡倒入杯中，將一塊方糖置於湯匙上。

　　　　　　　　　　(2)滴二、三滴白蘭地在方糖上，然後點火燃燒，火熄後將糖汁倒入咖啡中攪拌即可。

　　4. 愛爾蘭咖啡：(1)杯中置砂糖及威士忌，點火燒熱杯身。

　　　　　　　　　　(2)倒入熱咖啡，加入打過的鮮奶油。

　　5. 夏威夷咖啡：(1)將冰塊倒入杯中，倒入半杯冰咖啡。

　　　　　　　　　　(2)加入半杯鳳梨汁攪勻，插鳳梨片裝飾。

　　6. 泡沫冰咖啡：(1)在調酒器中放入冰塊，倒入冰咖啡、奶水。

　　　　　　　　　　(2)加入一杓香草冰淇淋，搖晃數下，倒入備好冰塊的杯中，再添放幾片杏仁即可。

7. 冰淇淋咖啡：(1)將冰塊放入杯中，倒入七分滿冰咖啡。

　　　　　　　 (2)加入一杓冰淇淋，浮於咖啡之上。

　　　　　　　 (3)將鮮奶油液倒在冰淇淋上即可。

$$\boxed{茶}\quad\boxed{葉}$$

　　茶素有「飲料大王」之稱。中國是茶葉的故鄉，種茶、製茶和飲茶皆起源於我國，至今已有三千多年的歷史。直至西漢時期，茶葉已做為商品，在市場上廣為銷售了。目前世界上三十多個產茶國家的茶，初時均由中國輸入。茶樹多生長在溫暖、潮濕的亞熱帶氣候地區，或是熱帶的高緯度區，主要分布在印度、中國、日本、印尼、斯里蘭卡、土耳其、肯亞等國家，其中則以中國飲用茶的記錄最早。

　　茶園中茶樹通常被栽植成樹叢的形狀以利採收，但野生茶樹可長至三十英呎高。當茶樹的初葉及芽苞形成時，就可將新葉摘取加工製作；雖說一年四季都有新葉長成，可供採收，但是專家們認為最理想的採收季節應該是四月及五月的時候。

壹、茶葉的種類

　　茶葉的分類種類眾多，就茶葉之外形、發酵程度及季節說明：

一、依外形區分

1. 直條形：如清茶。
2. 半球形：如烏龍茶。
3. 全球形：如鐵觀音。

4.細碎形：如紅茶。

二、依發酵程度區分

1.不發酵茶（綠茶）：如龍井、碧螺春。
2.半發酵茶：(1)輕發酵茶：如清茶。
　　　　　　　(2)中發酵茶：如凍頂烏龍、鐵觀音、水仙、武夷。
　　　　　　　(3)重發酵茶：如白毫烏龍。
3.全發酵茶：如紅茶。

三、依季節區分

1.春茶：為節氣穀雨前後五天採成之茶葉稱之；春茶韻最好。
2.夏茶：春茶收成後四十天稱之（以製作膨風茶最佳）。
3.秋茶：以中秋節前後採收為主。
4.冬茶：俗稱五水茶，香中極品，香味清雅，韻較淡，為冬至前後採收。。

貳、茶葉的製造過程

茶葉製造過程中的發酵程度分為下列幾大類：

一、未發酵茶（生茶）

未發酵茶即我們稱的綠茶。此類茶葉的製造，以保持大自然綠葉的鮮味為原則。製造過程比較單純，品質也較易控制，其基本製造過程有下列的步驟：

特色：青綠色、清香、味醇，分團茶與散茶兩種。

茗品：杭州西湖龍井、洞庭湖碧螺春、廬山雲霧、黃山毛峯。

二、輕度發酵茶（熟茶）

花茶的製造過程：

作法：精製茶加上花蕾或燻過花香。

特色：有濃郁的花香和茶香。

茗品：茉莉花茶、桂花茶、菊花茶、蘭花茶。

三、半發酵茶（熟茶）

烏龍茶的製造過程：

作法：將採下來的茶葉，於發酵途中中止發酵，加熱烘焙再乾燥而
　　　成，其發酵程度約在 30 ～ 60％之間，種類很多。

特色：具有未發酵的綠茶清香，亦兼有完全發酵的紅茶醇香。易儲
　　　存。剛製造完成的粗茶，呈稍帶褐色的綠色，一般稱為青茶，
　　　泡出來的茶色，以接近綠色的琥珀色為主。

茗品：安溪鐵觀音、武夷山岩茶、文山包種茶、白毫烏龍茶。

四、高度發酵茶（熟茶）

高度發酵茶可分為白茶和黃茶。

白茶的製造過程：

作法：白茶發酵度在 10 ～ 20％之間，採用「不炒不揉」的烘焙法。

特色：葉片上有似梅花般白色絨毛，味溫和，較無刺激性。

茗品：白毫銀針、白牡丹、白毛猴。

黃茶的製造過程：

作法：採用「悶黃」的方式輕度發酵的一種茶葉，產量很少，不易購得。

特色：帶有清爽的澀味及甜味。

茗品：君山銀針、崇安蓮芯。

五、完全發酵茶（熟茶）

代表性的茶為紅茶，其製造過程如下：

作法：青茶葉→曬乾→揉捻→發酵→乾燥

特色：發酵度約 80 ～ 90％，深色茶葉尤其新茶特別香醇。茶葉一次只能摘少量，所以會繼續發出新芽，而能不斷採摘，但採茶過程中，以春夏兩季的茶葉為最嫩，發酵後的香味尤其新鮮香醇。

茗品：祁門紅茶、閩江工夫紅茶、海南紅茶、大吉嶺紅茶、阿薩姆紅茶、錫蘭紅茶、烏巴紅茶。

六、後發酵茶（極度發酵茶）

黑茶（緊壓茶／磚茶）的製造過程：以普洱茶為代表。

作法：以雲南省普洱茶為代表的黑茶，其製造方法是將乾燥前的綠茶加以堆積製成粗老毛茶，再藉麴菌的作用讓它自然發酵，發酵度是百分之百。通常發酵堆積長達 3 ～ 4 年，時間愈久，鹼度與風味愈增，營養價值也更高，更受人重視。

壓縮成的普洱茶，其形狀有不同的名稱，分為餅茶、沱茶（碗狀）及磚茶，亦有人頭的頭茶及心形緊壓茶。使用以刀子削下

小部分或用手捏碎沖泡。

特色：茶水呈很濃的褐紅色，且散發一股發霉的異味。

參、茶具

喝茶的習慣源自於中國，中國人喝茶，由「解渴」而「品茗」再到「茶藝」，經過一段漫長的歷史演變後，對於茶具的講究，已臻於極點。故中國茶器的造型變化萬千，種類之多，更令人眼花撩亂。因此，在談茶具的使用，便不能不談中國茶的泡茶品茗用具。一般泡茶所用的茶具除了茶壺外，包括茶杯、茶船、茶盤、茶匙、茶壺、茶盅（茶海）和茶布等。

一、茶杯

茶杯有兩種：一是聞香杯，二是飲用杯。聞香杯較瘦高，是用來品聞茶香氣用的，等聞香完畢，再倒入飲用杯。飲用杯宜淺不宜深，讓飲茶者不需仰頭即可將茶飲盡。茶杯內部以素瓷為宜，淺色的杯底可以讓飲用者清楚地判斷茶湯色澤。有時為了端茶方便，杯子也附有杯托，看起來高尚，取用時手也不會直接接觸杯口。

二、茶船

茶船為一裝茶杯和茶壺的器皿，其主要功能是用來燙杯、燙壺，使其保持適當的溫度。此外，它也可防止沖水時將水濺到桌上，燙傷桌面。

三、茶盤

奉茶時用茶盤端出，讓客人有被重視的感覺。

四、茶匙

裝茶葉或掏空壺中茶渣的用具。

五、茶壺

以陶壺、硃壺最好，瓷壺次之，其中大小、種類繁多，須注意出水口內側之濾器，孔愈小愈多愈好。

六、茶布

用以擦拭茶壺和茶杯，或作茶壺下之墊布。

七、茶盅（茶海）

茶泡好後，先將茶倒入茶盅內，再持盅分別倒入茶杯。狹義的茶具是指沖泡器中的壺、船、杯盅、盤等部分，這些部分是泡茶中的主體。

肆、茶葉調配

所謂「品茗」，是指「觀茶形、察湯色、聞香味、嚐滋味」四個階段，所以在泡茶的過程中，第一步是要選擇好的茶葉應具備乾燥情形良好、葉片完整有光澤、茶葉條索緊結、梗及枝少、香氣清純、色澤宜人等條件。水質也會影響茶味的甘香，用水以活水最理想；山泉水最好，其次為山雨水、雪水、江河水、井水、自來水。塘水、硬水為最差的水。

至於泡茶的水溫，並非都要用 100℃ 之沸水，而是根據茶的種類來決定溫度。綠茶類泡茶的水溫就不能太高，70～80℃ 左右最適宜，這類茶的咖啡因含量較高，高溫之下會因釋放速度加快而使茶湯變苦。再則高溫

會破壞茶中豐富的維他命 C，溫度低一點比較能保持。碧螺春要先倒水再放茶葉。烏龍系中的白毫烏龍，是採取細嫩芽尖所製成的，所以非常嬌嫩，水溫以 85℃較適宜。

　此外，茶葉粗細也是決定水溫的重要因素，茶形條索緊結的茶，溫度要高些，茶葉細碎者如袋茶等，就不需以高溫沖泡；高品質的茶，水溫也可略低。在泡茶的過程中也須注意茶葉的用量和沖泡時間。茶葉用量是指在壺中放置適當分量的茶葉，沖泡時間是指將湯泡到適當濃度時倒出。兩者之間的關係是相對的，茶葉放多了，沖泡時間要縮短；茶葉放少時，沖泡時間要延長些。但茶葉的多少有一定的範圍，茶葉放得太多，茶湯的濃度變高，常常變得色澤深沈，滋味苦澀難以入口；茶葉太少又色清味淡，品不出滋味。紅茶只能泡一次，不可回沖；其他的茶葉則以回沖三次為限。有所謂「第一泡：茶香、味鮮；第二泡：茶濃不鮮；第三泡：淡薄。」

一、花茶介紹

1. 甘菊花茶（*Camomile*）：
(1)成分：甘菊花
(2)特性：性甘、苦，有芳香，能清神、養肝明目、利血之效。甘菊花是芳香健胃劑，熱飲對感冒也有功效。歐美人士非常喜歡飲用甘菊花茶，有鎮定、通經作用，也是一種強壯劑、降血壓劑。

2. 玫瑰花茶（*Rose*）：
(1)成分：玫瑰花
(2)特性：性甘、微苦、有利氣、行血、治風痺、散瘀止痛、收歛活血、加強肝臟及胃腸功能緩和胃神經，可消除疲勞並強身，對於婦女調經有神奇之功效。

3. 藍錦葵花茶（*Blue Mallow*）：

(1)成分：藍錦葵花（紫羅蘭）

(2)特性：性甘、微溫、有利尿之功效。用開水沖泡後會呈深藍色，如放入一片檸檬，茶色會逐漸轉變為粉紅色，治療感冒、咳嗽很有效。

4. 薰衣草花茶（ *Lavender* ）：

(1)成分：薰衣草花

(2)特性：為芳香健胃劑

5. 菩提仔（ *Linden* ）：

(1)成分：菩提花、葉

(2)特性：有止痛、消炎、利尿、鎮靜神經、清涼及治療失眠之功效。

6. 芙蓉花（ *Hibiscus* ）：

(1)成分：芙蓉花

(2)特性：性溫平，是胃腸炎止下痢藥，腸出血的止血藥，對口腔內傷口很有效，具有涼血解毒，止痛消腫之功效，含有豐富維他命 C 和枸橼酸（檸檬酸），以開水沖泡後會呈現紅寶石般的色彩，適合用來泡冰茶。

7. 薄荷葉（ *Peppermint* ）：

(1)成分：薄荷葉

(2)特性：性辛涼、微甘，有消暑化渴、辟穢氣、清頭目之功效，為暑夏最佳消涼飲料，也是芳香健胃劑，對腸內不適者有效，對驅風、頭痛也有效。

8. 絲路（ *Hilk Road* ）：

(1)成分：玫瑰花、紫羅蘭、檸檬草、拉蔓花、烏龍茶

(2)特性：是所有花茶中唯一加茶葉的花茶，因此不回沖也不隔夜泡。拉蔓花具有清心降火的功能，檸檬草可除油膩。因此具有減肥功效。

二、花果茶介紹

1. 多情果（*Apple*）：

(1)成分：蘋果粒、野玫瑰果、芙蓉花、檸檬皮、香精……等

(2)特性：含有豐富維他命 C 等，有蘋果與青檸清香味，不含防腐劑、色素及刺激性咖啡因，為世上最新流行最佳健康飲料。茶湯呈粉紅色，冷熱皆宜，冰飲更佳。

2. 戀情果（*Grape*）：

(1)成分：葡萄粒、雀莓、野玫瑰果、芙蓉花、香精……等

(2)特性：茶湯呈粉紅色微酸，有野莓、葡萄香味，冷熱皆宜，冰飲更佳。

3. 含情果（*Drange*）：

(1)成分：香桔皮、野玫瑰果、芙蓉花、香精……等

(2)特性：茶湯呈粉紅色，帶有酸味，有美洲香桔香味，冷熱皆宜，冰飲更佳。

4. 忘情果（*Lemon*）：

(1)成分：檸檬皮、野玫瑰果、芙蓉花、香精……等

(2)特性：茶湯呈粉紅，有酸味，有青檸香味，冷熱皆佳，冰飲亦佳。

5. 蜜思果（*Melon*）：

(1)成分：芙蓉花、桔皮、野玫瑰果、香瓜果粒、香精……等

(2)特性：茶湯呈粉紅色，略帶微酸，有西班牙香瓜味，冷熱皆宜，冰飲更佳。

6. 愛情果（*Mixed Fruit*）：

(1)成分：蘋果、桔皮、檸檬皮、野莓、芙蓉花、野玫瑰果……等

(2)特性：茶湯呈粉紅色，略帶微酸，有綜合水果香味，冷熱皆宜，冰飲更佳。亦為最佳雞尾酒之材料。

7. 慕情果（*Plum*）：

(1)成分：藍錦葵、玫瑰花、桔皮、野玫瑰果、莓葉、芙蓉花等

(2)特性：茶湯呈粉紅色，有無花果、棗子及陳皮梅香味，冷熱皆宜，冰飲亦佳。

8. 無憂果（*Strawberry*）

(1)成分：芙蓉花、野玫瑰果、桔皮、覆盆子、果粒、香精

(2)特性：茶湯呈粉紅色，略帶酸味有草莓、紅莓及核仁味。冷熱皆宜，冰飲更佳。

三、調味茶介紹

調味茶乃是以茉莉花茶為基底，加上濃縮果汁、果糖或其他外來添加物依照各人的口味所調配出來的茶品。其中較著名的調味茶有：

1. 泡沫紅茶：

(1)作法：冰紅茶 50c.c.加上 1oz 果糖再經過 *Shake* 即可。

(2)此外也可使用二砂糖熬成糖漿代替果糖，比例為 1：1 糖／水。

2. 泡沫綠茶：

(1)作法：冰綠茶 50c.c.加上 1oz 果糖再經過 *Shake* 即可。

(2)綠茶需急速冷速冷卻方能保留其香味。皂素所產生的泡沫越白代表品質越好。

3. 奶茶：

作法：沖好的茶加入 1 咖啡匙的奶精粉即成。也可再適當加入柳丁皮、陳皮、香草片、香草水（精）、阿華田、可可亞、巧克力醬、奶油、草莓果醬、冰淇淋（最多兩種），即成為各式各樣不同口味的奶茶了。

4. 酒茶：

即在調好的茶湯裡加上各種香甜酒增加風味。

(1)多寶力紅茶：即在紅茶裡加上 2/3oz 的多寶力補酒。

(2)皇家紅茶：將白蘭地酒糖放在特製的酒匙中，鉤掛在杯上，再點上火即成。

(3)愛爾蘭紅茶：在紅茶內加入愛爾蘭威士忌（*Irish Whiskwy*）。

⑷醉美人：紅茶加上白蘭地及紅石榴汁。

　　酒吧本是賣各種飲料的場所，因為通常以銷售酒精飲料為主，才譯為「酒吧」亦稱酒廊。但在歐洲有些酒吧並不完全賣酒，如 *Milk Bar*，則是以奶類飲料為主之銷售場所。酒吧最早起源於美國，稱之為 *Cabaret Bar*，其英文之原意即為橫木或阻礙之意思，就是用 *Bar* 將自己和客人分開，以保護自己的生命及財產安全，以防止意外，因為當時美洲大陸治安不穩定，所以才有此措施。另外，那時候男士們都騎馬，因此店頭前都設有栓馬的構木，漸漸地，「那有橫木的地方」就成了飲酒的地方，並稱之為「酒吧」。

　　十八世紀末葉，世界各地掀起了美國大陸移民熱潮，這批來自世界各地之移民，均帶有各式各樣的家鄉酒前來，由於所攜帶酒源不足，因而產生混合酒與飲料之現象，終於變成今日之雞尾酒，同時「混合酒」也自然成為美式酒吧之最大特色。第一次世界大戰，美軍駐進歐洲後，由於他們的需要，美式酒吧才在歐洲興盛起來。台灣早期的酒吧，是為了符合美軍及觀光客的需要而設置的，美軍離開後，曾沈寂了一陣子，隨著社會變遷才又興盛起來，除了美式酒吧大為流行外，英式 *Pub* 也隨處可見。

壹、酒吧型態

　　酒吧大致可以分為二大類：一種是獨立設置的酒吧，另一類則是附設在飯店中的酒吧。從前在歐美大飯店的酒吧較有時間坐下來品酒、閒談、商討業務等，故其流動量不像大廳吧；也因為大都為正式品酒者，因此調酒之酒類亦較複雜，所以服務人員對酒的認識十分重視，服務亦需較為謹

慎週到。

1. 餐廳酒吧（*Diningroom Bar: Cocktail Lounge* 也稱 *Mini Bar*）：是設置在各種中、西餐廳內，主要為客人餐前及餐時提供各種酒類飲料，同時也是客人用餐前休息及等候其他客人的場所。餐廳酒吧的設計、格局，基本上與餐廳的總體設計一致，所設的坐位數量少，占地也不太大。

2. 服務性酒吧（*Service Bar*）：它是一種隱藏式的酒吧，它並不是直接對顧客營業，而是為了供應餐廳的酒類飲料而設的，知名大飯店都設有這種酒吧。這類酒吧設計比較簡單，工作條件也比較差，因為它不面對客人，主要工作由服務員完成的。

3. 臨時性酒吧（*Banguet Bar*）：又稱為宴會酒吧，通常是為了某一宴會或大型活動而專門設立的酒吧。吧台的設立多樣化，供應的酒類也不同，因此對服務人員及調酒人員有較高的要求。

4. 客房小酒吧（*Mini Bar*）：高級的旅館為了方便客人，通常在客房裡提供若干數量的酒類及飲料，讓客人能在自己房間裡隨時享用。

5. 池畔酒吧（*Poolside Bar*）：旅館中的游泳池邊，往往設有一個簡單酒吧，供應游泳的客人休息時所喝的一些飲料，設備簡單，規模較小。

6. 英式酒吧（*Pub*）：在海外的英國人，由於思鄉情切，懷念家鄉的酒吧，於是在世界各地紛紛設立酒吧，其裝璜佈置、經營型態，都是英國式的。由於這類酒吧氣氛較為輕鬆自在，且供應的飲料種類也比較多，因此目前廣受一般人喜愛。

7. 鋼琴酒吧（*Piano Bar*）：除了供應各式酒類之外，還有鋼琴演奏，比較重視氣氛、情調及音響。

8. 會員酒吧（*Club Bar*）：是由一羣愛喝酒的人員所組成的會員俱樂部，會員每年或每月需繳規費，其所賣的酒較酒吧、餐廳為高級，非會員不能進入。

貳、酒吧的經營管理

消費者流量大，銷售單位小，銷售服務隨機性強。

一個酒吧，如果經營得法，每天的消費者會很多，而且流動性大，服務頻率較高。酒的銷售往往以杯為單位，一般每份飲料的容量通常都低於10盎司。銷售服務好，推銷技巧好的酒吧員，會使客人的平均消費額增加。

1. 酒吧規模小，服務要求高：酒吧雖然也是生產部門，但它不像廚房，需有較寬敞的工作場地和較多的工作人員，一般每個酒吧僅備 1 ～ 2 名工作人員，但是對調酒員的服務及操作要求卻很高。每一份飲料、每一份雞尾酒都需嚴格按標準配方調配，不可馬虎，而且調酒本身就具有表演功能，要求調酒員姿勢優美，動作瀟灑大方，乾淨俐落，同時給予人美的視覺享受。

2. 資金回收快：酒類的銷售一般以現金結帳，銷售好，資金回收較快。為此，管理人員銷售品種時，必須根據酒吧的客源、對象及酒品的銷售情況來做出合理的安排，即要滿足客人的需要，又要保證酒吧應有的經濟效益。

3. 酒吧銷售利潤高：酒水的毛利率通常高於餐食，一般可達 60 ～ 70％，有的甚至高達 75％，這對餐飲部的總體經營影響很大，同時酒水的服務還可以刺激餐廳客人的消費，增加餐廳的經濟效益。

4. 酒吧對服務人員的素質和服務技巧要求較高：酒吧的服務，特別講究氣氛高雅、技術嫻熟。服務人員必須經過嚴格的訓練，掌握較高的服務技巧，並隨時運用各種推銷技能。同時服務人員本身還需注意言行舉止、儀容儀表以及服務設施的整潔衛生。

5. 酒吧的經營較難控制：由於酒水飲料的利潤較高，往往會使一些管理人員忽視對它的控制，從而致使酒吧作弊現象嚴重，酒水大量流失，導致酒吧成本提高。餐飲部經理必須經常督促和檢查飲料部門，儘可能杜絕

各種漏洞和不必要的損失。

關於工作人員的作弊現象有很多種，如自己偷喝、給朋友喝與廚師換食物吃、偷回家、甚至免費贈予私交較好的客人等。

一、調酒的基本原則

1. 要用清潔乾淨的杯子。

2. 按配方調配。

3. 要養成使用量杯的習慣。

4. 必須攪拌的酒要快速攪拌、以免冰塊過分溶化。

5. 搖盪時，動作要快、鏗鏘有聲，才能使酒均衡。

6. 用鮮菜切片時不可太薄。

7. 要使用好的配方，才不致於口味有變。

8. 酒杯使用須冰杯，如須在杯口塗抹糖粉或鹽粒時可先使杯口潮溼，再將杯口倒置在糖粉上轉一圈。

9. 雞尾酒調配好後，應快速的倒入杯內，送給客人飲用。

10. 一切均應按配方調製與裝飾，不可因工作忙碌而簡化。

11. 控制每杯酒的份量。

12. 酒快倒空時，應另開新的酒來倒，不可在客人面前顯示一個空瓶子。

13. 杯子與用具應予消毒、清洗乾淨。

14. 盤存。

二、調酒員服務須知

1. 舉止親切，為客人調好酒後，應立即回位、不可介入客人的談話或竊聽。

2. 養成良好的記憶力。

3. 謙恭有禮，並勇於接受顧客的批評。

4. 不可催促客人喝酒。

5. 不可因客人消費的多寡，而顯出不耐之神色。

6. 調酒器應時常保持乾淨清潔。

7. 調酒時儘量讓顧客看到你倒酒及調酒動作。

8. 每次倒酒後，應立即將酒瓶回歸原位。

9. 注意事項。

(1)斟酒不可過量。

(2)酒中不可滲水、用密度器抽查。

(3)不得私自進酒。

(4)每一帳單必須經過記帳打字。

(5)一單不得兩用。

(6)不定時抽查。

(7)空瓶應交倉庫（酒庫）。

(8)打烊後必須加鎖以防萬一。

(9)確實核對營業日報表。

(10)當班時，不可吸煙、喝酒。

(11)必須服裝、儀容整潔。

(12)上下班前後均應將工作範圍清理整齊乾淨。

(13)瞭解本身工作及出售之品牌與存量。

(14)負責與學習。

(15)遵守公司所訂之一切規章。

三、酒吧和吧檯服務員

1. 端酒取杯：

(1)收送飲料時須使用托皿，不可用單手拿。

(2)拿杯子時要拿下半部，不可拿上半部。

(3)手指的油垢、指紋等不要留在杯子上。

(4)不可將手指尖伸入杯中。

(5)注意杯口是否破損。

(6)酒吧的玻璃器具特別多、耗損率也高，所以處理時特別小心，以免破損。

(7)所有的飲料均由右邊上、下。

(8)經常留意自己負責的區域。

2. 服務態度：

(1)待客態度──反應良好。

(2)外表修飾──保持清潔。

(3)協調性──與同事和睦相處、合作無間。

四、酒吧櫃檯上供應飲料

1. 向顧客打招呼。

2. 向顧客詢問： *May I Take Your Order?*

3. 當顧客已點完酒時，請重覆它。

4. 選擇適當的玻璃杯，一定要握玻璃杯底部，不要握住玻璃杯邊緣，這是考慮衛生問題。

5. 首先不容易變得平淡無味的飲料先行分配服務：

(1)如果訂單需供應一杯濃型的黑啤酒，一杯淡麥酒和軟性飲料。先開始濃烈的黑麥酒、再加上軟性飲料、麥酒，最後以濃烈的黑啤酒結束。

(2)雞尾酒和熱飲料通常在最後一階段供應。

(3)此系統確保飲料儘可能地提供並最能利用你的時間。

6. 使用玻璃杯墊子，將裝有飲料的玻璃杯置於每一顧客面前的杯墊上。

五、結帳

1. 準備顧客的帳單。

2. 填上桌號、人數、日期和你的簽字。

3. 逐筆寫下各道酒名，服務費則分開寫。

4. 檢查：全部項目均包括在內——價格無誤——計算準確。

5. 檢查適當帳單及每一桌號無誤。

6. 將帳單交給客人。帳單摺疊和放在邊皿上。

7. 為客人研讀帳單之時間，當客人準備付帳時應注意警覺，客人會叫你取款或將款留在桌上由你自行取去。

8. 謝謝客人，當你取款時應說聲多謝。

9. 收據和零錢置於邊皿內，再謝客人。

10.當顧客離開時，你應說：「我希望你們對本酒吧感到愉快，我們希望再看到你們。」。

六、處理不同的付款方式

1. 現金：退回找款和帳單或收據。

2. 個人支票：通常不接受個人支票。

3. 信用卡：

(1)檢查信用卡是否在你的酒吧內接受。

(2)檢查下列項目：

①信用卡並未到期。

②信用卡並未在遺失／失竊一覽表上。

③「取消」或「作廢」字樣並未出現於簽字條上。

(3)將適當之表格填妥，依照信用卡公司規定辦理。

(4)將顧客之信用卡插入印刷機中，將填妥之表格在頂端，滑動手把自
　　一邊到另一邊。確定顧客的姓名在表格的全部複印本上清晰可見。

(5)打電話給信用卡公司有關批准額度，因為交易金額超過你的酒吧之上限，並且將批准的金額填在表上加在一起。

(6)將表格交給顧客簽字。

(7)將卡片上的簽字和表上的簽字相對照應相同。

(8)將顧客表格一份連同信用卡、帳單或收據退還給顧客。

七、吧檯之管理

1. 建立標準的酒瓶暗記制度。

2. 遵守標準的配酒方法。

3. 用標準的配酒方法。

4. 用標準的容酒器。

5. 遵守標準的儲酒方法。

八、吧檯的存貨

1. 每一酒吧要建立同等的數目酒量存量。

2. 必須準備兩天份的營業量。

3. 現行出售的酒，每種每日不得少瓶。

4. 領酒時以空瓶連領貨單向倉庫領貨。

5. 放於酒吧裡的各種酒，每次只准開一瓶。

6. 每瓶酒必須貼上酒吧、飯店或餐廳的標籤。

7. 每種酒必須存於適當的溫度下。

8. 同種酒要集合起來放在一起，以便使用。

(1)儲酒場所要陰涼、恒溫、避免日光直射。

(2)可儲存的紅酒須用軟木塞。

參、人員組織

飲料部一般可以設飲料部經理，直接受餐飲部經理所管，全權負責整個飯店的飲料供應及酒吧的運作管理，並向餐飲部經理負責。一般酒吧部門的組織如下：

有些飯店不設立飲料部，而以酒吧為獨立單位，直接屬於餐飲部，設酒吧主管，同時，將酒吧與服務分開，另設服務主管，與酒吧主管平行。

酒吧人員的職責

1. 飲料部經理應具備之能力：
(1)具有全面的酒類知識。
(2)具有豐富的管理經驗與能力。
(3)了解餐飲業概況。
(4)掌握各類酒的服務標準及要求。
(5)具有較強的組織能力和處理問題能力。
(6)具有流利的外語會話能力及書寫能力。

(7)具有現代銷售觀念。

(8)能正確處理各種關係，與各部門相互協調。

2. 飲料部經理的職責：

(1)負責飲料部的正常營業，並向餐飲部經理負責。

(2)監督各單位，以保證預期的效益。

(3)配合成本會計，執行成本政策。

(4)保持良好的人際關係，妥善處理顧客的抱怨。

(5)決定酒類飲料的採購及簽發申請單。

(6)督導飲料的調配。

(7)檢查營業場所的衛生與安全。

(8)協調各部門關係。

(9)負責酒吧設備的保養及維修。

(10)參與餐飲部例會，向下屬傳遞相關消息。

(11)定期召開本部門員工會議，協調員工關係。

　　酒吧主管是飲料部經理的得力助手，主要職責是協助飲料部經理維持酒吧正常營業，及時溝通員工與經理的關係，負責協助對下屬員工的考核、訓練等工作，負責酒吧各種表格的填製、設備和用具的保管、酒類飲料的盤存。

　　3. 調酒領班（ *Head Bartender* ）工作職責：

(1)直接向酒吧經理負責（酒吧主管）（若酒吧獨立上司：酒吧經理）。

(2)掌理調酒作業及出售。

(3)請領日常正規酒料及用品。

(4)安排出勤作息及管理工作。

(5)檢查督促營業前後之工作。

　　4. 調酒員（ *Bartender* ）工作的職責：

(1)直接向酒吧領班（調酒領班）負責。

(2)負責一切飲料的調配工作。

(3)負責營業前之準備工作。

(4)檢查儲藏之溫度安全等。

(5)負責去庫房領取酒水並請退空瓶、筐等。

(6)負責核對與清點營業前後的酒水存量。

　　另外，還有服務員領班和服務員等，他們主要是接受客人訂單，通知調酒員調配飲料，按客人要求提供服務，並維持酒吧服務區域的整潔和衛生。

　　5.酒吧服務員須知：

(1)注意儀表，制服必須乾淨、頭髮不散亂、指甲剪短、皮鞋擦亮。

(2)對於工作環境，尤其對酒吧檯內的各項物品、用具保持清潔。

(3)保持笑容，有些客人目的並不是喝酒，只是想和人談天、訴苦，因為面帶笑容，保持耐心傾聽是非常重要的。

(4)為客人調好酒後，立刻離開，不可聽客人談話，更不可以加入交談行列中。

(5)養成良好的記性，熟記客人的面貌，以及他們所愛喝的酒，當客人進入時，應迅速反應並懇切的招待。

(6)要勇於接受客人的抱怨，切不可糾正客人的錯誤，或者不按指示調酒。

(7)不可催促客人喝酒，也不可因客人喝得太多或太少而不愉快。

《問題與討論》

1.影響葡萄酒之主要因素為何？

2.請敘述葡萄酒之種類？

3.法國葡萄酒之等級及其主要產區為何？

4.如何貯存葡萄酒？

5.請簡述琴酒（Gin）之種類及特性？

6.請簡述伏特加（Vodka）之種類及特性？

7.請敘述威士忌（Whiskey）之種類及特性？

8.請敘述白蘭地（*Brandy*）之種類及等級？

9.請敘述主要之調酒器為何？

10.請敘述各式酒杯及其適合之雞尾酒？

11.請敘述調酒之基本方法？

12.請敘述主要調酒之配料？

13.請敘述市場上常見咖啡之種類及其特性？

14.請敘述咖啡烹調之方式？

15.請敘述茶葉之種類？

16.請敘述主要之茶具？

17.請敘述酒吧之型態？

18.請敘述調酒之基本原則？

19.請敘述調酒員服務員須知？

20.請敘述吧檯結帳之流程？

21.請敘述吧檯管理？

22.請敘述酒吧人員組織編制？

《註釋》

1.莊富雄，1994，酒吧經營實務，華岡出版社，四版，台北， p.105, pp.110 ～ 112, p.138, pp.140 ～ 147, pp.185 ～ 188

2.伊東正，1995，標準雞尾酒調製法，國家出版社，初版，台北， pp.22 ～ 27, pp.32 ～ 50

3.方菲，1994，瓊漿玉液──調味料飲料篇，書泉出版社，初版， p.107, p.110, p.114

4.蔡佩倫，1992，兼顧健康與美味享受茶香與咖啡，福利文化事業出版， pp.10 ～ 17, pp.40 ～ 45, pp.62 ～ 67

5.王淑媛，1993，飲料與調酒，龍騰出版社，台北， pp.35 ～ 50, pp.56 ～ 60

6.周文偉，1994，調酒師的聖經，睿煜出版社，屏東， pp.249 ～ 252

第 10 章　餐飲會計

餐飲出納作業

餐飲財務分析

　　餐飲會計包含每日餐飲出納結帳系統與餐飲會計財務管理兩種，餐飲出納結帳系統是服務流程的一部分，出納員直接面對顧客，也是服務流程中最重要的一個步驟，出納員除了要具備良好的結帳技巧，亦要有服務親切的態度，否則功虧一簣。故餐飲主管人員要為出納員的服務態度做訓練。餐飲會計財務管理，不外乎是營運分析與財產管理，其中包含營運損益表與資產負債表兩種，為使餐飲管理更上一層樓，固定時期來檢核營運與財務結構是不可缺少的。

餐 飲 出 納 作 業

　　餐飲出納員除具備良好的結帳技巧外，良好的服務態度也是相當重要，所以餐飲主管人員宜重視出納員之服務態度的訓練，以讓餐飲服務作業流程劃下美好一句點，讓顧客留下美好印象，增加下次顧客再度光臨的機會。

壹、結帳作業流程

　　餐飲出納結帳作業流程，一般而言，可以用圖 10-1 下列流程圖表示之。

　　1. 寒暄問候：當顧客至出納櫃檯時，要面帶微笑，態度親切的寒暄問候顧客，並詢問顧客是否要結帳（買單）。

　　2. 確認結帳：當顧客要結帳時，以中餐廳為例，要詢問顧客是否有整瓶未開飲料要退，在西餐廳則可不必詢問，除了詢問顧客用餐之滿意度以及顧客之建議，在與顧客交談過程中，出納員一邊要完成結帳手續。

　　3. 解釋帳單：結帳完畢之後，為客人解釋帳單，解釋重點為菜名、數量以及價格，核對無誤之後，則可詢問顧客付款方式，以方便作業。

寒喧問候
↓
確認結帳
↓
解釋帳單
↓
詢問付款方式
↓
詢問統一發票編號
↓
付款處理
↓
遞交帳單
↓
感謝送客

圖 10-1　結帳作業流程

資料來源：本文研究整理。

4.詢問付款方式：詢問顧客付款方式後，再依顧客之付款方式為其結帳，一般付款方式有下列幾種：

(1)現金付款結帳：顧客以現金付款，結帳重點注意是否為偽鈔，以及找零錢時金額是否正確。

(2)信用卡付款：依信用卡結帳之流程，為顧客結帳，結帳重點要注意信用卡是否過期、顧客簽名，以及信用卡公司給予授權號碼等。

(3) *P.O.S.* 結帳付款：亦稱房客帳，在旅館住宿之旅客可以經過出納 *P.O.S.*（*Point Of Sales*）結帳系統付款，結帳重點確認顧客房號以及顧客簽名。所結帳之金額待顧客遷出之時一併付清。

(4)簽帳付款：一般簽帳付款並不是正確之付款方式，然而有些餐廳旅館，為了要給顧客方便，特許此種付款方式。結帳重點，要確認是否為公司允許簽帳之公司行號，以及顧客簽名。

5.詢問統一發票編號：詢問顧客是否需要加打統一編號在統一發票上，若是需要則請顧客告知並加以覆誦一次以確認之，然後再輸入電腦

中，並列印出統一發票。

　　6. 付款處理：根據顧客所要之結帳方式，為顧客結帳。

　　7. 遞交帳單：將發票、帳單及所付單據一併整理妥當，有禮貌的遞交給顧客。

　　8. 感謝送客：親切有禮的感謝顧客光臨，並且歡送顧客，同時亦希望顧客下次再度光臨本餐廳。

貳、點菜單

　　當在餐廳用餐時，所點的菜餚皆由服務員記錄於點菜單上。點菜單的功用，就是登錄客人所點的菜餚，通常是一式三聯：第一聯由會計保留，第二聯則送到廚房裡面，讓廚房的工作人員知道客人點了什麼菜，進而去準備菜餚，第三聯則放置於客人的桌上，讓客人知道自己點了什麼菜，若有菜沒上時，可做為憑證，也可以讓客人知道什麼菜上了，什麼菜還沒有上。

　　點菜單另外一個功用，就是幫助作「每日菜單銷售情形表」來正確的記錄菜色的消耗量，然後將所有菜分為四類：

　　1. 受歡迎且獲利高。

　　2. 不受歡迎但獲利高。

　　3. 受歡迎但獲利低。

　　4. 不受歡迎且獲利低。

　　如此一來，每月或每週評估時，就知道什麼菜該保留、什麼菜該刪除。點菜單的內容有：

＊日期：註明當日的日期。

＊服務員姓名：由填寫點菜單的人簽上自己的名字，以備於有問題時可以找他詢問。

＊桌號：最重要的便是桌號，如果桌號沒有填上的話，那菜餚便不知

是那一桌客人點的，會發生混亂，爲避免此情形發生，桌號的填寫
是相當重要的。

＊人數：註明一桌的人數。

＊菜名：客人所點的菜餚名稱，廚房便依此菜名而做出菜餚。

＊數量：食物的數量。

＊單價：食物的價格。

＊備註。

表 10-1　點菜單

日　　　　　期	服　務　員	桌　　　　　號	人　　　　　數

菜　　　　　名	數　　　　　量	單　　　　　價	金　　　　　額	備　　　　　註

85. 5. 480 本　　　　　　　　　　　　　　　　　　　　　　　　NO. 0142182

財編：RL0182

［註］No. 0142182：代表此張點菜單之號碼

　　財編：RL0182：代表該餐廳將點菜單列入財務管理

　　85. 5.：代表點菜單是中華民國 85 年 5 月印製

　　480 本：代表此次點菜單印製 480 本

資料來源：本文研究整理。

有些西式點菜單，如芳鄰西餐廳，在點菜單上除有桌號及服務人員的

姓名外，並將餐廳所有菜餚加上電腦代號，以便結帳時使用，此種點菜單較一般點菜單更快速而且正確的為顧客結帳，類似此種點菜單結帳時，出納人員僅要將代號、數量輸入電腦，食物之名稱及價格，便會自動列印出來，比一般人工結帳要快速許多。

參、付款方式

客人辦理結帳時，通常可接受 5 種付款方式，茲將每一種付款作業作說明：

一、現金付款結帳

點收現金，若為外幣則須先兌換成台幣，兌換台幣時必須填水單（ *Foreign Exchange Memo* ），三聯式水單一張給客人，一張給台灣銀行，一張餐廳留存備查。在兌換台幣之前，櫃檯出納要確認，兌換者是餐廳的客人，否則不予兌換。點收無誤，櫃檯出納在「帳目清單」上簽名，並蓋現金付訖，及找零錢給房客。

兌換外幣時的注意事項：辨認真偽(1)注意紙質、印刷是否精良。(2)外幣上之字體微凸、有浮水印、安全線。(3)美金可用機器加以鑑認。(4)外幣是否破損、塗抹。(5)是否為台灣銀行掛牌之外幣。

二、信用卡付款

信用卡付款結帳：檢核是否為餐廳所接受的信用卡類別，目前在台灣最常見的信用卡有美國運通卡（ *American Express* ）， *Diners Club, Visa Card, Master Card, Jcb Card* ，和聯合信用卡等。顧客使用信用卡付款時，要檢核信用卡有效期限和黑名單，若是合乎規定則刷卡。刷卡需注意事項：(1)信用卡限額；(2)授權號碼；(3)金額填寫；(4)消費日期填寫；(5)核對

顧客簽名。手續完畢後，務必將信用卡歸還給顧客，通常信用卡刷卡單據為一式三聯，分持卡人存查聯、商店自存聯和信用卡公司存查聯。

三、憑證票（*Voucher*）付款結帳

檢查是否為餐廳接受的有價憑證票（*Voucher*）及憑證票上的條件、內容、數量是否與帳單上的金額相符合。查核無誤，櫃檯出納在「帳目清單」上簽名，表示結帳完畢。

四、旅行支票付款結帳

點收旅行支票、查核旅行支票真偽，查核無誤，則請客人當場簽名並核對簽名，若一切無誤，則將旅行支票兌換成台幣，其兌換之作業程序與外幣兌換台幣相同。點收無誤後，櫃檯出納在帳目清單上簽名，並蓋現金付訖章，及找零錢給顧客。

五、簽帳（*City Ledger*）

查核是否為餐廳接受簽帳的公司或個人名單，查核無誤，櫃檯出納在帳目清單上簽名，表示結帳完畢。至於簽帳金額，將由餐廳財務部（信用單位），去函申請款項。客人採用簽帳（*City Ledger*）付款，僅要確認消費金額一項，確認無誤，顧客簽名即可算付款完成。

餐廳可設審核員或會計員兼辦稽核工作。

一、稽核的項目

1. 點菜單所寫的菜名、單價與菜譜上的是否相符。

2.發票所寫的菜名、單價、數量與點菜單內容是否相符。有無漏抄或多寫，金額的加減乘除計算是否正確。

3.點菜單是否逐一開立發票，有無跳號。

4.作廢的點菜單，發票是否都收回。

5.現金、支票與報表是否相符。

二、稽核的資料

1.領用點菜單登記簿。

2.點菜單數量與號碼。

3.發票存根聯。

4.現金銷售日報表、住客簽帳日報表、外客簽帳日報表、餐廳營業報告表等四種報表。

5.總出納所收的現金、支票明細表。

6.如使用收銀機收款者，收銀機裡面的紙卷及其他資料。　·

三、稽核的方法

1.點菜單與發票的內容、金額以對照方式核對。

2.現金、支票與銷售表的金額對照核對。

3.核對單核對點菜單有無遺漏。

點菜單的號碼通常為四位數或四位數，將前面的二位或四位號碼寫在核對表上面的空白欄內。而廚房送來的點菜單號碼與核對單同一號碼上畫斜條線。另附在發票的點菜單也在核對表上同一號碼畫斜條線。同一數目上畫有「Ｘ」記號的兩條線，即表示訂菜單兩張都齊全，同時也表示已出菜亦已開發票收款。作廢的訂菜單兩張齊全時，在該數目上畫個圓圈。核對點菜單工作必須翌日完成，不得拖延，如有遺漏或漏收款情形，才能及時發現、糾正。

餐 飲 財 務 分 析

　　財務分析是要從財務報表中的大量資訊，作全盤的分析而不是簡單的讀過報表，了解圖表而已。使用財務報表必須能夠解析報表，才不會遺漏了有利資訊。故要做好財務分析則務必先熟識財務報表。一般而言，財務報表有損益表和資產負債表兩種。財務報表是根據這些記錄提出企業的財務狀況和經營成果，透過對財務報表的分析和解釋，試圖去改善企業的經營特質。

　　損益表顯示此表涵蓋時期的經營成果——無論淨利或淨損，資產負債表用以列出會計年度終了日的資產、負債和業主權益來顯示企業的財務狀況。

壹、損益表

　　損益表中會計項目包括收入、成本費用、稅務和稅後盈餘等。其中收入包含出售中、西餐點和飲料的收入，成本則是有關餐飲收入的直接原料，費用包括之範圍較多，其中包括員工薪津、租金、水電費、退休金、稅捐和行政廣告費用等。

　　損益表本身結構很簡單，不必專門學會計的人也都可以看得懂，損益表主要目的是讓業主在某段時間內檢核其營運結果是否有利潤，並從其中改善經營體質，如增加行銷計畫，加強成本控制和人事、行政費用之控制等，所以損益表對業主而言是相當重要的營運管理工具。

　　損益表通常是第一個準備的主要報表，報表上的淨利結轉到保留盈餘以計算年度保留盈餘，保留盈餘的數額再結轉到資產負債表的股東權益部分。

表 10-2　損益表

```
                    富貴餐廳損益表
            19x3 年 1 月 1 日至 19x3 年 12 月 31 日
收    入
      食品                                        NT$5,000,000
      飲料                                          1,200,000
總 收 入                                          NT$6,200,000
成    本
      食品                        NT$1,500,000
      飲料                            300,000
      小計                        NT$1,800,000
費    用
      薪資                        NT$1,500,000
      員工福利                        400,000
      人事小計                    NT$1,900,000
其他費用
      租金                        NT$  270,000
      水電費                          50,000
      清潔費                          30,000
      行政廣告費                      50,000
      小計                        NT$  400,000
成本與費用合計                                       4,100,000
      稅前淨利                                   NT$2,100,000
      所得稅                                        210,000
      稅後淨利                                   NT$1,890,000
```

資料來源：陳哲次著，旅館會計學，頁 12。

表 10-3　保留盈餘表

```
                    富貴餐廳保留盈餘表
            19x3 年 1 月 1 日至 19x3 年 12 月 31 日

  期初保留盈餘                                     NT$2,800,000
加本期淨利                                            720,000
  小    計                                        NT$3,520,000
減股利發放款                                           300,000
  期末保留盈餘                                     NT$3,220,000
```

資料來源：同表 10-2。

表 10-4　資產負債表

多羅飯店資產負債表

19x3 年 12 月 31 日

資　　產

流動資產

現金：零用金	NT$ 50,000	
現金：銀行存款	600,000	
合計		NT$ 650,000
應收帳款	NT$430,000	
減：備抵壞帳	10,000	420,000
存貨		510,000
合計		NT$1,580,000

固定資產

土地	NT$ 9,000,000	
房屋	25,000,000	
設備	4,800,000	
小計	38,800,000	
減累積折舊	7,800,000	
合計		NT$31,000,000

其他資產

存出保證金	NT$ 10,000	
開辦費	40,000	
合計		50,000
資產合計		NT$32,630,000

負　　債

流動負債

應付帳款	NT$ 140,000	
抵押借款當期部分	720,000	
應付未付薪資	290,000	
預收款項	480,000	
合計		NT$1,630,000

長期負債

抵押借款	NT$21,000,000	
減：當期部分	720,000	
合計		20,280,000
負債合計		NT$21,910,000

股東權益

資本	NT$ 7,500,000	
保留盈餘(B)	3,220,000	
合計		10,720,000
負債與股東權益合計		NT$32,630,000

資料來源：同表 10-2。

貳、資產負債表

　　餐廳的資產負債表與其他營利事業所編製的資產負債表相似，資產負債表分成三個主要部分：資產、負債、業主權益。

　　1. 資產分為流動和固定資產，流動資產包括現金、有價證券、應收帳款、存貨和預付支出；固定資產包括建物、設備和機器等。

　　2. 負債亦分成流動和長期兩種，流動負債包括應付帳款、到期的長期借款、應付稅款、薪資等；長期負債僅限於應付抵押票據，任何長期負債在下個會計年度內支付的部分必須將此部分分類為流動負債。

　　3. 業主權益包括資本和保留盈餘報表結轉來的保留盈餘數字。

參、財務報表分析

　　一般而言，財務報表分析中，大部分以比率來做分析，可分為下列幾種：流動比率、速動比率、食物成本百分比、存貨周轉率、存貨周轉期間、負債與業主權益相對比率、股東投資報酬率及獲利率。

一、流動比率

　　流動性比率顯示出餐廳對短期負債的償債能力，償債能力比率是判斷企業對已負債的財務和長期負債的償債能力。其公式如下：

$$流動比率 = \frac{流動資產}{流動負債}$$

例如：流動資產 = 120,000　　流動負債 = 100,000

$$流動比率 = \frac{流動資產}{流動負債} = \frac{120,000}{100,000} = 1.20$$

流動比率是 1.20 比 1，代表有 1.20 元的流動資產對每一元流動負債，其理想指標是 100％以上。

二、速動比率

又稱為酸性測驗比率，速動比率比流動比率的說明更精細，在計算過程中，僅用某些流動資產，因為他們流動較快，或是可能快兌換成現金。存貨和預付費用不在速動比率之計算範圍內。其公式如下：

$$速動比率 = \frac{現金＋有價證券＋應收帳款}{流動負債}$$

例如：現金 500,000，有價證券：300,000，應收帳款：200,000，流動負債 1,000,000

$$速動比率 = \frac{現金＋有價證券＋應收帳款}{流動負債}$$

$$= \frac{50,000＋300,000＋200,000}{1,000,000} = 1.00$$

速動比率是 1.00 比 1，代表每一元的流動負債，有一元的速動資產可用來償還。

三、食物成本百分比

食物成本百分比，對獲利而言很重要，其資料來源為損益表，是成本控制主要參考的依據，其計算公式如下：

$$食物成本百分比 = \frac{食物銷售成本}{食物銷售淨額}$$

例如：食物成本＝380,000，食物銷售淨額＝1,000,000

$$食物成本百分比＝\frac{食物銷售成本}{食物銷售淨額}＝\frac{380,000}{1,000,000}＝38\%$$

　　食物成本占銷售收入的 38%，明確地說，每銷售 1 元，就需要 0.38 元的食物成本，一般而言，餐飲食物成本百分比宜控制在 30 ～ 40% 之間，若是超過 40%，餐廳獲利較不易，若是低於 30%，則所提供的餐飲品質有待商確。

四、存貨周轉率

　　存貨周轉率表示在某物固定期間內，存貨售出和進貨的周轉次數，存貨周轉率被界定成變動比率。其公式如下：

$$存貨周轉率＝\frac{銷售成本}{平均存貨}$$

　　平均存貨常用一年的期被存貨和期末存貨的平均值來計算，存貨周轉率愈高，代表銷售速度愈快。

五、存貨周轉期間

　　存貨周轉期間表示在多少時間內可以將存貨全部售出，計算存貨周轉期間是為了增加存貨周轉的正確性，其公式如下：

$$存貨周轉期間＝\frac{365天}{存貨周轉率}$$

例如：存貨周轉率＝ 2.15 次

$$存貨周轉期間＝\frac{365天}{21.5次}＝ 17 天$$

　　存貨周期率為 17 天，代表在 19x2 年間，所有存貨量平均只能支持

17 天，這只是所有存貨的平均狀況，有些具有時效性的存貨還是要個別去處理。

六、負債與業主權益相對比率

負債與業主權益相對比率測量總負債和業主權益關係。債權人對這個比率會相當重視，因為它代表了風險性。負債與業主權益相對比率愈高，代表債權人所擔的風險愈大。負債與業主權益相對比率被界定為一種負債率，其計算如下：

$$負債與業主權益相對比率 = \frac{總負債}{業主權益}$$

例如：總負債 = 2,000,000，業主權益 = 1,000,000

$$負債與業主權益相對比率 = \frac{總負債}{業主權益} = \frac{2,000,000}{1,000,000} = 2.0$$

這個數字告訴我們，股東每投資 1 元，債權人就擁有 2.0 元的索債權利，比率大於 1 表示此企業有舉債營業之情形，其資金來源大多是借款，比率愈大，表示舉債愈多，其財務結構愈不健全，景氣不佳時，極有可能面對停業倒閉，景氣佳時，則可以運用財務槓桿原理。

七、股東投資報酬率

股東投資報酬率是用來測量股東投資所能回收的利潤，其計算如下：

$$股東投資報酬率 = \frac{淨利}{平均股東權益}$$

例如：淨利 = 60,000，平均股東權益 = 1,200,000

$$股東投資報酬率 = \frac{淨利}{平均股東權益} = \frac{60,000}{1,200,000} = 5\%$$

此計算結果，股東投資報酬率 5%，算是還好，不過股東投資報酬率對股東而言，愈高愈好。

八、獲利率

獲利率是以營業淨利除以銷售淨額，且以百分比表示，它表示每 1 元的淨銷售可以得到的營業淨利。其計算如下：

$$獲利率 = \frac{營業淨利}{銷售淨額}$$

例如：營業淨利 = 50,000，銷售淨額 = 500,000

$$獲利率 = \frac{營業淨利}{銷售淨額} = \frac{50,000}{500,000} = 10\%$$

其結果代表每 1 元之銷售淨額中，有 1 角之利潤。

《問題與討論》

1. 請敘述餐飲出納作業流程。

2. 點菜單之功用與目的為何？

3. 請敘述顧客結帳時之付款方式？

4. 請試做餐廳營運損益表。

5. 請試做餐廳資產負債表。

6. 有一餐廳之流動資產為 NT＄550,000，流動負債為 NT＄110,000，試求其流動比率為何？

7. 有一餐廳之現金 NT＄300,000，有價證券 NT＄200,000，應收帳款 NT＄100,000，流動負債 NT＄1,000,000，試求其速動比率為何？

8. 有一餐廳之存貨周轉為 21.5 次，試求其存貨周轉期間。

《註釋》

1.陳哲次， 1993，旅館會計學，華泰出版社，初版，台北， pp.149 ～ 157

2.何西哲， 1993，餐旅管理會計，萬達出版社，七版，台北， pp.450 ～ 457

3.蔡界勝， 1994，客房實務，前程出版社，初版，高雄， pp.102 ～ 103

國家圖書館出版品預行編目資料

餐飲管理與經營／蔡界勝著.
--初版.--臺北市：五南，1996 [民85]
面；　公分
ISBN　978-957-11-1245-9（平裝）
1.飲食 - 營業 - 管理
483.8　　　　　　　　　85009854

1L15 餐旅系列

餐飲管理與經營

作　　者 — 蔡界勝

發 行 人 — 楊榮川

總 編 輯 — 王翠華

主　　編 — 黃惠娟

責任編輯 — 蔡佳伶

出 版 者 — 五南圖書出版股份有限公司

地　　址：106台北市大安區和平東路二段339號4樓

電　　話：(02)2705-5066　傳　　真：(02)2706-6100

網　　址：http://www.wunan.com.tw

電子郵件：wunan@wunan.com.tw

劃撥帳號：01068953

戶　　名：五南圖書出版股份有限公司

法律顧問　林勝安律師事務所　林勝安律師

出版日期　1996年3月初版一刷
　　　　　2017年4月初版十四刷

定　　價　新臺幣460元